舞廠造機部の昭和史

岡本孝太郎
Kotaro Okamoto

文芸社

目　次

A章　明治・大正期のこぼれ話

舞鶴海軍工廠の特徴

わが旧舞鶴海軍工廠は、いま（昭和63年）を遡ること87年前の明治34年10月1日、舞鶴鎮守府（舞鎮）の開庁とともに「舞鶴造船廠」という名のもとに呱々の声をあげた。

舞鶴鎮守府は、当時の日本海対岸の大国・ロシアのウラジオストック軍港を意識して開設されたものであることはいうまでもなく、それだけに同鎮守府はもちろん、舞鶴造船廠（舞船廠）もまた地方官民の絶大な期待と歓呼に包まれての誕生であった。しかしその裏には、国のためとはいえ父祖伝来の土地家屋を海軍用地として提供した北吸村や余部下村などの人々の苦難があったことと、造船廠建設のとき少なからざる犠牲者が出たことは忘るべきでなかろう。

『舞鶴市史』によると軍港施設として強制買上げを受けた土地は、北吸村と余部下村の民有地が最も多く、造船廠敷地となったのは主として余部下村の土地だったという。海軍用地として宅地、田畑、山林等、合計約40町歩の買上げを受けた各民家では、土地家屋の代金はもちろん、柿や栗など果樹の1本1本にいたるまでしかるべき補償金を貰い、移転費も貰った。その総額は約3万1,200円で、民家54戸と1寺1社の計56戸で平均すると1戸当たり557円であり、その金額は当時としてまあまあのものだったが、各家では行き先に困った。

なにしろ、狭い舞鶴のことである。また、百姓から俄かに商人に転向することもできない。村人たちは寄るとさわると「困った」「どうしよう」と思案投げ首、ついにその筋から「行き先がなかったら北海道の開拓村へ集団移住したらどうか」とさえいわれるに至った。だがそのうち周辺村落の受け入れ態勢も整い、どうやら北海道へだけは行かずにすんだという。

また、造船廠建設中に工事の犠牲となった人が少なくなかったことも『30年史』で述べたとおりだが、なかでも明治32年5月、第2船渠掘さく中に起こった落盤事故は一瞬にして数十人の死傷者を出す、という悲惨なものであった。ためにこの工事を請負っていた東京の吉田寅松氏は、これら犠牲者63人(うち、女子12人)の永代供養のため余部上村に一宇(のちの真宗寺)を建立し、境内に鎮魂碑を建ててその冥福を祈った。

鎮魂碑の碑文は舞鶴出身の海軍次官で男爵の伊藤雋吉中将

舞鶴鎮守府(『舞鶴市史』から)

の撰ならびに書にかかるもので、そこに刻まれた犠牲者63人の出身地を見ると、舞鶴近辺の丹後・丹波・若狭はもちろん、東は美濃・伊賀・越後・陸前、西の方は讃岐・出雲・石見・安芸・豊後など、ほぼ全国に亘っていて、いかに舞鶴造船廠の建設が当時の全国の耳目を集めていたかがうかがえる。

さて、舞鶴造船廠は発足2年後の明治36年11月10日、兵器廠と需品庫を併せて初めて「舞鶴海軍工廠」（舞廠）という名乗りをあげた。この名乗りはその5日前に公布された「海軍工廠条例」つまり「各鎮守府の造船廠、兵器廠、需品庫を合せて海軍工廠とす」との条例によるもので、舞鶴は造船廠としての発足こそ横須賀、呉、佐世保の各造船廠より大分遅かったものの、海軍工廠となったのはこれら先発工廠と同時だったわけである。

舞廠は造船廠としての発足当時から、どの工廠もそうであったように艦艇の修理を主とし、新造は岩砕船や長官艇などの小型雑船艇を手がけるに過ぎなかった。が、工廠となって2年後、つまり造船廠として発足4年後にようやくフネらしいフネの建造に着手することになった。日露戦争も終わりに近い明治38年8月1日、舞廠は待望久しき駆逐艦追風（おいて）を起工したのである。

「追風」は別項の「帝国海軍駆逐艦・水雷艇建造小史(1)」にあるとおり英式とも380トン型ともいわれる小型の三等駆逐艦（神風型）だが、舞廠では引続き明治42年半ばまでの4年間に同型の「夕凪」「浦波」「磯波」「綾波」を建造、早くも駆逐艦専門工廠としての片鱗を見せている。

舞鶴が駆逐艦専門の工廠となったのは後発工廠であること、地域が狭いこと、などの理由によるもので、それは初めから運命づけられていたわけだが、小規模ながら舞廠はそれなりに大きな特色を持つ工作庁であった。すなわち後年、造船・造機とも溶接の面で全国のリーダー工廠的役割を果すに至ったことはよく知られているが、それ以前に舞廠造機部（舞機）がいち早くボイラの担当工場になっており、それについて鶴桜会会員・曽我清氏（海機31期―大正11年卒、昭和８年12月から２年間、舞機設計主任）は次のように述べている。

すなわち舞廠造機部が早くからボイラ担当工場になったのは、明治末期に同廠が建造した英式380トン型駆逐艦５隻中の第３艦浦波（明治41年10月２日竣工）のボイラに端を発している、と曽我氏はいう。この艦型５隻の主機（蒸気レシプロ機械２基で6,000馬力）はいずれも他工廠製だが、ボイラ（圧力17.5kg /cm^{2}のイ号艦本式４基）はすべて舞廠造機部製であり「浦波」のボイラも無論舞機製、しかも駆逐艦と

舞廠第２船渠の掘さく工事

舞廠建設工事犠牲者の鎮魂碑（真宗寺）

して初めて舞機考案の石炭・重油混焼装置を装備したボイラであった。

それはこれより数年前の日露戦役のころ、海軍部内では「これからの海軍艦艇はすべからく石炭の代わりに重油でボイラを焚かねばならない」とする意見と、「重油資源の乏しいわが国として全艦艇を重油専焼缶とするわけにはいかない。主力はやはり石炭と重油の混焼でいくべきだ」という現実派の意見とが交錯しており、結局その石炭・重油混焼装置を舞鶴の「浦波」のボイラに試験的に装備することになったのである。この混焼装置は呉工廠（呉廠）の装甲巡洋艦生駒（明治41年3月24日竣工）の宮原式ボイラ20基にすでに適用され、舞鶴の「浦波」に次いでは装甲巡洋艦伊吹（明治42年呉工廠で竣工）や戦艦薩摩（明治42年横須賀工廠で竣工）のボイラなどにも試験的に取付けられていった。ところが実際に使ってみると舞鶴の「浦波」以外はどれも黒煙モウモウで戦闘行動上支障ありとなり、横須賀において「浦波」と通報艦淀（川崎・神戸建造）の比較試験が行なわれた。その結果「浦波」に軍配が上がり、舞機考案の混焼装置が優秀と認められて舞鶴がこの装置製造の担当工廠、ひいてはボイラそのものの担当工廠となったのである。

爾来、舞廠造機部の製缶工場は各工廠・民間造船所のボイラ製造の指導的地位に就き、ずっとのちの昭和13年4月、ボイラの実験研究をする機関実験部が舞鶴に設けられたのも淵源は遠く明治41年10月に舞鶴が生み出したこの380トン型三等駆逐艦浦波のボイラの実績がモノをいったのである、と曽我氏は述べている。

舞廠建造第１追風（おいて）の進水式（明治39年１月10日）

帝国海軍駆逐艦・水雷艇建造小史(1)

初の国産駆逐艦―春雨型

駆逐艦は高速を利して敵に接近し、魚雷を放って敵艦に打撃を与える、という思想から英国で生れた艦型だが、これに先行したのは水雷艇である。そしてわが海軍の水雷艇初採用は明治13年、英国からヤロー型水雷艇４隻を部品として購入し、これを横須賀造船廠と小野浜造船所（神戸）で組立てたのが嚆矢である。

続いてやはり部品として輸入され、国内で組立てられた水雷艇は、明治37、38年の日露戦役までに50余隻を数え、これらを模して日本で計画・建造された水雷艇も30隻あった。

これよりさきの明治31年、英国で誕生していた駆逐艦を同国から輸入し、これに手を加えて竣工させたものが、わが国駆逐艦の第１号となった。引続き英国から輸入し、竣工させた駆逐艦は明治35年までに16隻を数えたが、これらはいずれも常備排水量275トンから363トン程度の小型のものであった。なお、常備排水量というのは、弾薬類1／4、燃料1／4程度を搭載した状態の排水量（メートルトン）で、大正末期まで計画の基本として用いられた単位である。

さて、国産駆逐艦の嚆矢は、明治33年8月に横須賀造船廠へ建造訓令が出た春雨型4隻（春雨、村雨、速鳥、朝霧）で、以後、外国へ発注された初代「浦風」と「江風（かわかぜ）」の2隻を除き、駆逐艦はすべて国産となった。

春雨型は前記の英国製駆逐艦を模したもので、俗に「英式」とも「380トン型」ともいわれた三等駆逐艦である。常備排水量375トン、主機は蒸気レシプロ機械2基2軸で6,000馬力、ボイラは圧力250ポンド（$17.5kg/cm^2$）のイ号艦本式石炭専焼缶4基、速力29.0ノットという仕様で、兵装も取立てていうほどのものはなく、後年の駆潜艇程度のものであった。

この春雨型に続いてほぼ同型の神風型も出現、これら国産駆逐艦は明治33年から同42年にかけて民間造船所を含む全国の8ヵ所で計39隻（春雨型7隻、神風型32隻）建造され、舞鶴では「追風（おいて）」以下5隻の神風型駆逐艦を担当した。

神風型の三等駆逐艦水無月

舞鶴に電灯がともったころ

さて、明治40年６月、舞廠造機部の定期職工に採用された高田信松氏は、倅の良一少年ら家族一同を広島県から呼び寄せ、余部上の四軒長屋のうちの１軒の借家に居を構えた。だが当時、余部の町にはまだ電灯がなく、倅の良一少年は毎日夕方になるとランプのホヤ磨きに精を出さねばならなかった。

明けて明治41年、舞廠では日露戦役で膨れ上がっていた職工の整理をしなければならなくなった。かえりみれば明治34年の造船廠発足当時、わずか130名であった従業員は２年後の海軍工廠となったときは800名弱、さらにその２年後の日露戦役終了時点（明治38年）では約4,600名にも膨れ上がっていたところへ戦後の緊縮予算、仕事量激減の波である。舞廠として各部15％程度の人員を整理せざるを得ないことになったのである。

しかし高田信松氏は一定期間身分を保障された定期職工だったので整理の対象とはならず、その年（明治41年）の12月、日給１円の伍長に昇進した。

そうした心の張りと仕事上の必要から、当時26歳の信松伍長は上役の藤井政一技手について初歩英語の習得（夜学）を始めた。そのころ現場で使っていた製作図面には、CYLINDER, CRANK SHAFT等、部品名の多くが英文字で書かれていたからである。

信松伍長は藤井技手宅での夜学から帰宅しても、６畳間の隅の薄暗いランプの下で「エー、ビー、シー」と声を出して一心に勉強していたが、そんな高田家へ酒井松吉という19歳の青年が名古屋から転げこんできた。後年、造機部外業工場の技手として大活躍するこの酒井松吉氏は、東京・浅草の生れという生粋の江戸っ子ながらゆえあって父を知らず、そのためか義務教育すら受けていなかった。しかし幸い造機部機械工場の組立に入業でき、それからは持ち前の負けん気で刻苦勉励、読み・書き・ソロバンを身につけた。さらに大正初期の第一次大戦時には工作船で青島へ約１年間出張、その間に遊びも覚えて人間もひとまわり大きくなった。

そうこうしているうちに明治42年の秋、余部の町にも待望の電灯がともり、高田良一少年はその明るさに驚くとともに、それまでのホヤ磨きから解放されてホッとした。また、活動写真（映画）の映写もカーバイトのガス燈から電極燈になり、世の中が一遍に変わったように思えた。

帝国海軍駆逐艦・水雷艇建造小史⑵

画期的駆逐艦―海風型

さきの春雨、神風の両艦型（三等駆逐艦）では、主機はいずれもピストン往復動式蒸気機械だったが、外国では蒸気タービンを主機とするものが出現しつつあったので、わが海軍でも艦艇のタービン化を図り、まず明治39年３月、呉工廠で起工した戦艦安芸（排水量19,800トン）に21,600馬力のタービンを装備した。ついで装甲巡洋艦伊吹（呉）、戦艦摂津（呉）、同河内（横須賀）とタービン艦が続き、駆逐艦では海風型２隻（「海風」と「山風」）が登場してきた。

「海風」「山風」はいずれも初代で、「海風」は明治42年11月、舞鶴で起工され、「山風」は同43年６月、三菱・長崎で起工されたが、ともにさきの春雨型、神風型の英式三等駆逐艦と違って純日本式ともいうべき大型の一等駆逐艦であり、かつ何もかも画期的なフネであった。常備排水量は1,150トンで英式の約３倍、主機は蒸気タービン１基３軸の20,500馬力で同じく3.4倍、速力33.0ノット、そして火力も英式のほぼ２倍という当時世界最大最強クラスの航洋駆逐艦であった。

本艦型の蒸気タービンは高圧×１、低圧×２より成るパーソンス式（三菱・長崎製）で減速装置がなく、主軸回転数はタービン回転数と同じ700回転であった（配置は下図参照）。また、ボイラは圧力17.5kg /cm^2のイ号艦本式ボイラ８基で、うち２基はわが海軍初の重油専焼缶であった。

ところが本艦型では３本のプロペラ軸が互いに接近しすぎていたためか、高速運転時には艦尾の振動激しく、舞鶴の「海風」では引渡しに先立って艦尾部の補強がなされた。また、この「海風」は、わが海軍初のタービン事故艦となっているが、その詳細は本文に譲る。

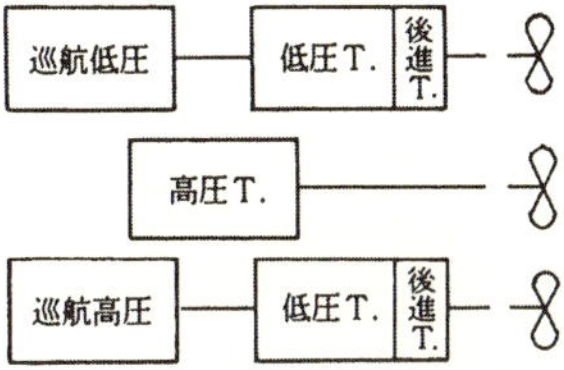

舞廠建造の駆逐艦海風（初代）

タービン事故艦第1号「海風」

明治41年はクビ切り旋風のうちに暮れ、明けて明治42年になると舞廠では380トン型駆逐艦の最終第5艦綾波を6月下旬に引渡し、次いで同年11月23日、駆逐艦海風（初代）の起工式を執り行なった。

「海風」は別項の「帝国海軍駆逐艦・水雷艇建造小史(2)」にあるとおり、それまでの380トン型に比して排水量は約3倍、機関出力は3.4倍で、しかも駆逐艦として初の蒸気タービンを装備するなど、何もかも画期的な航洋駆逐艦であった。その上、姉妹艦は三菱・長崎の「山風」のみとあって、その“ネームシップ”「海風」を建造する舞鶴では、駆逐艦専門工廠の名にかけても大いに張り切らざるを得なかった。

ところがこの「海風」、海上試運転終了後に船体後部を補強せざるを得ないことになったほか、巡航タービンにわが海軍初のタービン事故を起こしてしまったのである。それは海上での全力公試のとき、巡航タービンのローターが膨張して動翼と静翼が接触したもので、原因は全力発揮の主タービンと巡航タービンとの間の中間弁をよく閉めないまま主タービンに送気したためであった。それにより主タービンの蒸気が使わない巡航タービンへ逆流し、同タービンの動翼と静翼を互いに削り合う状態にさせたため、砂のようになった巡航タービンの翼材料を車室の底部からバケツで掬い上げるという仕儀になった（『以上、旧海軍技術資料』による）。

これがわが海軍のタービン事故第1号といわれるものだが、『旧海軍技術資料』にこれを書いた最後の艦政本部長・渋谷隆太郎中将は若き機関大尉のころ、本艦唯一の姉妹艦山風に乗組んでいて（大正4年5月から1ヵ年半）、当時最新・最鋭の駆逐艦山風の乗組員たることに非常な誇りを感じたという。

それはとにかく、この「海風」の艤装工事と平行的に舞廠では中型駆逐艦の元祖「桜」「橘」の2艦を建造、「海風」を明治44年の暮れに引渡し、「桜」「橘」を45年の5月と6月に引渡したあとはバッタリ仕事がなくなってしまった。そして「橘」引渡し1ヵ月後の明治45年7月30日、明治天皇の崩御により年号は大正と改元された。

帝国海軍駆逐艦・水雷艇建造小史(3)

二等駆逐艦の元祖―桜型

さきの「帝国海軍駆逐艦・水雷艇建造小史(2)」にある海風型に続いて、のちの二等駆逐艦の元祖ともいうべき中型の桜型駆逐艦2隻（「桜」と「橘」）が計画され、明治44年、ともに舞廠で起工された。

両艦は常備排水量600トン、主機はピストン式往復動機械3基3軸で9,500馬力、速力30.0ノット、ボイラは圧力17.5kg／cm^{2}のイ号艦本式混焼缶5基であって、兵装も英式三等駆逐艦より勝ってはいるものの、さきの海風型からすれば約半分の大きさに過ぎなかった。

しかし、同型艦はこの2隻のみで、しかも2隻とも舞廠建造という点で、駆逐艦専門工廠たる舞鶴の面目が大いに発揮されたというべきであろう。

戦時急造艦—樺型

これよりさきの日露戦役（明治37～38年）で、砲熕の威力が艦隊決戦の勝敗を決することが確認され、英国の弩級戦艦“ドレッドノート”を皮切りに、世界列強は大艦巨砲時代に突入、わが国でも後れじと大艦の建造に注力した。ために駆逐艦の充実は一時見送られたが、大正３年７月に勃発した第一次世界大戦に参戦したことにより臨時軍事費の支出が認められ、その費用で老朽駆逐艦の代艦として中型駆逐艦の樺型10隻を急造することになった。

この樺型駆逐艦は、先行の桜型と同型だが、本艦型は欧州大戦参加を前提に航続距離を大とすべく、重油タンク容積を約60トン分多くしたので、常備排水量は桜型より約１割多い665トンとなった。また、この重油タンク増量対策の一つとして、ボイラは効率のよいロ号艦本式重油専焼缶と同混焼缶各２基ずつとして缶室の区画を縮めた。

本艦型10隻（艦名は下記）は、大正４年３月から４月にかけて各海軍工廠、民間造船所で相ついで竣工したが、工期はいずれも５～６ヵ月という短期間で、舞鶴でもこのうちの１隻「楓」を工期約５ヵ月で竣工させている。

樺型10隻—樺、榊、楓（舞鶴）、桂、梅、楠、柏、松、杉、桐

なお大正６年、フランス政府の注文により、この樺型と同型の駆逐艦12隻が全国の各工廠、民間造船所の計６ヵ所で各２隻ずつ急造され、舞鶴では７号艦と８号艦を担当した（『舞廠30年の歩み』〔以下『30年史』〕参照）。

見習職工の仕事と教育

さて、明治から大正と改元されても舞廠には依然として仕事はなく「第一測天丸」などマイン・ボートと呼ばれる小型敷設艇８隻と、桜型より少し大きい樺型駆逐艦の「楓」をボチボチ手がけるに過ぎなかった。

そんな大正２年の８月、例の村田銃殺人事件が起こって長閑な舞鶴の町を恐怖のどん底に陥れた。一名「北吸事件」ともいわれるこの殺人事件は『30年史』で詳述したとおり大正２年８月27日の夜、海軍兵曹古田三吉が余部—新舞鶴間ただ１本の道芝街道で人力車に乗った工廠造機部鍛錬工場の職工・四方鶴吉を村田銃で射殺し、金品を強奪した事件だが、それは高田信松氏一家にとっては一般に倍する衝撃的なできごとであった。というのは被害者の四方職工は信松氏と同郷の広島県人だったからで、「四方君は酒好きやったからなぁ……」と語る父親の言葉を当時11歳の倅・良一少年はおそるおそる傍で聞いていた。そしてそれがよほど怖かったのか「あれから70余年を経たいまでも、そのことはありありと脳裏に刻まれている」と高田良一氏は述懐する。

この事件３ヵ月後の大正２年11月、舞廠では能登の七尾湾付近で坐礁した駆逐艦朝露の救難に取りかかった。造機部の今井坂一技手（技手養成所の前身たる造船工練習所出身で、のち、技師で呉廠製缶工場主任）以下、廠内各部の職工30名から成る救難隊には高田信松伍長と前出の酒井松吉職工も加わっていたが、あたかも日本海の荒れる時期とて作業ははかどらず、隊員は現地穴水（あなみず）の民家に下宿して頑張った。けれども結局高波で切断した船体は放棄し、機械とボイラを引揚げるにとどまった。

この駆逐艦朝露の救難作業で大正２年は暮れ、明けて大正３年になると７月に第一次世界大戦が勃発、その余波で舞廠も次第に忙しくなってきた。そしてそれから２年後の大正５年４月、14歳になった高田良一少年が見習職工として造機部機械工場に入業した。

丘の上に舞鶴鎮守府の建物を仰ぐ余部上町に育ち、舞鶴に電灯のこない間はランプのホヤ磨きを日課としていた良一少年は、余部町立小学校の高等科を卒えるや工廠見習職工の採用試験に挑戦、受験者60余名で採用者は24名（競争率2.5倍）という難関を見事に突破したのである。その良一少年は４月３日の初出勤の朝、母親の買ってくれたダブダブの菜っ葉服を着て家を出、父のあとを継いで舞廠造機部機械工場の組立見習職工として金24銭の日給を貰える身になった喜びと感激、それにいささかの誇りを胸に勇んで工廠へ向かった（この見習職工試験に落ちた者で、なお工廠を希望する少年には「年少工」として入業する道があった）。

この大正５年４月３日の入業以来、高田良一氏は終戦直後の昭和20年９月末まで、途中横須賀、室蘭、大阪への転出期間約10年を除いたほぼ20年間というものを舞廠造機部一本で通し、まさに「舞機の生き字引き」的存在となるのだがそれはさておき、入業した高田見習工は常盤秀二中監が工場長（後年の工場主任）を務める機械工場に配属され、そこの福田和三郎組長の下に編入された。そして同じ機械工場配属となった小学校の同級生たちと一緒に工作機械が音を立てて回っている工場に足を踏み入れ、父の信松伍長がどこで働いているか気にしながらも「これからここで仕事を覚え、一人前の職工になろう、みんなに可愛がってもらおう」と初心を固めた。

そうこうしているうち、高田見習工らにとっては遙か雲の上の人である造機部長・和田垣保造大監が死亡し、その葬儀が新舞鶴の寺院で盛大に執り行なわれた。

ところで当時の見習工の仕事は毎日の工場内の掃除やお茶汲み、それに弁当運びや職工の走り使いなどであった。高田見習工も組員の弁当運搬中につまづいてころび、沢山の弁当箱を引っくり返してベソをかいたり、職工の言いつけで道具室へヤスリの取替えやウエス、ロウソクの受け出しに行ったりなどしていた。

その高田少年もようやく見習工の生活に慣れてきた大正5年8月（入業3ヵ月目）、ロシアの軍艦“ベレスウェート”が舞廠のドックに入った。同艦はウラジオ港で坐礁していたのを舞廠と横須賀工廠（横廠）からの職工数十人で救難し、舞鶴へ曳航してきたもので、入渠の目的はいうまでもなく船体・機関などの修理であった。

機関（蒸気レシプロ機械）の修理はピストン・リングの取替えや各軸受白色合金の鋳込み替えなどで、現場担当者は左舷機が高田少年の父君・信松伍長、右舷機はやはり高田少年の上司・石橋義六伍長であった。

その石橋伍長がある日、艦内の機械室で「4キロハンマーを振れ」と高田見習職工に命じた。いわれて良一少年はハンマーを握ったが、途端によろめき「そんなことで職人になれるかっ！」と石橋伍長に一喝された。すると「高田はまだ子どもで、それはムリだす」と助け舟を出してくれた人がいる。高田少年より４歳年上で、のちに作業係の技手になる美矢力太郎という職工であった。

この人の父親は鋳造工場で働いており、美矢氏自身も小学校を首席で通した秀才だった。高田見習工に「シリンダ」「ピストン」などという機械部品の名称を教えてくれたり、得意の「城ヶ島」の歌を教えたりし、高田少年は「この人こそわが親方」と思うようになった。以来、美矢氏の亡くなるまで２人の交遊は続き、高田氏はいまでも「城ヶ島」の歌を口ずさむたび、美矢力太郎氏を懐かしく思い出すという。

なお、前記の石橋義六伍長は佐賀生れの普通職工出身だが、当時としては珍しい中等工業学校卒業者で「早晩、係員になる人」とみんなから目されていた。果してそのとおり石橋伍長はやがて組長になり、工手、技手と順調に昇進、入業13年目の昭和８年９月、技師に任官して三井造船・玉野工場の監督官となった。同氏は鳩のように目をパチクリさせる癖があったので「鳩」というニックネームを奉られ、本人もそれを知っていたというが、ともあれ終戦時には中佐相当官の技師であった。

さて、高田見習工はドックの露艦から機械工場の道具室へよく使いに出されたが、そのとき途中の造船船殻工場のところで職工たちの作業ぶりを見ては油を売っていた。まだ子どもだった高田少年にとり、それはもの珍しく、また楽しくもあってこの使いは大歓迎だった。使いを命じる前記の美矢職工や小村谷幸吉職工（のち、時岡と改姓し機械工場の技手）はそれを知ってか知らずてか、何ひとつ小言はいわなかった。

また、高田少年はこの露艦で乗組みの水兵たちが紅色のお茶に角砂糖を２つ入れ、いかにもおいしそうに飲んでいるのを不思議な思いで見ていた。すすめられるままカップに注がれたそのお茶を飲んでみるとなるほどうまい。それが紅茶というものであることはあとで知ったが、高田少年はそうした露艦の水兵からロシア語を教わったり、彼らがドック扉の海ぎわで一糸まとわぬ素っ裸のまま泳いでいるのを見て呆れ返ったりもした。

ところで当時の見習職工には毎週月、水、金の午後、造船・造機・造兵合同で正味１時間の座学が課せられていた。場所は舞廠発足後ほどなくできた見習職工の教育機関・大成会学校の後身である工業補修学校（新舞鶴・余部両町の町立）だが、授業内容は必ずしも充実しておらず、高田氏によれば「小学校の延長のようなもの」であったという。国語の教科書にしても徳富蘆花の『自然と人生』からの抜粋を謄写版印刷した粗末なものの上に印刷もボケていて読む気がせず、高田見習工は原本の単行本を買ってきて教室内で読み、先生に叱られたりした。

また、そのころの見習工は服装が自由な上に万事が技量優先で、学業の方は余り重視されていなかった。つまり「理屈より腕をご覧じろ」という空気であったが、そんなときでも高田見習工は前出の今井坂一技手（この人は高田氏の見習工受験時の試験官でもあった）から「われわれの出た造船工練習所に代わって技手養成所というものが近々開設されるらしいから勉強して入れ。海軍にいる限り学歴が大事だから」と常に激励されていた。

英国へ発注された駆逐艦―浦風型

大正元年、駆逐艦国産時代の例外として、2隻の駆逐艦が英国ヤロー社へ発注された。浦風型と呼ばれる常備排水量907トンの「浦風」と「江風（かわかぜ）」（いずれも初代）がそれで、これは当時英国で試みられていた艦艇機関ディーゼル化の技術を導入せんがためのものであった。

両艦の主機は2基2軸で22,000馬力のブラウン・カーチス・タービンだが、巡航用としてディーゼル機関を装備し、これをフルカン継手で主軸に連結する計画であった。ところが第一次大戦勃発のため、ドイツ製フルカン継手の入手が不可能となったので「江風」はイタリアに譲渡し、「浦風」も巡航機なしで引渡しを受けて（大正4年）回航後、横須賀で巡航タービンを装備し直した。

なお、この浦風型はわが海軍で初めて全缶重油専焼缶（ヤロー式18.3kg /cm^{2}のもの3基）となったフネであり、国産駆逐艦で全缶専焼となったのは、後述の谷風型が嚆矢である。

近代技術採用艦―磯風型と桃型

さきに述べた樺型駆逐艦は、戦時急造艦ということもあって到底満足できるフネでなく、そこで大正4年、伊勢型戦艦の建造決定とともに、近代技術を採り入れた大型と中型の駆逐艦各4隻を建造することが決定された。

その大型駆逐艦は磯風型4隻（磯風、浜風、天津風、時津風――いずれも初代）で、常備排水量1,227トン、主機はパーソンス式高・低・低圧タービン1基3軸で27,000馬力、速力34.0ノットだが、舞鶴では1隻も造っていない。

一方の中型艦は桃型4隻（桃、樫、桧、柳）で、常備排水量835トン、主機はタービン2基2軸で16,700馬力、速力31.5ノットという仕様で、舞鶴はこのうち「樫」と「桧」を担当し、「桃」と「柳」は佐世保工廠が担当した。そして「樫」と「桃」の主機は、ともにわが艦政本部が初めて基本設計をし、横須賀工廠で製造した初の純国産タービンであった（『30年史』参照）。

なお、この磯風型と桃型は、同時計画の伊勢型戦艦（大正6年竣工）とともに、わが海軍で初めてタービン（ただし、巡航タービン）に減速装置を用いたフネであり、主タービンにも減速装置が用いられたのは、大正5年度計画の長門型戦艦、天龍型軽巡および谷風型駆逐艦からである。

故障続出の駆逐艦用主機

さて、高田良一氏入業の大正5年春、舞廠では桃型二等駆逐艦の樫・桧を相ついで起工し、翌6年の春にはフランス海軍向け樺型二等駆逐艦2隻を起工、続いて同年9月20日に一等駆逐艦谷風（初代）を起工した。

「谷風」は別項の「帝国海軍駆逐艦・水雷艇建造小史(5)」にあるように、さきの画期的駆逐艦海風よりさらにひとまわり大きい1,300トンであり、2基の主タービンの合計出力は34,000馬力でわが海軍初のオール・ギヤード式、そして速力は破格の37.5ノットで、4基のボイラもわが国産駆逐艦として初の全缶重油専焼缶であるなど、何もかも新規・大規模のフネであった。その上、本艦型はこの「谷風」と横廠の「江風（かわかぜ）」（大正元年、英国へ発注され、のち、イタリアへ譲渡された「江風」の代替艦）の２隻のみとあって、舞廠として大いにやり甲斐のある駆逐艦であった。

当時、時岡幸吉職工（のち、機械工場の技手）の先き手としてこの「谷風」用主タービンの翼車作りにかかわっていた高田良一見習職工は、職工たちが翼植込みの最後の止め金が規定の厚さにならないので翼根の背部をヤスリで削ったり、小さなブリキ板を翼間に挟んだりしているのを見て「随分大胆なことをやるもんだなぁ」と思った。果せるかなこの主タービンは大正７年10月３日の陸上試運転で低圧タービンの第６、第７段動翼が計５枚脱出するという事故を起こし、わが艦艇の主タービン動翼の故障第１号になった。事故の原因は舞機がタービン製造の経験がないまま止め金と翼を一体にしていたためと推定され、復旧に際しては止め翼と動翼を別々に植込んだが、いずれにしてもこの事故は、以後わが海軍が終わりを告げるまでの27年間にオール・ギヤード・タービンに発生した累計786件の事故の嚆矢となったのである。

ところがこのタービン、実艦に装備後は不思議と事故を起こさなかった。当時このオール・ギヤード・システムの高速タービンを採用した軽巡天龍・龍田、駆逐艦江風では相ついでタービン翼折損事故を起こしており、特に横須賀、佐世保で製造したものは短期間で事故を発生していた。英国のジョン・ブラウン社から同タービンの設計図を買取った川崎造船所のものはさすがに長持ちしたが、それでもやはり事故は免れなかった。そんなないかにあってただひとつ、一番の新参者たる舞廠が造った「谷風」の主機だけが実艦に搭載後も翼折損の事故を起こさなかったその理由は何か——いろいろ探求した結果、舞廠では陸上試運転での失敗に鑑み、技量未熟を自覚して翼車に対する翼の嵌合を特に丁寧に、かつ、かなり緩やかなものにしたこと、つまり固いものを強引に嵌め込まず、翼根部にムリを及ぼさなかったことが好成績を招いたものと推測された。いうなれば舞鶴はタービン製造に不馴れだったため、おそるおそる丁寧にやったことがよかったわけで、仕事に馴れて気を緩め、横着心を起こすと事故も起こる、ということを教えてくれたのである、と『旧海軍技術資料』は述べている。

艦本式イ号缶とロ号缶

艦本式ボイラには初期のイ号缶と、これに改良を加えたロ号缶とがあり、ともに上方に蒸気ドラム1、下方左右に水ドラム各1のいわゆる3胴式水管ボイラであった。

イ号缶は英国のヤロー式3胴ボイラを改良したもので、蒸発管はヤロー式の直管からわずかにカーブを持つ曲管にしたものの、水ドラムは下半分が円弧、上半分（ボイラ・チューブの挿入される部分）が平板、というヤロー式のままであった。したがって水ドラムの断面形状は半円筒型で、6〜7年もすると上下の板の長手方向の継ぎ目に深い溝食を生じ、このため、駆逐艦春雨の水ドラムが大爆発をするという事故を惹起した。

そこで大正3年7月、この上下両板を円弧にし、水ドラムを完全な円筒型に改良、これを「ロ号艦本式ボイラ」と名付け、従来のものを「イ号艦本式ボイラ」と呼ぶことにした。そして

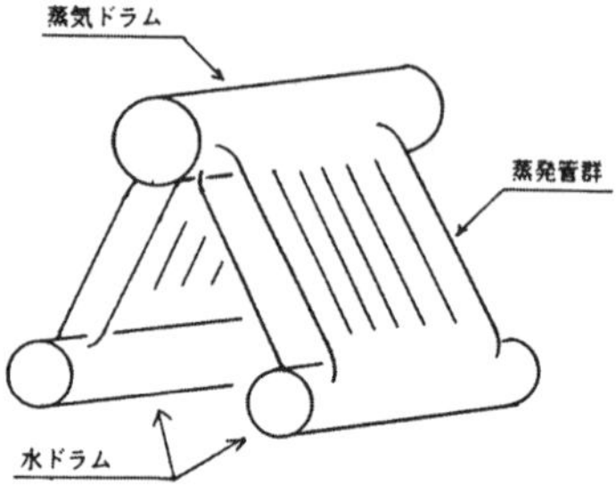

艦本式ボイラの概念図

このロ号艦本式ボイラは、大正4年竣工の主力艦榛名・霧島以降、また駆逐艦では谷風型の一つ前の樺型以降のものに搭載され、大正、昭和を通じてわが主要艦艇ほとんどすべての主ボイラとなったのである。

ところでこの「谷風」のタービンを造っていたころの舞廠造機部組立工場はまだ組立工場として独立しておらず、機械工場のなかに機械班と組立班がある、という形態であった。そしてその組立班のなかを金筋入りの腕章をつけ、前屈みで歩く鳥打帽姿の人がいた。造船工練習所出身の三上という技師で、高田良一見習工には職工の師表のように思えた。

同技師は組立工場に置かれた推進軸を前に、役付き職工たちに「ゴーストライン、ゴーストライン」と少し吃りながら説明していたが「ゴーストライン」つまり鍛鋼品に現われる不純物の偏析現象は、そのころ呉工廠で加工中の軍艦長門のタービン・ロータがこのコーナー・ゴーストのため旋盤上で切削中に折れる、という事故を起こしたほど怖ろしいものである。それだけに当時の海軍造機陣として重大な関心事だったのであろうが、見習職工の高田少年にはその「ゴーストライン」とはいかなるものか無論分からず、ましてや後年高田氏自身、鍛錬工場の係員としてこのゴーストラインに悩まされるようになろうとは夢想だにしていなかった。

さて、米騒動が起こる4ヵ月前の大正7年4月、舞廠は峯風型一等駆逐艦の全国第1艦峯風を起工し、以後、同型の「沖風」「島風（初代）」「灘風」「汐風」「太刀風」「帆風」、さらに峯風型改の「野風」「沼風」「波風」を年3隻進水のハイ・スピード建造に入った。だが、残念なことにこの峯風型および同改の合計15隻（舞廠10隻、三菱・長崎5隻）も、軒並み主タービンの翼に脱落・折損等の事故を起こした。

峯風型の主機は別項の「帝国海軍駆逐艦・水雷艇建造小史⑹」にあるとおり「谷風」とほぼ同型の船体（1,345トン）に「谷風」より1.5ノット速い39.0ノットを発揮さすべく「谷風」の34,000馬力に比し、その13％アップの38,500馬力（2基2軸）という高出力機関であった。パーソンス・インパルス・リアクション式の高・低圧オール・ギヤードのこのタービンは、高圧タービンではその軸車上に1段3列の巡航段落を有し、低圧タービンは同一軸車上に各9列の翼車を対称的に配したいわゆるダブル・フロー式で、その一端にやはり1段3列の後進タービンを備えていた。

その製造に当たって海軍では谷風型主機を参考に図面を引直すこととし、これを三菱造船所に依頼するとともに、峯風型と同改15隻全部の主機も同造船所で一括造らせることにした。ところが三菱・長崎における第1艦峯風用タービンが陸上試運転中に早くも動翼の脱落事故を起こし、舞鶴における実艦の事故も相次いだ。

舞鶴での代表的な事故として『30年史』には初代「島風」のものを紹介しておいたが、高田良一氏によれば「島風」に続く峯風型舞廠第4艦灘風（大正9年9月30日竣工）でも公試運転後の解放検査で低圧タービンの動翼に欠損しているものが数本発見されて大騒ぎになったという。原因は翼車の振動によるものと推定され、以後、翼車の釣合試験がきびしくなって器具工場（主任は村田俊夫造機少佐―大正10年九大機械卒）に振動試験調査班なるものが設けられ、佐藤禎介検査手（のちに技手）を専任者として研究をやらせたとのことである。

また『旧海軍技術資料』によれば、この峯風型タービンの事故続発の原因は、当時のわがタービン設計技術が幼稚だったため各部の強度・振動などを十分検討することなく、先行の谷風型タービンの図面を引直すだけで出力増大をはかったことにあり、とされたという。谷風型タービン自体が故障続出であってみれば、それをお手本にした峯風型タービンでも故障百出となるのは当然だが、ともあれこの連続事故のため海軍省内に軍務局長主宰の事故対策審議会が設けられた。

しかし当時、この高速タービンの動翼折損事故はひとりわが海軍のみならず列強海軍もまた然りで、米海軍の駆逐艦150隻のタービンではわが海軍と比較にならぬ大スケールの故障が多々あり、欧州でも類似の惨事は少なくなかった。こういう事例を踏まえた上で渋谷隆太郎艦本五部員は呼び出された審議会の席上、

「タービンの故障は文明国ほど深刻であると同時に豊富な経験を持っているが、これはタービンに限らず、いかなる技術も故障錯誤を階段として一歩一歩向上するものである以上、当然のことである。したがってわが海軍が今回、タービン故障の経験を持ったことは、考えようによってはむしろ喜ばしいとさえいえよう」と発言すると「そんな考えの持主がター

ビン整備の任に当たっているから故障が続出するのだ」と一喝されたそうである。それというのもこの審議会は技術当事者を初めから被告扱いにした性格のものだったからで、一喝されたものの渋谷部員としては「峯風型タービンの故障はわが海軍タービン進歩の貴い階段」という信念にはその後いささかの変わりもなかったという。

なお、『旧海軍技術資料』にこれを書いた渋谷氏は艦本五部のタービン班に在勤していた大正８年末から同14年末までの６年間に、この峯風型タービン翼の故障に17回ほど遭遇したということである。

帝国海軍駆逐艦・水雷艇建造小史(5)

優秀駆逐艦―谷風型と楢型

大正５年度計画（「八八艦隊」に先行する計画で、長門型戦艦、天龍型軽巡などを含む）に組み込まれた谷風型駆逐艦２隻、つまり舞鶴の「谷風」と横須賀の「江風」（かわかぜ―２代目）は、前記の「海風」よりひとまわり大きい1,300トン（常備排水量）で、主機出力は34,000馬力、速力は破格の37.5ノットという高速艦であった。

このような高速・大出力艦だけに、谷風型の機関関係では特筆すべきことが多いが、まず主機は高・低圧のブラウン・カーチス・タービン２基（各高圧タービン車室内に巡航１段落を有す）で、わが駆逐艦として初めて減速装置を備えたものであった。また、ボイラは４缶すべてがロ号艦本式の過熱器付き重油専焼缶で、この全缶重油専焼という試みは、国内建造艦としてこれまた初めてのものであった。ちなみに巡洋艦以上で全缶重油専焼となったのは、大正12年竣工の小型軽量巡洋艦夕張を特例とし、昭和に入って竣工した妙高型以降である。

この谷風型と前後して楢型駆逐艦6隻（楢、桑、椿、槇、樅、榎で、舞鶴は「榎」を担当）が、年度計画とは別の臨時軍事費で建造された。この型は地中海派遣駆逐艦の補充で、艦型は先行の桃型とほぼ同じだが、桃型が地中海派遣中、船体に損傷を生じたことにかんがみ、局部的に補強が加えられて排水量は15トン大の850トンとなった。そしてこれに桃型と同じ31.5ノットを与えるべく、主機は桃型より800馬力多い17,500馬力のブラウン・カーチス・タービンであった。

大正9年ころの人の動き

舞廠が峯風型駆逐艦の大量建造で大童の大正8～9年ころ、高田良一見習職工のいる造船部機械工場に藤田成一という製図工場（後年の設計係）の技師がときどき姿を見せていた。現在の造機会会員・藤田忠男氏の厳父であるこの藤田成一技師も練習工出身とのことで背が高く、口ヒゲを生やしていて威風堂々、見習職工たちに人気があった。

大正9年3月、高田見習工は見習いの高等科課程を卒業し、成業実地試験に合格して日給1円60銭の普通職工（組立内業）となった。見習職工は普通3年で卒業のところ、高田氏は高等科へ進んだので一般の人より1年多く在学し、大正9年3月の卒業となったのだが同じ年の11月、父の信松組長も日給3円80銭の外業工手に昇進した。

そのころ、この高田父子の上司である組立部員は岩藤（いわとう）二郎造機大尉であった。この人は明治45年の東大舶用機関学科卒で、中尉任官後英国に２年留学ののち舞機部員となり、鋳造の工場長（後年の工場主任）も兼務していた。その鋳造工場では昭和６〜７年ころ鋳造主任となる吉岡技師がまだ技手でおり、太平洋戦争中鋳造主任となる中坂礼吉技師も一職工として働いていた。なお、岩藤大尉はこのときが第１回目の舞鶴勤務であり、２回目は昭和６年から９年まで造機大佐で当時「工作部」といっていた舞鶴の造機課長を務めている。

舞鶴２度の勤務者といえば大正８〜９年ころの製缶工場長・石井常次郎機関少佐（海機18機—明治43年卒）もそうであった。石井少佐は舞鶴にいたころから労働関係に明るく、のち艦本総務部へ転勤したのも海軍における労働問題のオーソリティーといわれたからとのことだが、さらに昭和15〜16年ころ、中将で第27代舞廠長としてふたたび舞鶴の土を踏んでいる。

ところで大正８年３月、横須賀に海軍技手養成所（略称「技養」）が開設され、各工廠ではそこを目ざす職工の実力養成のため「技養入試講座室」というのを設けた。舞廠造機部でも製図工場の一隅にその講座室が設けられ、毎週、月、水、金の３日、英語、代数、幾何の３課目を各２時間、技手級の教員と部員の教官とで分担して教えることになった。技養を目ざしていた高田良一職工はもちろんそこへ通ったが、そこでまた岩藤大尉教官から英語を教わった。

その岩藤大尉は大正９年12月、２年間の舞鶴勤務を終え、坂口碌三造機中尉にあとを譲って神戸監督官事務所へ転出し、同じころ工廠長の南里団一少将が退庁即退官となった。

第12代
舞廠長南里団一少将

南里廠長は大正7年9月からこのときまで2年有余を第12代舞鶴工廠長として務め、それを最後に退官したもので、別れを惜んだ職工たちは金を出し合い、餞別として時価700円（いまの金で約200万円）の金盃1個を贈った。当時の全職工数は約7,500名といわれたから、700円を集めるには1人平均9銭強の拠出となり、日給1円60銭の普通職工である高田氏にも金10銭の割り当てがあった。そして高田職工はガラスケースに入れて展示されたその金盃の燦然たる輝きに目を見はった。

一方、岩藤大尉のあとを襲って組立外業部員となった坂口碌三造機中尉は岩藤大尉の後輩（大正8年東大舶用機関学科卒）で、当時の青年士官の風潮にならって髪をのばし、ロヒゲを生やしていた。また、そのころすでに作家として名を成していた芥川竜之介と中学同級で親しい間柄とのことだったが、ともあれ高田信松・良一の父子はまたもそろってこの坂口部員の下で働くことになった。そして倅の良一職工は技養入試講座室で同部員から英語を教わった。

この坂口部員も2度舞鶴に勤務（2度目は昭和5年から9年にかけて造機中佐で機械主任兼工務主任）した人だが、初回のこのときは約2年間の勤務中に大尉に進級、大正11年の秋、甘利義之造機中尉と交替して広海軍工廠（広廠）へ転出していった。

その前の大正10年4月、高田良一職工のいる機械工場組立班の岡野嘉蔵組へ1人の丸刈り頭の少年が入業してきた。高田職工の目からするとこの少年、見習職工にしては歳を食っており、一人前の職工にしてはヤスリやハンマーの使い方がアカ抜けしていなかった。それも道理、この少年は当時としては珍しく工業学校を出てから入業してきたもので、これがのちに技師になる入江重郎氏（鶴桜会会員）であった。

以後、高田、入江の両氏は技養も同期（技養6期—昭和2年卒）の友人となるのだが、職工としては高田氏の方が5年先輩であり、性格的にも全く正反対で2人はいまひとつ打ちとけた「俺、お前」の仲にまでは至らなかったと、高田氏は述懐している。

帝国海軍駆逐艦・水雷艇建造小史(6)

艦隊駆逐艦—峯風型、同改と樅（もみ）型

「補助艦艇は奇襲攻撃に最適」という第一次大戦の戦訓に基づき、わが海軍でも戦艦、巡洋戦艦を中心に均衡のとれた艦隊を編成するには、駆逐艦勢力をさらに充実する要あり、となって「艦隊駆逐艦」の思想が芽ばえ、駆逐艦に優れた凌波性と運動性を与えるとともに兵装の強化も図ることになった。同時に駆逐艦を大型（一等）と小型（二等）の2種類にはっきり分けることになり、ここに峯風型一等駆逐艦（谷風型の改良型）と樅型二等駆逐艦が誕生したのである。

峯風型、樅型とも奇襲攻撃艦としての配慮が十分になされ、配置は似たものであった。すなわち船首楼直後に発射管1基を置き、艦橋をその後方に設けて荒天航行中、波浪が艦橋を直撃しないようにし、砲も上甲板上部構造に配置して、波浪中の砲戦も可能なようになっていた。

峯風型は、主砲を谷風型の12cm砲×３から同×４としたため、常備排水量は45トン増えて1,345トンとなったが、この排水量の増加は僅か３％であったのに対し、主機（パーソンス・インパルス・リアクション式の高・低圧オール・ギヤード・システム２基２軸）は、39.0ノットという高速を得べく、谷風型の34,000馬力から13％も増えて38,500馬力となった。なお、本艦型12隻と同改３隻、計15隻分の主機はすべて三菱・長崎で製造されたが動翼の折損事故が相次ぎ、軍務局長主宰の対策審議会がもたれる騒ぎになったことは本文に譲る。

また、本艦型のボイラは、圧力18.3kg /cm^{2}の艦本式ロ号専焼缶４基であった。

本艦型12隻は、舞鶴（７隻）と三菱・長崎（５隻）で分担建造し、改型３隻はすべて舞鶴が担当したが、舞鶴の第３艦「島風（初代）」は40ノット以上の速力を発揮し、後年の40ノット艦「島風（２代目）」がこの艦名を踏襲したことはよく知られているところである。

峯風型12隻（アンダーラインは舞鶴建造艦）—峯風、沢風、沖風、島風（初代）、灘風、矢風、羽風、汐風、秋風、夕風、太刀風、帆風

峯風型改３隻（すべて舞鶴建造艦）—野風、波風、沼風

一方、二等駆逐艦の樅型21隻（艦名は省略）は、常備排水量850トン、減速装置付きブラウン・カーチス式タービン主機２基２軸で21,500馬力、速力36.0ノットというこれまたかなりの高速艦であった。ただし、舞鶴では１隻も造っていない。

工作部に転落

大正10年11月に締結されたワシントン軍縮条約のあおりで舞鶴鎮守府が要港部となり、舞廠が工作部となったころの模様はすでに『30年史』で詳述したが、ここではさらに『舞鶴市史 通史編（中・下）』により別の角度からそれを一瞥しておこう。

『舞鶴市史』はワシントン条約発効の年である大正11年正月の各軍港の風景を同年1月5日付大阪朝日新聞の記事により紹介しているが、その見出しを見ると「暗い心の影――横須賀の春」「其の数二十隻――呉の寂寞」「軍縮気分濃厚――佐世保の平穏」となっており、舞鶴については「あゝ！ 満艦飾‼ 舞鶴の安定」として次のような記事を載せている（アンダーラインは編者・岡本）。

「世界平和の新春を迎へた舞鶴軍港では旧臘（大正10年12月）鎮守府司令長官の更迭があって日蓮主義の思想家、戦術家を以て聞えた佐藤鉄太郎中将の後を承けて、新たに昨年東宮殿下の御召艦香取、鹿島を率ゐた第三艦隊司令長官として終始扈従せる小栗孝三郎中将が来任し（中略）、元旦初頭、鎮守府に於ける新年拝賀式には、麾下各艦・団・部隊の各高等官一同礼装して参集し、小栗新長官侍立の下に厳粛な奉拝式を了ってから正午、水交社支社に祝賀会を催す事例の通りで、平和の新年として表面瑞気に満さるゝうちにも折柄軍縮の声に脅かされた不安の空気が漂ふて、芽出度くもあり又芽出度くもあらぬ異様の面持が観ぜらるゝ。

軍港内には旧臘新たに第三艦隊となった司令官鈴木貫太郎中将坐乗の安芸を首（はじ）め香取、鹿島、薩摩、筑摩、日進、新高、吾妻、木曽、対馬、大井、勝力、以下駆逐艦隊、水雷艇隊等、大小三十余隻の艦艇が威容堂々満艦飾の盛装を凝らし、殷々たる皇礼砲の発射例の如くで、四海浪静かなる平和の海面に太平の象を泛べて居るが、其中にも軍縮実行と共に世界平和の犠牲となって遠からず廃棄さるべき運命にあるのが、香取、鹿島、安芸、薩摩及びさきごろ既に横須賀に回航された三笠、の五戦艦である。

いよいよ之が最後の正月と思へば、転た惆悵の感に堪へぬ。平和に輝く満艦飾も最期を飾る葬式準備とも想はれて全く活気の減じた影薄く感ぜらるゝ。併し軍縮関係に就ては、元来が縮小程度に出来て居る舞鶴軍港としては、他軍港に比し、さのみ甚大の影響がない事が判ったので、一時神経を悩ました軍港市民もやゝ落着きが出来て却て安定を保って居るトコロへ、暮に及んで軍人軍属及び海軍職工等の年末賞与が思ったよりも多額に支給されたので、何れもホクホクもの。年末から懸（かけ）ての新年は急に活気を盛返した感があるが、でも依然不安の風は各人の頭に去りもやらず、何時首が飛ぶかわからぬと、財布の口を締めて居るので、料亭遊廓等は至って寂しい新年である。（舞鶴電話）」

この新聞記事のようにワシントン軍縮条約で舞鎮籍戦艦５隻は廃棄と決まってはいたものの、舞鶴軍港そのものは小規模なので他の軍港に比しさほど甚大な影響がないと判明、市民も安堵の胸を撫でおろしていた。

ところが同年７月３日、この市民の期待を根底からくつがえす突然の発表が海軍省からなされた。つまり「帝国海軍はワシントン条約の規定を厳守し（舞鶴が期待をかけている）補助艦艇の建造計画も条約の精神にそって縮小、舞鶴軍港を廃して要港部とする」というのがその骨子で、これにより地元三舞鶴は大衝撃を受けた。児童数の急増に備えて小学校校舎を増築中だった町当局はあわててそれを取止め、職工への貸家を建築中の家主はそれを取壊したりなどする一方、町村会ではその筋へ請願書を出した。

こういう騒ぎのうちに大正11年8月17日の条約発効日を迎え、11月30日にはついに舞廠で第一次の職工整理がなされた。当時、舞廠は京都府下最大の軍需工場として7,000名を超す従業員を擁し、地方経済に与える影響も甚大だったのでこの人員整理は工廠内外に多大な影響を与えずにはおかなかった。

しかしこの第一次整理の被整理者は満53歳以上の男女工128名（44ページの表参照）で、7,000名の世帯からすれば九牛の一毛にも過ぎず、退職金も意外に多く出たのでことは平穏に運ばれた。このときの被整理者が割に少なかったのは「鎮守府や海兵団の廃止はやむを得ないが工廠は余り縮小せず、ほぼ現状どおりにしておきたい」とする舞鶴海軍当局の努力の結果といわれている。

明けて大正12年になると舞鎮廃止に関する勅令や法令が次々と公布され、同年4月1日、ついに舞鶴鎮守府は舞鶴要港部となり、舞廠は要港部工作部になった。しかし工作部になったとはいえ、そこには従来の造修設備がほとんどそのまま残された。それは鎮守府が廃止された以上「海軍工廠」なるものは制度上置けないが、さりとて全面的に解体してしまうと駆逐艦や小艦艇の造修に支障をきたす、という中央当局の考えによるもので、舞廠は工作部に格下げになったものの、仕事量は従来の約半分を保持する、という中間変則的な改組にとどまったのである。

そして工作部では舞鎮籍の軍艦香取・鹿島の解体作業を行なったが、このときは職工の端に至るまでみな泣きながら作業に当たったという。

さて、舞廠が工作部となったことにより、従来の造船・造機・造兵の各部が課になるなど機構の縮小があり、それに伴ってまた職工を整理しなければならなくなった。すなわち大正12年11月、第二次として6,000名近くいた職工の約15%、896名の男女職工の整理が行なわれ、続いて13年5月、14年4月と第三次、第四次の整理が行なわれた（44ページの表参照）。

しかしあとの三次、四次の整理はその前年（大正12年）9月の関東大震災で横須賀工廠が大打撃を受けたことと、予

艦艇の新造と解体とワシントン軍縮条約により舞鶴では駆逐艦の建造が年2隻から年1隻にダウンする一方、軍艦香取・鹿島の解体が行なわれた大正末期の舞廠における駆逐艦建造風景（艦名不詳）

算削減で海軍の工事が激減したことにより、止むを得ずなされたもので、軍縮整理というよりは「震災整理」ともいうべきものであった。そして工作部当局は「震災後の財政難にもかかわらず、前回同様の退職金が支給されるのだから大なる恩恵」と強調これ務めたが大正13年5月20日、第三次整理で1,000余名が退廠するときは、その多くが舞廠に人生の大半を捧げた人々だっただけに、前2回の整理のときと違って人心の動揺は大きく、みな声をあげて泣いたという。

　このころ工作部には、この人員整理に正面切って反対できる強力な労働組合はなかった。第三次軍縮整理が始まる少し

軍艦鹿島の第1期廃棄処分（補機・諸管装置の陸揚げ作業）—大12年12月21日—
左の白の作業服姿は担当の高田信松工手（当時の係員である技手、工手は白ズックの作業服にカンカン帽といういでたちであった）

前の大正13年３月、舞鶴共立会なる労働組合が結成されたが、これは国際労働機構（ＩＬＯ）に加盟した日本政府が労働者の代表を国際会議に送る必要上、各海軍工作庁に労働組合の結成を促したためであった。けれどもこの共立会、所詮は御用組合の域を出ず、まともに人員整理反対の運動に取組む力はなかった。かくて職工たちは軍縮整理で一方的にクビを切られ、泣く泣く四散していったのである。

ワシントン軍縮条約による舞廠職工の整理状況

	退庁日	退職職工	退職金	
第一次	大11.11.30	53歳以上の男　113名 女　15名 計　128名	最高 2,800円 最低　280円 平均　704円	(いずれも共済組合脱退金を含む)
第二次	大12.11.20	男17歳～54歳　741名 女18歳～53歳　155名 計　896名	最高 2,300円（共済組合脱退金を含めれば最高3,000円以上） 最低　117円　　平均　649円	
第三次	大13.5.20	1,036名	?	
第四次	大14.4.20	107名	?	

（注）各次の退職者には退庁日10日前に予告がなされ、退庁までの10日間は有給休暇とされた。

大正末期のあれこれ

さて、ワシントン軍縮条約の結果、舞廠が舞鶴要港部工作部となることが確定し、人員整理も必至といわれた大正11年の秋、坂口碌三造機大尉の後任として甘利義之造機中尉が造機部の組立外業部員となった。のちに造機中佐で舞廠造機部作業主任、さらに技術大佐で同じく造機部長となるこの甘利中尉は大正10年４月の東大機械卒で、卒業と同時に中尉に任官、これが初めての現場勤務であった。

眼鏡をかけた甘利中尉は、高田良一氏にいわせればいかにもお坊ちゃんタイプだったというが、その眼鏡の奥から眺める舞廠の転落劇は、若い甘利中尉としてもさぞや心痛むものがあったに違いない。それかあらぬか甘利部員は外業の現場作業などは高田良一氏の厳父・高田信松工手などに「よきに計らえ」式に任せていたようだったという。そして普通は2～3年勤務するところ、わずか1年にして大正12年秋、広沢真吾造機大尉と交替して舞鶴を去った。

広沢真吾組立外業部員は甘利部員の東大機械2年後輩（大正12年卒）で、当時「雲の上の人」といわれた伯爵家の生れだった。職工たちは「華族のお坊ちゃん」と呼び、現場で係員たちと話す同部員の声も高貴の出らしく丸味を帯びたものだったという。広沢部員は舞機に2年ほど務め、大正14年ころには舞鶴を去ったようである。

そのころの機械工場主任は、のちに中将で横須賀工廠長になる都築伊七機関少佐（海機18機―明治43年卒）であった。同少佐は中佐に進級したとき機械工場の職工を集めて訓話をし、軍服の袖の3本の蛇腹を右手で叩きながら「見ろ、マジメにやっておればこうして筋も増える」といったとか。また、この都築主任の下にいた八戸（やべ）義雄造機大尉（大正11年東大舶用機関学科卒）は、なぜか職工に厳しい人であった。悪くいえば守衛の代理のような一面があり、職工たちはこの人の顔を遠くから見ただけで逃げ出していたという。

一方、太平洋戦争中、作業係の係官として活躍した団野八郎氏は当時、製図工場の製図職工であった。見習出身ながら技能優秀、仕事熱心ということで工業学校出身者と同等の扱いを受け、普通の人より相当早く技手から技師へと進んだ。

さて、舞廠が舞鶴工作部となった大正12年からは、駆逐艦の建造ペースもガクンと陥ち込んだ。大正８年以来、年３隻進水のペースだったのが、大正12年以降は神風型の「松風」（大12.10.30.進水）、「旗風」（大13.3.15.進水）、睦月型の「如月」（大14.6.5.進水）、「菊月」（大15.5.15.進水）と、年１隻進水のローペースにダウンし、従業員も大正９年の約7,400名をピークに漸減、大正12年、13年の整理後は大正９年の約半分の3,700名、そして大正15年には3,400名と凋落の一途をたどっていった。

そんな舞鶴工作部を後に大正13年４月、高田良一、入江重郎の両職工は勇躍横須賀の海軍技手養成所へ入所していった。

２人は横須賀楠ケ浦の下宿でしばらく寝食をともにしたが、入江職工は技養入所と同時に好きな活動写真（映画）をスッパリ忘れ、学業に専念した。夜は12時前に寝ることなく、机にかじりつくようにして勉強した。同職工は何ごとによらず、こうと思ったことは万難を排しても遂行する強い意志の持主で、のちに舞鶴で結婚後も夫人が風邪で伏せっていてさえ敢然と工廠へ出勤していたという。

一方、横須賀での高田職工はその後、同じ舞鶴工作部から行っている２年先輩の山下常八職工の下宿に移った。山下職工は舞機模型工場へ普通職工として入業した人だが、生来の優秀な頭脳に加うるに絶えざる努力によって難関の技養に入ったのである。山下職工の下宿はある寺院の二階で２間続きの部屋だったが、そこで石の如く黙りこくって猛勉強している同職工の横顔を見ながら「一体この人は何を考えているのだろう」と高田職工はいぶかった。

造機課の技養同窓生
―昭和５年12月、技養教官だった坂口碌三造機少佐２度目の舞鶴着任記念―
後列左から2人目が山下常八氏、5人目が入江重郎氏
前列左から3人目が坂口少佐、右端が高田良一氏

果せるかな山下職工は優秀な成績で技養を卒業、舞鶴へ戻るやいくばくもなくヤリ手の技手として頭角を現わし、その特異な風貌とともに造機部で知らぬ人とてない存在となった。そして太平洋戦争中に大阪監督官事務所へ転出して行った。

ところで凋落続く大正末期の舞鶴工作部にとり、せめてもの救いといえば特型駆逐艦の全国第１艦吹雪の建造であった。大正15年６月19日に起工したこの駆逐艦については次章で詳述するが、とにかく二等巡洋艦にも比すべき大型駆逐艦とあって、工作部では在来の船台やクレーンの容量が間に合わず、関係者は苦労しつつも「嬉しい悲鳴」をあげていた。

そのころはまた、軍港内の戸島以東の工作部寄りの海でなぜかスズキの大物がよく釣れた。工作部の工手以上の人たちは要港部から貰った釣り許可の小旗を釣り舟のヘサキに立て、面白いように釣れるスズキにひとときの喜びを味わっていた。

かくて大正15年も押しつまった12月25日、大正天皇が崩御されて年号は昭和と改まり、意外に長くなったこの「A章　明治・大正期のこぼれ話」もこれでようやく終わりを告げうることになったわけである。

帝国海軍駆逐艦・水雷艇建造小史(7)

初の艦本式タービン搭載艦―神風型睦月型および若竹型

さきの峯風型に続き、これとほぼ同型で速力が少し低い37.25ノットの神風型９隻と、それより排水量が100トン大きく、速力が同じ37.25ノットの睦月型12隻が建造された。大正14年末から昭和２年にかけてのことで、舞鶴では神風型のうち３隻を、また、睦月型では２隻をそれぞれ受け持った。

これら各艦型の機関関係で特筆すべきは、神風型の第６艦追風（おいて）以降の４隻にわが艦政本部開発の艦本式タービン（出力は峯風型と同じく２基合計で38,500馬力）が初めて搭載され、睦月型12隻中の10隻にも同じタービンが用いられたことである。そしてこれら諸艦で同タービンの実績が確認された結果、大正12年度計画の妙高型重巡と特型駆逐艦以降は、すべてこの艦本式タービンを採用することになった。

また、発射管は神風型では先行の峯風型と同じ53cm２連装×３であったが、睦月型に至って駆逐艦として初めて61cm３連装×２を装備した。

神風型と睦月型の各艦名は次のとおりである（アンダーラインは舞鶴建造艦）。

神風型９隻—神風、朝風、春風、松風、旗風、追風、疾風（はやて）、朝凪、夕凪

睦月型12隻—睦月、如月、弥生、卯月、皐月、水無月、文月、長月、菊月、三日月、望月、夕月

舞廠建造の神風型駆逐艦松風
大正13年３月上旬、宮津湾外で全力公試中のもの。背景は残雪の丹後半島

一方、二等駆逐艦の方は、さきの樅（もみ）型21隻に続いて常備排水量を50トン増した900トンの若竹型８隻（艦名は下記）が造られている。が、この型も舞鶴では１隻も造っていない。

若竹型８隻—若竹、呉竹、早苗、早蕨、朝顔、夕顔、芙蓉、刈萱

B章　昭和初期のこぼれ話

――昭和元年から同6年（開庁満30年）までの補追――

渋谷中佐　胸を張って舞鶴へ

昭和元年はわずか1週間にして年が改まり昭和2年となったその3月、前記の高田良一、入江重郎の両職工が横須賀の海軍技手養成所を卒業（第6期）し、古巣の舞鶴工作部造機課へ帰ってきた。

8月になると下旬にかの「美保ガ関事件」が突発、舞鶴は現場（島根県東部）に近い工作庁とあって曳航されてきた損傷艦の軽巡那珂、神通および二等駆逐艦葦の応急修理にテンヤワンヤの大騒ぎを演じた（詳細は『30年史』参照）。そしてその騒ぎも収まった12月、のちに中将で最後の海軍艦政本部長となる渋谷隆太郎機関中佐（当時）が造機課の製図工場長（後年の設計主任）兼缶実験主任として赴任してきた。

渋谷中佐の舞鶴転勤は艦本五部から駐米造船監督官を経てのもので、見方によっては海軍技術畑の花道を歩いたのちの田舎落ちともいえようが、舞鶴は同中佐かねてからの希望地であった。というのは中佐は舞鶴に近い若狭・小浜の生れで舞鶴といえば故郷同然の地であるとともに、小浜には年老いた親御さんがまだ健在だったからである。さらにいうなら舞鶴はまた、同中佐に海軍志望の動機を与えた因縁の地でもあって、その辺の事情を『旧海軍技術資料』にある氏の思い出話によって見ると、あらまし次のようなことになる。

福井県小浜生れの渋谷氏は、小浜中学4年のとき学校の遠足で舞鶴軍港の見学にきた。それはあの日本海海戦の翌々日たる明治38年5月30日のことで、軍港内には捕獲露艦の

“アリョール”（バルチック艦隊の戦艦で日本名「石見」）や“ポルタワ”（旅順港艦隊の戦艦で日本名「丹後」）などが係留されており、それを見た血の気の多い上級生が「これを見てなお海軍へ志願しないようなヤツは日本男児じゃない」式に渋谷少年をそそのかした。そこで渋谷少年はそれまでの測量士になる夢を捨てて海軍を志願することにし、翌明治39年１月、当時横須賀にあった海軍機関学校へ第18期生として入校したのである。

晩年の渋谷隆太郎氏

明治43年４月に機関学校を卒業した渋谷氏は、練習航海、艦隊勤務を経て大尉２年目の大正５年12月に海軍

明治39年当時の舞鎮所属大艦が一堂に会した珍しい写真。第１回海軍記念日（明治39年５月27日）の記念絵葉書で、左から「千歳」「鎮西」「見島（旧露艦“アドミラル・セニャーウィン”）」「丹後（旧露艦“ポルタワ”）」「阿蘇」「吾妻」。少年時代の渋谷氏はこの１年前、このなかの旧露艦「丹後」を舞鶴で見ている

大学校機関科学生、さらに大正８年12月には同大学校で蒸気推進機関専攻の選科学生（年限１年）となった。その海大選科の終業間ぎわ、渋谷学生は指導教官から将来の希望勤務先を聞かれ「舞鶴工廠です」と何のためらいもなく答えた。教官は大変残念がり「なぜ横須賀や呉のような大工廠を望まんのか」と再三忠告したが渋谷学生には初心を翻す気は毛頭なかった。

それは渋谷学生にとって舞鶴は前記のとおり故郷同然の地であり、思い出の地であったばかりでなく、舞鶴工作部がわが海軍のボイラ担当庁であったことが大きな原因のように思える。というのは艦隊にいたときから蒸気推進装置に非常な関心を抱いていた渋谷氏は、その蒸気の発生装置たるボイラをまず舞鶴で十分に研究したかったらしいのである。

とにかく海大選科を終えたら希望どおり舞鶴へ行けるものと独り合点した渋谷学生は荷造りをし、東京での借家も人に譲ってしまった。ところがその前に渋谷学生が作図していた180,000馬力蒸気タービン（当時の米海軍巡洋戦艦“レキシントン”の電気推進装置と同一馬力）の装置図が端なくも当時の艦本五部長・中島与曽八機関中将の目にとまり、同中将をえらく感心させた結果、その引きで渋谷氏は予想だにしていなかった艦本五部のタービン班へ入ることになったのである。

渋谷氏はのちの太平洋戦争中、中将で軍需省にいたとき「海軍にもこんな偉い人物がいたのか」と山本英輔大将を驚嘆させ、最後の海軍大将・井上成美をして「戦争があと半年続いていたら渋谷は機関科出身の初の大将となったであろう」といわせたほどの人物である。栴檀は双葉より芳しく、海大選科在学中に早くも艦本五部長をうならせた渋谷氏は艦本にいると5年にして少佐に進級、駐米造船監督官として米国に2年弱駐在したのち中佐になって舞鶴へきたのである。

普通の人なら「雪の舞鶴」「山陰の田舎工廠」と二の足を踏むところであろうが、渋谷中佐にとって舞鶴は前記のごとく長年待望の勤務先だっただけに、大いに張り切って赴任してきた模様である。

帝国海軍駆逐艦・水雷艇建造小史(8)

駆逐艦の概念を一掃─特型駆逐艦

さきの峯風型駆逐艦は「艦隊駆逐艦」の思想に基づき、わが海軍独自の設計で建造したものだが、大正11年に発効したワシントン軍縮条約で、主力艦の保有量に制限を受けることになったため、「訓練に制限なし」とばかり猛烈な艦隊訓練に突入した結果、峯風型ではなお凌波性不十分と分かる一方、駆逐艦は条約の制限外とあって兵装に格段の増強が望まれるようになった。

そこで大正13年、艦型も一段と大きい近代的駆逐艦「特型」が設計されたが、この「特型」なる呼称は、「在来の駆逐艦に比し性能等に特段の違いあり」の謂いであって事実、特型駆逐艦はその直前の睦月型に比べれば公試排水量が1,980トンで37％の増、馬力は艦本式タービン2基2軸の50,000馬力で30％のアップ、そして兵装に至っては実に50％の増強という飛躍ぶりであった。

また、特型24隻（吹雪級20隻、吹雪級改の暁級4隻）が建造された昭和3年から8年にかけては、技術進歩の目覚ましい時代で、同型艦ながら後期の艦ほど新機軸が採用された。すなわち、船殻構造の一部の電気溶接を採用してその範囲を順次拡大したり、電動油圧舵取機と操舵テレモータを採用したり、あるいは発射管に防波盾を装備したりなどしたが、このような改良のうち、兵装の強化は上部重量の増大に直結し、復原性と船体の縦強度に悪影響が出るのは当然であった。

しかし本艦型は就役後の使用実績抜群で、この点に危惧の念を抱く人は少なかったけれども、本艦型が全部就役した2年後の昭和10年9月に例の第四艦隊事件が起こり、それにより本艦型を調査したところ、やはりトップヘビーとなっていたことが判明、各艦とも重心低下等の対策が施された。

一方、本艦型の機関を見ると、最大の特徴は何といっても単式タービンの存在だが、その詳細は他書に譲る。

特型艦24隻は次のとおり（アンダーラインは舞鶴建造艦)。

吹雪級20隻—吹雪、白雪、初雪、深雪（みゆき)、叢雲（むらくも)、東雲（しののめ)、薄雲、白雲、磯波、浦波、綾波、敷波、朝霧、夕霧、天霧、狭霧、朧（おぼろ)、曙、漣、潮（うしお)

暁級4隻——暁、響、雷（いかずち)、電（いなずま)

特型駆逐艦吹雪

さて、舞鶴工作部造機課の製図工場長兼缶実験主任として着任した渋谷隆太郎機関中佐が現場を回ってみると、さきの「美保ガ関事件」で沈没は免れたものの被害最大艦となった二等駆逐艦の葦が修理中であり、一等駆逐艦（特型艦）の吹雪と初雪が建造中であった。特型駆逐艦吹雪級の全国第１艦であるこの吹雪は、渋谷主任着任の少し前に進水（昭和２年11月15日）して岸壁で艤装工事中であり、同第３艦の初雪はまだ船台上にあったが、この両艦を見た渋谷主任はかって艦本でこの艦型の設計にたずさわっていただけに、いいしれぬ感慨を憶えた。

そのひとつは、この艦型特有の機械室縦通隔壁に関する艦本四部（造船）との激しいやりとりである。四部ではこの艦型の機械室には、魚雷を受けたときの被害軽減策として同室内の縦全長にわたる隔壁（センター・バルクヘッド）を設けることにしていたが、五部（造機）の渋谷部員はそれに絶対反対であった。砲弾のように上から落下してくるものに対してはセンター・バルクヘッドもある程度被害軽減に役立つか知れないが、魚雷による水中攻撃に対しては駆逐艦のような小型艦艇では害あって益なしと考えたからである。そこで四部へ行って「とにかくバルクヘッドだけは全廃してくれ」と粘ったが、相手は頑として耳を貸さず、激情家の渋谷部員は腸（はらわた）の煮えくり返る思いをした。しかしこのバルクヘッドは特型艦24隻中、最後の暁級４隻では廃止されている。

この特型艦に関する渋谷主任のいまひとつの思い出は、センター・バルクヘッドとともに本艦型特有のものといわれ、しかも当の渋谷五部員によって考え出された単式タービンに関するものであるが、ここでは渋谷氏が「舞鶴で最も印象的な事故」といっていることがらを見ておこう。

『旧海軍技術資料』によるとそれは特型艦吹雪に生じた復水器細管の亀裂事故のことで昭和３年５月、同艦が第１回の予行運転に出動せんとしているときに起こった。本艦の機関艤装工事の現場担当者は前出の高田信松工手だったが、同工手は当日の午前４時から出港前の主タービンの煖機をやり、途中でいつものように復水器中の復水を少しなめてみた。すると塩辛い。試薬で試してみると変色し、復水に海水が混じっていることが判明した。「これは大変」と信松工手はすぐに上司の足立助蔵造修主任（海機25期―大正５年卒）の自宅へ電話を入れ、その連絡を受けた渋谷設計主任も吉成宗雄造機課長（海機16期―明治41年卒）とともに現場へ馳せ参じた。そしてなぜ真水系統に海水が混入したかを鳩首協議した結果、復水器の細管（７—３真鍮製）があやしい、となって復水器を組立工場へ陸揚げし、水圧試験をすることになった。

テストをしてみると何千本とある復水器細管のうち17本にいわゆる「シーズン・クラック」と思われる割れがあり、それを抜き出して調べると管の製造過程での加熱法等に不具合があったらしいことが判明した。この細管は大阪の住友伸銅所が製造したものだが、住友から舞鶴へ駆けつけていた技術者たちも「製造中の加熱法不具合」という事故の推定原因には特に異存はなかった。さらに付言するなら、この住友製復水器細管を用いていた他の駆逐艦でもそのころ同様の事故が相次いでおり、また、復水器細管の亀裂事故は当時、列国海軍の間でも多発していて、いうなればそのころ世界的技術問題だったのである。
　そこで渋谷中佐は早速大阪の住友工場へ赴き、細管加工法の改良などを申し入れた。すると住友側は渋谷中佐の申し入れを全面的に受諾したのみか、「吹雪」については亀裂のない細管も全部取替え、また、他の駆逐艦で故障を起こしている同工場製の復水器細管もすべて取替えると確約して中佐をいたく感激させた。
　かくて住友では大急ぎで「吹雪」の細管の換装を行なったがこの工事に約40日を要し、同艦の引渡しは昭和３年６月末の予定が８月10日となった。しかしこの「吹雪」は同年11月、呉廠で開かれた同型５艦の比較研究会において断然他を圧する好評を博し、駆逐艦専門工作庁たる舞鶴の名を高からしめている。
　ところでこの「吹雪」の復水器細管換装工事で、住友に請求した30万円という工事費があとで問題になった。30万円という金額は換装した細管だけの価格で、それに付随する海軍側の工賃や現場経費は含まれていなかったからだが、その結末はどうなったか、渋谷氏も『旧海軍技術資料』にそこまではっきり書いてはいない。

舞鶴工作部建造の特型駆逐艦全国第１艦吹雪

三・一五事件

特型駆逐艦吹雪の復水器具事故の少し前、舞鶴工作部では人々の耳目を震撼さす大事件が持ち上がっていた。昭和3年3月15日に行なわれた共産主義者の全国一斉検挙、世にいう「三・一五事件」で工作部の職工4名が検挙されたのである。『30年史』では深く触れなかったが、このとき海軍職工で挙げられたのは舞鶴のこの4人だけであり、ときの工作部長村田豊太郎少将（海機12期—明治37年卒）が進退伺いを出したほどであった。

『舞鶴市史』によれば検挙された4人は22歳から25歳までの男子職工で、労働組合たる舞鶴共立会の会員だったという。同市史にある「現代史資料—社会運動」の表現を借りれば「右翼団体タル舞鶴要港工作部海軍職工ヲ以テ組織セル舞鶴共立会ニ加入シナガラ左翼的言動ニ出ルコト多ク」（アンダーラインは編者・岡本）という具合であり、当の舞鶴共立会では4人が職場の模範職工だったこともあって検挙の理由が分からず、何かの間違いだろうと思っていた。そして検挙後約1ヵ月した4月11日、記事解禁で一斉に本件の警察発表を報じた新聞により共立会幹部は初めてことの次第を知ったもののなすすべを知らず、当局への気兼ねから総辞職してしまった。

海軍省でもことの重大さに驚き「一言所懐を披瀝し、以て部内一般の猛省を促さんとする所以なり云々」という大臣訓示を発表（4月16日）、これを受けて舞鶴工作部では「恐懼に堪えず」と、この際左傾分子を徹底的に掃蕩し、部内の綱紀取締りと思想善導に全力を尽すことを期した。

なお、検挙された4人は裁判に付され、昭和4年2月にそれぞれ1年6ヵ月の刑に処せられたが、この事件の1年前に造兵機械の見習職工となった岡本富蔵氏によると、この4人のうち3人までが同氏の所属する柿本組の組員だったという。そしてその3人は私生活でも範とすべき人々で、当時14歳だった岡本見習工はこの人たちの指導を受け、夜は勉強も教わったという。さらにこの人々のなかには戦後、衆議院議員・共産党副委員長の要職に就いた人もいるとのことである。

しかし造機課の渋谷設計主任にとって、この事件で進退伺いを出した村田豊太郎工作部長は同主任の機関学校生徒時代の教官（機関大尉）であり、蒸気タービンを教えてくれた恩師でもあったので、事件から受けた衝撃は人一倍だったようである。

さらにこののち、廠内路上に停めてあった構内機関車が無人のまま暴走して工場へ突っ込んだり、庁舎裏山で焚火をしてボヤを起こす職工があったりなどしたので、渋谷主任は舞鶴の職工に一種の不信感を持つようになったふうである。

話変わってこの三・一五事件からほぼ1年半後の昭和4年10月30日から5日間、舞鶴で妙高型10,000トン重巡の比較研究会が持たれた。比較研究会というのは『30年史』でも触れたとおり、この研究会の対象とする艦艇の建造にかかわらなかった第三者工廠において、当該艦艇の技術的出来ばえや諸性能を徹底的に比較研究しようというもので、昭和4年の秋、舞鶴で行なわれた10,000トン重巡の比較研究会では妙高型重巡の4隻、つまり妙高（横廠建造）、那智（呉廠）、足柄（川崎・神戸）、羽黒（三菱・長崎）が対象となった。そしてこのことは当時として何ら秘密事項ではなかったらしく、昭和4年9月3日付の京都新聞は「一万頓級巡艦／性能の試験／危険を冒して来月執行／舞鶴工作部にて」という見出しで次のごとく詳細にその内容を報じている。

「列強海軍が驚異の眼で眺め、わが海軍が全智全能を傾けたといわれる独創的一万頓級足柄、羽黒、妙高、那智の四巡洋艦は絶大な威力を有し、目下軍縮会議（ロンドン軍縮会議を指す—岡本）でも話題になっているが、果してこれら一万頓級巡洋艦は伝えられる程の威力があるか否かの性能試験が愈（いよいよ）十月に舞鶴工作部に於て試験を担当することに決定、目下準備に多忙を極めて居る」

と書き出したあと、研究会の最大のヤマ場は各艦全力航走中に全主砲・副砲・魚雷等の一斉射をすることにあり、それは「英米海軍では最上級の危険と称して到底不可能として居るのをわが海軍では断然決行するものである」と述べている。さらに「飛行機射出のカタパルト試験も行い、一リベットのゆるみも見落さず、詳細にその結果を点検するはず」であるから、試験を命ぜられた舞鶴工作部では首脳部から職工の端に至るまでみな異常な緊張ぶりであり、各艦の建造所でもすこぶる関心をもって注目している、と結んでいる。

造船溶接と造機溶接

秋に妙高型重巡の比較研究会が舞鶴で行なわれた年（昭和4年）の春4月、世界一周中のドイツ飛行船“ツェッペリン伯号”が日本に寄港し、その少し前の4月1日、舞鶴工作部では特型駆逐艦の夕霧を起工した。

「夕霧」は舞工の特型第4艦であるとともにわが海軍初の電

気溶接採用艦でもあって、その造船船殻担当部員は前年（昭和３年）の12月に舞船へ転勤してきた藁ヶ谷英彦という造船大尉（大正11年東大船舶卒）であった。通常「ワラさん」といわれたこの藁ヶ谷大尉は熱心な溶接の信奉者で、のちに東大４年先輩で溶接でも先駆者である「福烈（ふくれつ）さん」こと福田烈（きよし）造船官（大正７年東大船舶卒）とともに「造船溶接の双璧」といわれた人だが、舞鶴着任後はさらに研究を進め「夕霧」に溶接を採用するよう造船課長の河東卓四郎造船大佐に進言した。しかし河東課長は「イエス」といわなかったので艦本四部（造船）の担当官に話をすると、船体の重量軽減に頭を痛めていた艦本では渡りに舟と応諾、「舞鶴から正式な承認願いを出しさえすればオーケーだ」といってきた。

そこで藁ヶ谷部員はもう一度河東課長に掛け合ったが、同課長はよほど慎重な質（たち）だったせいか、なかなか首をタテに振らない。めざす「夕霧」の起工は迫っているのに課長は艦本あての溶接要請書に判を押してくれそうもない。「ままよ」と藁ヶ谷部員は部下に命じて「夕霧」用サブ・ブロックのすみ肉溶接を行ない、課長に見つからぬようそれを倉庫に隠した。そして課長の出張中に艦本あての申請書に課長代理として判を押す、という離れ技をやってのけたのである。艦本が承認を与えたことはいうまでもない。

河東課長はそれを知って怒ったが文字どおり後の祭り。藁ヶ谷部員は倉庫に隠しておいた溶接製内部構造部材を引出して「夕霧」に搭載し、同艦の他の部分のすみ肉溶接も敢行した。こう見てくるとこの藁ヶ谷部員、「ワラさん」という通称に似合わず、なかなかシンの強いところがあったようで、これにより同部員は一躍「溶接の舞鶴」の名を高からしめたのである。

ところで舞船課長の河東造船大佐は舞機設計主任・渋谷機関中佐と同じ昭和２年12月の舞鶴着任だが、在勤３年で艦本へ復帰した渋谷主任よりずっと長く舞鶴にいた人であり、昭和６年10月の舞鎮開庁満30周年に際しては、さきの『30年史』が底本とした貴重な記録『開庁満三十年記念日を迎へて』を編集した人である。そして同課長はまた、渋谷主任と同じフネで一つ釜のメシを食い、しかも当時、造船官への転官を希望していた渋谷機関官のため骨を折ってくれた人でもある。

それは大正６年10月のことであった。当時、海軍大学校に在学中の渋谷機関大尉は軍艦比叡の分隊長として小演習に参加し、同艦のダメッジ・コントロール（応急注排水）用の詳細図を作っていたが、作図しながら考えた。「このようなことは海軍の全艦艇に普及させたいが、それには自分は機関官でいるより造船官になった方がよい」と。

そこでたまたま小演習見学のため同艦に乗っていた河東造船少佐に相談すると、同少佐は艦型試験所長・近藤基樹造船中将のところへ渋谷大尉を連れて行った。渋谷大尉は近藤中将に造船官への転官を懇ろに願い出たが、「今日の海軍の規定ではそんなことはできない」と一言のもとに断わられ、結局、渋谷造船官の実現は見られなかった。けれども、とにかく河東舞船課長と渋谷舞機設計主任との間にはこのような関係があったのである。

ところでこの渋谷舞機設計主任もまた、溶接には早くから注目していた人であった。当時の造機溶接は造船溶接の後塵を拝する形で進められていたが、機関部品も鋳物から鋼板の電気溶接構造に変えることはもはや時代の流れであった。機関部品を溶接構造にすれば信頼性大なる鋼板を用いて強度、剛性および捻れに対して最も有効な形状のものにすることができる。たとえば鋳造なら一重壁にリブをつけて強度を持たすところは、溶接なら二重壁として強度、剛性および捻れに対し理想的な構造となしうるなど、溶接構造は鋳造構造に比し多くの面で遙かに有利である。

早くからそこに着目していた渋谷設計主任は、そのころ舞機で全海軍のを一括製造していた重油噴燃器コーンの組立てをガス溶接から電気溶接に切り替えた。それはときの造機課長・守谷七之進機関大佐（海機16期―明治41年卒）の全面的バックアップのもとになされたものだが、それに対して部員も職工も「厚さ１ミリ以下の鋼板には電気溶接は不可能で、強行すれば廃品が多く出る」と、反対した。

そこで渋谷主任は数名の溶接工を選び出し、「いくら廃品が出てもよいから」といって主任じきじきの監督のもとにコーンの電気溶接をやらせた。すると200個ほど作ったコーンには何の支障もなく、廃品も出なかったので渋谷主任はそれを関係者一同に見せ、「今後は一切ガス溶接でコーンを作ってはならぬ。電気溶接ならガス溶接の１割の費用ですむのだ」と厳達して要望のあったガス炉の増設を取止めた。

その後、復水器の８ミリ厚さの胴体や低圧弁、タンク類なども電気溶接で作られるようになり、やがて舞機では「吹雪型駆逐艦の巡航減速車室を鋼板溶接で試作し、それを切断して溶接技術の資料を得べし」という中央からの指令でその研究に入った。だが、溶接構造物の設計などしたことのない設計係では、タービン減速車室の従来の鋳物部分を鋼板片とし、それを溶接で結び付けただけのような図面しか描けなかったので、渋谷主任は「これでは大した重量軽減にならない」と若干不満であった。

しかし中央では舞機に所要の実物実験をするよう指示、舞機はその線に副って溶接車室に関する設計と工作法に関する官民合同の検討会を何度か持った。その結果、中央では昭和6年度計画の最上型巡洋艦などの巡航減速車室の溶接化に踏み切ることができたという（『昭和造船史』）。

煙突から煙をなくせ

「溶接の舞鶴」の名を高からしめた溶接採用駆逐艦夕霧の進水（昭和5年5月12日）少し前の昭和5年4月、45,000坪に及ぶ元舞鶴海兵団の跡地に3年計画で建設中だった機関学校の新校舎が落成した。総工費80万円、延べ8,800坪という宏大な建物群は、舞鶴における最高学府として恥ずかしからぬ美麗高雅なものであった。

舞鶴にできた海軍機関学校

海軍機関学校はもともと横須賀にあったが、大正12年9月1日の関東大震災で校舎が全焼、焼け出された生徒・教官は広島県江田島の兵学校へ移った。震災による横須賀地区の被害は甚大で、同地にふたたび機関学校を設置することは経済的にも日時的にも不可能となり、当時、鎮守府から要港部への格下げにより施設や用地にゆとりのあった舞鶴が候補地に選ばれた。そこで舞鶴では要港部病院と旧海兵団の建物の一部を機関学校の仮校舎にすべく改造、大正14年3月に江田島から生徒・教官を迎え入れ、ここに機関学校の舞鶴時代が始まったのである。

舞鶴へきた機関学校生徒たちは1年半に及ぶ江田島での居候生活から、たとえ仮校舎とはいえ自分たちの学び舎を持てたとあって意気軒昂、運動場造りに建設作業員さながらのモッコ担ぎやローラー挽きをやった。そして前記のように昭和5年4月、待望の新校舎ができ上がったのである。

舞機設計主任・渋谷隆太郎機関中佐はこの機関学校の兼務教官であったが、そのほかにも「缶実験主任」という兼務を持っており、なかなか忙しかった。舞鶴がボイラ担当工作庁である以上、ボイラ実験に注力するのは当然で、当時、舞機の実験用ボイラは圧力20kg /cm^2（飽和蒸気)、蒸発量毎時70トンという吹雪級特型駆逐艦のボイラと同一要目のものが1基、組立工場の海岸側に据えられていた。

この実験用ボイラで渋谷主任はまず、艦本五部作成の方案に従ってボイラの無煙化実験に取組んだ。当時艦隊では各艦の航続距離の増大や煙突からの発煙防止などを強く要望していたからだが、無煙化、つまりボイラの無煙汽醸は、燃焼効率の向上と裏腹をなすもので、渋谷主任はエヤコーンを改良するなどしてひとまずこれに成功した。そしてその結果は艦隊に伝えられ、艦隊でも努力した結果、昭和5～6年ころには各艦の煙突から黒煙が拭い去られた。

渋谷主任はまた舞鶴の実験用ボイラで蒸発管撤去試験（ボ

イラ強度に支障のない限度いっぱいに蒸発管を外側から撤去しつつ全力汽醸をしてみる試験）やボイラ降路管の効果に関する実験等を行なった。降路管の実験は当時の艦本式ボイラが英国海軍にならって降路管のないものだったところ、「駆逐艦のように転舵時に大傾斜をするフネではやはり降路管は必要」といわれるようになっていたからである。しかしこの降路管実験の途中で渋谷中佐は大佐に進級し、艦本五部へ復帰（昭和５年12月１日）することになったので、あとは同部から転勤してきた久保田芳雄機関中佐（海機25期―大正５年卒）が引継いだ。

久保田芳雄中佐は舞機の作業主任兼造修主任という肩書きだったが、前任者・渋谷主任のあとを受けてボイラ実験にも注力し、渋谷主任のやり残したボイラ降路管の実験を継続して「降路管は必要」という結論を導き出した。

また、ボイラ効率が最高の点で湿度の少ない乾燥蒸気を得るには、蒸気ドラムをある程度大きくし、同ドラム内の蒸気室を適当にしてやる必要があることも分かった。しかし艦本式のようなドラム式のボイラでは、蒸気ドラムの大きさで製造費が左右されるから、安く上げるには蒸気ドラムを極力小さくしなければならない。そうしたジレンマに悩まされながらも後日わが海軍では内径最大1.5メートルという大型の蒸気ドラムを作ったが、それというのも舞鶴のこの実験があったればこそといわれている。

なお、渋谷主任がボイラ実験を始めた昭和３年ころの補助員は前出の高田信松工手であったが、同年６月ころからそれが石橋義六技手に代わり、さらに久保田芳雄主任（同主任の舞鶴在勤は昭和５年の暮れから翌６年の夏にかけてという短期間）のときは、工手に進級していた入江重郎氏（昭和５年11月21日に工手）が実験補助員を務めた。

先輩　後輩でも

渋谷機関中佐が舞鶴へ着任した昭和２年暮れころの第19代工作部長・村田豊太郎少将は、渋谷中佐の機関学校時代の教官だったことはすでに述べたが、同中佐の直属上司たる造機課長は機関学校２期先輩（海機16期―明治41年卒）の中道忠雄機関大佐であった。このあと渋谷中佐は中道課長と海機同期の吉成宗雄、守谷七之進の各課長に仕えるのだが、これら３人の課長のプロフィルを『旧海軍技術資料』によってみると次のようなことになる。

まず中道課長だが、同課長は極めて度胸よく、シンの強い人であった。よくモノを知っているのに知ったかぶりはせず、それでいていうべきことは強く主張する、というタイプでもあった。またよく気のつく人で部下の操縦も巧み、工場管理の面でも優れたものを持っていて、渋谷設計主任はたびたび頭の下がる思いをさせられた。

次に渋谷主任の仕えた吉成課長は大正11年ころ、中佐で艦本五部のタービン班長であり、渋谷氏は少佐でその下の班員であった。もちろん吉成氏は機関学校、海軍大学校を通じて渋谷氏の２年先輩だが、このころからこの先輩・後輩はソリが合わず、舞鶴でも同様であった。

吉成氏はよく切れる人で、渋谷氏もその力量には一目おいていたものの、吉成氏のときとして見せる「俺は秀才だぞ」といわんばかりの態度にはついて行けなかったのだ。渋谷氏自身「人の好き嫌いのはげしいのが自分の一番の欠点」と自覚しつつも、吉成先輩に対する感情のわだかまりだけはどうすることもできなかった。

とくに舞鶴では初めて仕えた中道課長が謙虚な人だっただけに、吉成課長の人を見下げたような性格がいよいよ鼻につき、渋谷主任は吉成課長によく論争を挑んだ。駆逐艦吹雪の復水器事故やボイラの実験、さらには工場管理などについても論争し、吉成課長の知らないことを教えてやって溜飲を下げていた。そうされると課長の方でもムキになるのか、ときとして現場の技手・工手のことで渋谷主任に戒告せんとすることがあった。しかしそれはみな渋谷主任が事前に適切な措置を講じておいたものばかりだったので、課長の戒告姿勢はすべて空振りに終わった。

このように互いに反発し合った2人だが、それから10年後の昭和13年、吉成氏は中将に進級して呉の工廠長となり、渋谷氏が少将でそこの造機部長となってふたたび仕え、仕えられる身になったのだから世の中まことに皮肉である。

ところで当時、舞機の組立工伍長であった高田良一氏によると、この吉成課長と渋谷主任の反目ぶりをまざまざと見せつけられたことがあったという。それはある年の夏のこと、職場有志で若狭高浜へ海水浴に行くことになり、高田氏が東舞鶴駅へ出てみると吉成課長と渋谷主任もそれぞれ家族を連れてきていた。ところが2人は互いに遠く離れてソッポを向いたまま口を利こうともせず、汽車も渋谷主任一家が二等車、吉成課長一家が三等車というチグハグさだったという。

さらに高田氏の吉成課長に関する思い出としては艤装中の駆逐艦夕霧でのことがあるという。すなわち昭和5年半ばのあるとき、高田伍長が工事日記を書くため同艦の上甲板から機械室に積み込まれたばかりの主タービンの据付け作業を見ていると、岩崎和三郎機械工場主任（大正７年東大機械卒、当時造機少佐）が吉成課長を案内して高田伍長のいるそばへきた。そして２人とも高田伍長と同じように腰をかがめて同艦の機械室を覗き込んでいたが、ややあって吉成課長は岩崎主任の肩を叩き、「おい、足立を見ろ。ワラジ履きで頑張っているぞ」といった。事実「夕霧」の機械室では足立助蔵機関大尉と矢杉正一造機大尉（大正14年東大機械卒）が工事の監督をし、高田伍長の父・信松工手も配下職工に種々指図していたのである。

しかし「足立はワラジ履きで頑張っているぞ」という吉成課長の言葉は「足立にくらべて岩崎、君は一体何をしているのか」と同主任を咎めているように高田伍長には聞こえた。というのは岩崎主任は舞鶴着任以来、なぜか一度も作業服を着たことのない人で、このときも軍服のままだったからである。だが当の岩崎主任は顔色ひとつ変えず、ただニコッとしただけだったという。

次に渋谷主任についての高田氏の思い出は、新造駆逐艦の缶室・機械室でよく同主任に出会い、「おい君、このパイプはどこからきてどこへ行っているか」と聞かれたことだという。高田伍長が「知りません」と答えると「そんなことではダメだ。もっと勉強をしろ」と直属の上司でもないのにハッパをかけられ、それがたび重なったので高田伍長も遠くから渋谷主任の顔を見ただけでつい逃げるようになったという。「仕事熱心で親切、指導力もある稀有の軍人だったのに、その渋谷中佐からなぜ逃げ回っていたのか、いまにして思えば残念でならない」と高田氏は悔んでいるが、その渋谷主任はまた何かことがあるとすぐその場で手帳を取出して何やら書き込んでおり、高田伍長は「よほど書くことの好きな人だなぁ」と思った。さらに同主任は各工場主任が目を通すことになっている他廠への主張者の報告書に、蛸の足のように沢山の符箋をつけて返すのが常であったという。

さて、その渋谷隆太郎設計主任が仕えた3人目の舞機課長・守谷七之進機関大佐は、現場に大変明るい人であった。そのころ渋谷中佐は作業主任も兼務していたが、その渋谷作業主任も知らぬうちに現場は守谷課長の手でどんどん改善されていった。渋谷主任の目からすると守谷課長の工場管理の頭脳は、前任の吉成課長の10倍以上と思われた。けれどもそのやり方といえば課長と技手・工手の協力だけで推進され、部員はおおむね宙に浮いていたので渋谷主任は「横の連絡のない部員たちをもっと協同結集させた方がより効果的です」と進言、その具体策として呉廠造機部で採っている「ファンクショナル・システム」(職能管理方式)の導入を提案した。

こん「ファンクショナル・システム」というのは、横廠造機部の「ミリタリー・システム」いうなれば「殿様管理方式」に対応するもので、いずれも渋谷氏の見方である。「ミリタリー・システム」では工廠長は殿様然として全廠員に君臨し、部長以下は工具に至るまでみな忠勤これ努めるという気風であって、いかにもよいシステムのように見えるもののその実、非科学的で非能率、ムダな点も多かった。担当者は往々にして独断専行に走り、ために当事者が休んでしまうとその関係のことは他人に一切分からず、仕事も停滞してしまうという欠点があった。

これに対して呉廠の「ファンクショナル・システム」は、

工廠長から掃除夫の端に至るまでそれぞれの義務と責任でことを処していく方式で、これによると1人が休んでもその一角が欠けるだけで、全体としての仕事には渋滞が生じない。したがって呉の「ファンクショナル・システム」は横須賀の「ミリタリー・システム」に勝ること数段、と渋谷氏は確信していた。

そこで渋谷主任はこれを守谷課長に奨めたのだが、同課長も呉廠にいたことがあるのでそのシステムをよく知っており、応諾すると同時にそのまとめ役を渋谷主任に命じた。命ぜられた渋谷主任は各工場の主だった部員・係員を集めて20回以上も会議を重ねる一方、各工場を精力的に説いて回った。しかし肝心の部員は余りその気にならず、係員以下もなかなか動かなかったので、この「ファンクショナル・システム」の確立は竜頭蛇尾に終わったという。

しかしこの間、渋谷作業主任は守谷課長からいろいろ指導を受け、そのバックアップで現場の作業要領を次々と改善していくことができた。それゆえ後年、守谷課長が機関大佐で退官したとき渋谷氏は長嘆息したという。「守谷さんは吉成さんほど評判は立っていなかったが真実偉い人だった。まことに惜しいことだ」と。(以上、『旧海軍技術資料』から)

帝国海軍駆逐艦・水雷艇建造小史(9)

初の旋転補機搭載駆逐艦―初春型と同改

昭和6年度計画の初春型駆逐艦は、基準排水量1,400トン(公試排水量1,680トン)で、昭和5年のロンドン条約で規制を受ける補助艦艇には入らなかった。しかし基準排水量1,400トンといえば、さきの睦月型より少し大きいだけなのに、兵装の要求は先行の艦型に比して大きく、備砲が12.7cm砲×６（睦月型は12cm砲×４）、発射管は61cm９射線（同61cm６射線）と大幅に強化された。ために艦の幅を少し増やすなどしたが、佐世保工廠（佐廠）における第１艦初春は、公試運転で極めて傾きやすい欠陥を露呈し、両舷にバルジを装着して引渡された。

ところが本艦の就役後、ほどなくして例の水雷艇友鶴の転覆事故や第四艦隊事件が起こったので、本艦型に重心降下、船体補強等の大改造がなされた結果、「初春」の公試排水量は約380トン（22%）増えて2,061トンとなった。

一方、本艦型の機関関係（艦本式高・低圧タービン２基２軸の42,000馬力）を見ると、初めて補機を旋転化し、初めて密閉給水装置を採用し、初めて22kg/cm^2、300℃の過熱蒸気を採用し（第３艦若葉以降）、そして駆逐艦として初めて機械室・缶室に操縦室を設けたなど、特筆すべきことが多かった。

補機の旋転化はボイラを傷める油などの不純物が缶水に混入しないよう採られた措置であることはいうまでもない。すなわち従来、主機は使用蒸気に油分の混入する恐れの少ないタービンであっても、補機は蒸気に潤滑油等が混入しやすい蒸気往復動機械で駆動されており、その油が排気とともに復水器を経てボイラへ給水として送り込まれ、ボイラを傷めていた。そこで補機の駆動機も蒸気タービンとし、それに対応してポンプ側も旋転式にせんとするのが「補機の旋転化」であり、一方の「密閉給水装置」は、やはりボイラ腐食の一因である給水中の溶解酸素を減らすため、給水系統が空気に触れないようにした方式である。
次に、本艦型から駆逐艦として初めて機械室・缶室に設けられた操縦室は、各室とも防音・防熱の気密とし、指揮・通信の装置と運転に必要な諸計器を装備した。さらに、機関科指揮所となる機械室の操縦室には、主機の操縦ハンドルを置き、缶操縦室には、ボイラの統一汽醸ができるよう焚火号令器を置いた。
なお、本艦型6隻中の第5、第6艦の有明と夕暮（舞鶴建造）は建造中に重心降下等の改造がなされたので「初春型改」といわれ、「初春」が旋回中に大傾斜したことから傾斜矯正のための二枚舵が装備された。しかし旋回性能は先行の初春型4隻に劣り、最高速力も低下したので、のちに従来の一枚舵に換装された。
初春型、同改計6隻―初春、子日（ねのひ）、若葉、初霜、有明、夕暮（舞鶴）

ロンドン条約の波紋

昭和5年という年は、舞鶴にとって機関学校の新校舎落成というめでたいこともあった反面、またぞろ工作部の人員整理があるやも知れないロンドン軍縮条約の締結（4月22日）という芳しからぬこともあった年である。ロンドン条約は舞工が得意とする駆逐艦等の補助艦艇の保有量に制限を加えるもので、それにからむ人員整理が当然予想されたのである。
果せるかな舞鶴工作部では早くも昭和5年の6月20日、永年勤務者を「希望退職」という形で整理し、これに対して海軍労働組合連盟（略称「海連」――大正13年3月結成）

は7月下旬、整理反対のノロシを挙げた。海連の下部機構である舞鶴共立会も反対運動を展開する一方、中舞鶴・新舞鶴・舞鶴の三町長も他の海軍工作庁所在地の市長らとともに上京し、海軍省を始め関係各方面に真剣な整理阻止の働きかけを行なった。

そんななかで渋谷隆太郎設計主任と足立助蔵造修主任が舞鶴を去り、ほどなくして昭和6年となった。この年は舞鎮として開庁満30年記念というめでたい年回りであったけれども海軍省ではそんなことにお構いない3月3日、舞鶴の職工670余名の整理を通達してきた（このときの同省発表では全国の解雇予定者は8,900余名)。続いて4月8日、海軍省は全国一律ほぼ20%の割で整理をすると発表し、全国総計7,595名の解雇人員の指名内示を行なった。それによると横須賀は1,840名、呉3,735名、佐世保1,375名、そして舞鶴は644名となっていたが、当時舞鶴の職工数は約3,330名といわれたから、解雇者644名はその約19.3%に当たることになる。

これに対して舞鶴共立会は御用組合的性格から整理そのものには反対できず、せめて転職困難な40歳以上の熟練工は整理しないよう申し入れるにとどまった。しかしそれは無視されたばかりか、島田共立会会長はじめ彼と行動をともにした活動的な職工はみな解雇され、会員数は2,400名に減っていよいよ無力なものになった。

この整理で造機課では約1,100名の職工中、210名が解雇された（解雇率19.1%）が、そのなかに高田良一氏の父君、高田信松工手も含まれていた。

同工手は前年（昭和5年）の暮れ、上司の機械工場主任・坂口碌三造機中佐から技手任官の話をもちかけられていた。

技手になれば月給制となり、日給制の工手の収入より減収となるので坂口主任は相談的に話しかけたのだが、信松工手は「一切お任せします」と答えた。ところが開けて6年3月になるとその坂口主任から「さきの任官話はご破算になった」といわれたのである。

「君は近く行なわれる軍縮整理に引っかかるかもしれない。幸い播磨造船所（現、石川島播磨重工業㈱・相生工場）ではシナから砲艦2隻を受注し、軍用レシプロ機関に詳しい海軍の工手級の者を欲しがっているからそこへ行って年齢満期まで働いた方が得策と思う。いま辞めれば退職金も沢山もらえることでもあるし……」と坂口主任にいわれた信松工手は、2年前の駆逐艦吹雪の復水器事故のことを思い出していた。

第21代工作部長
和田信房少将

高田信松工手が貰った「慈心相向」の書。実物は縦112センチ×横34センチ

あのとき信松工手は直属上司の足立造修主任宅へ電話を入れたけれども通じず、止むなく吉成課長の宅へ電話したのだが、それが足立主任の心証をひどく害したらしく、フネの現場へきた同主任は「なぜ先に僕へ知らさなかったのか」と気色ばんでいった。その言葉がまだ耳底に残っている。あのことでいま自分が整理のヤリ玉に挙げられているのでは……と思っ

たがそれは口に出せることでない。同工手は坂口主任の説得に従い、ときの工作部長・和田信房少将（第21代）から贈られた「慈心相向」の複製（前ページの写真）１枚を手に昭和６年４月21日、舞鶴工作部をあとにした。

信松氏が初めて工廠の門をくぐったときは日給58銭の定期職工であり、24年勤めてのち自転車で同じ門を去ったときは日給３円80銭の万年工手であった。

なお、この「慈心相向」なる書は和田工作部長が退職者の心情をいささかでも慰めんものと京都知恩院の管長・山下現有師（当時101歳）に揮毫を頼み、それを自費で複製して退職者全員に贈ったもので、書の由来は「慈心を以て相向かい、仏眼を以て相看る」という中国唐時代の浄土宗高僧・善導大師の偈であるという。

ところでこの信松工手の辞める直前の４月14日、倅の高田良一氏は組立工組長を命ぜられ、補助機械の造修工28名の親方となった。したがって昭和６年の４月は高田家にとってまさに悲喜交々の春といえた。

ところがこの解雇旋風の吹き荒れた昭和６年の春も過ぎて秋口になると、またもや天下の形勢を一変さすような事件が起こった。９月18日の満州事変勃発である。後世いうところの「15年戦争」の発端たるこの事変の勃発で、舞工造機課は今度は爆弾作りに奔走させられることになった。

前出の久保田芳雄機関中佐はこのような変転期の舞鶴にいること１年足らずで転出して行き、そのすぐあとの10月１日、舞鶴では鎮守府開庁満30年の記念日を迎えた。『30年史』で詳述したようにその数日間、舞鶴では記念式典や祝賀行事に異常なまでの賑わいを見せたが、その興奮のさめやらぬ10月13日、工作部では千鳥型水雷艇の全国第1艇千鳥を起工した。

水雷艇の詳細については別項の「帝国海軍駆逐艦・水雷艇建造小史⑾」に譲るとして、要するにこの水雷艇もまたロンドン軍縮条約の申し子であった。すなわちロンドン条約は10年前のワシントン軍縮条約で漏れた補助艦艇に制約を加えるもので、基準排水量1,500トンを超える駆逐艦以上の補助艦艇の保有比率は英・米の各10に対して日本は7に抑えられ、各国とも10,000トン以上の巡洋艦の建造禁止と駆逐艦単艦の大きさに制限が加えられたのである。これによりわが海軍では、かねて計画中の1,000トン型駆逐艦は艦隊駆逐艦として疑問、との用兵側の意見でもたついていたのでこれを取止め、代わりに条約に規制のない基準排水量600トン以下の補助艦艇を別に造ることになった。これが千鳥型推定艇で「駆逐艦」という代わりに「水雷艇」なる名称が与えられ「制限外艦艇」ともいわれた。

したがってこの水雷艇は明治期の100トン前後の水雷艇とは根本的に異なり、基準排水量535～840トンの小型ながら性能は従来の二等駆逐艦のそれを凌駕していて、近海決戦に十分使用できるものであった。しかしこのような高性能・重兵装の小型艇では復原性が不足するのは当然で、それがついに舞鶴建造の本艇型全国第3艇友鶴の転覆事故、いわゆる「友鶴事件」なるものを招いたのである（本件については次章で詳述）。

さて、話をもとへ戻すと開庁満30年の記念日から1ヵ月経った昭和6年11月、高田良一氏は全画工工手に昇進した。高田氏の組長勤務はわずか半年だったが、組長たる者は部下職工１人１人の気質や技量、家庭の事情まで知っていなければならない。なかなか骨の折れる仕事なのにひきかえ、企画工工手には部下というものがなく、高田氏はホッとした。けれども苦労した組長時代こそ最も学ぶことが多く、楽しくもあったと氏は過ぎし半年を懐かしんだ。

続いて12月、定期異動があって造機課長が交替した。艦本出仕となった守谷七之進機関大佐に代わり、広廠作業主任の岩藤二郎造機大佐が舞機課長として２度目の舞鶴勤務に入ったのである。

前列左から５人目が守谷七之進機関大佐、次が岩藤二郎造機大佐

二等駆逐艦なみの水雷艇—千鳥型

以下に述べる「水雷艇」とは、明治期の100トン前後の水雷艇でなく、補助艦艇を制限するロンドン条約（昭和５年）の結果生れた基準排水量535～840トンの艇で、その一番手が昭和６年度計画で実現した千鳥型水雷艇である。

この千鳥型水雷艇に対する軍令部の要求は、12.7㎝砲×３、53㎝発射管×４、速力30.0ノット、航続距離は14ノットで3,000海里というもので、小型艇ながらそれは従来の二等駆逐艦の性能を上回っていた。そこで艦政本部では船体および兵装の軽量化や30kg/cm^2、350℃の高圧高温機関の採用による搭載燃料の削減等により、基準排水量590トン（公試720トン）のものを計画したところ、予算の関係上、兵装と速力はそのままにして船体をさらに縮小・軽量化すべし、となり、結局、基準排水量535トン（公試615トン）という小型の艇になった。

したがって本艇型は、大きさに比していちじるしく重兵装の艇となり、復原性不足は初めから分かっていた。が、そのまま工事を続行、舞鶴の全国第１艇千鳥がすでに公試運転で異様な動揺を見せ、同第３艇友鶴に至ってついにかの転覆事故を招いたのである。

この友鶴事件により、本艇型は兵装の減少（12.7㎝砲×３を12㎝砲×３にするなど）と重心低下の工事を行なった結果、公試排水量は157トン（約26％）も増えて772トンとなり、逆に速力は30.0ノットから27.9ノットに落ちた。

ちなみにこの千鳥型水雷艇の30kg/cm^2、350℃という高圧高温蒸気は、むろんわが海軍初採用のもので、それまでの20kg/cm^{2}飽和蒸気や22kg/cm^2、300℃の過熱蒸気に比して段違いの蒸気条件であった。したがってその蒸気で駆動される主タービン（艦本式高・低圧タービン２基で11,000馬力）は、信頼性確認のため、舞鶴において特に陸上の全力負荷試験を行なっている。

千鳥型水雷艇４隻は、千鳥（舞鶴）、真鶴、友鶴（舞鶴）および初雁である。

舞廠建造の千鳥型雷艇全国第１艇千鳥

C章　雌伏期

――昭和7年から同11年（工廠に復活）まで――

解雇をして増員

昭和7年1月28日、中国の上海で日中両軍が衝突して第一次上海事変が起こり、わが海軍の上海特別陸戦隊が華々しい活躍をした。3月には満州国の建国宣言があり、5月には海軍将校らによる犬養首相殺害事件、いわゆる「五・一五事件」が起こった。

それから1ヵ月後の6月16日、舞鶴では特型駆逐艦の舞工最終第6艦響が進水し、6月19日には連合艦隊が入港してきた。三舞鶴町では舞鶴湾頭を圧する数十隻の艦艇を全町挙げて歓迎し、出港する24日までの6日間、一般民家も2,400余名の艦隊将兵の分宿を引受けて大いに歓待した。

舞工建造の特型駆逐艦響の進水式（昭和7年6月16日）

そのころ小唄勝太郎歌うところの「島の娘」が一世を風靡していたが、その大流行とはウラハラに「非常時」「国難」「挙国一致」などということもいわれ出した。

ところで舞鶴工作部造機課では、第一次上海事変の勃発とともに直径10センチほどの砲弾作りに追いまくられるようになったが、そういった多忙さはひとり造機課だけでなく舞鶴工作部全体がそうであり、他の海軍工作庁とてみな同様であった。このようにどの海軍工作庁も忙しくなってくると海軍省では特殊工、つまり製図、分析、計器、実験など、直接生産にたずさわらない職工の労働強化を打ち出した。それは特殊工の労働時間が一般の職工より1時間短かったのを一般職工並みに引延ばそうという案で、予定どおり実行に移された。

昭和7年10月になるとさらに労働力の不足が顕著となり、各工廠では「職夫」と称する臨時工の採用を始めた。ロンドン軍縮条約による解雇後わずか1年半にして増員という有為転変ぶりで、舞鶴工作部でも514名の職夫を採用した。なお、この臨時工、身分が不安定であるにかかわらず、折からの不況とあって多数の応募者があったという。

これよりさき、舞機に「工作機械加工速度委員会」なるものが設けられていた。それは仕事の繁忙化に対応して作業研究の熱が高まったところから岩藤造機課長の発案でできたものといわれ、その委員附きを命ぜられた高田良一企画工工手は、毎日工場現場へ出て加工中の各種工作機械の速度を実測し、そのデータから適当な加工速度を見出して職工を指導することに専念した。

一方、組立工場の入江重郎工手はこの年の7月技手に任官し、米国へ出張した設計の長井安式（やすいち）技手（技養2期―大正12年卒）の後を襲って設計の係員となった。そしてそれから1年余りのちの翌昭和8年11月、入江技手は軍艦樫野の主機械の件で英国のブラウン・ボベリー社へ出張するため艦本五部へ転出していった。

ちなみにこの軍艦樫野というのは、大和型戦艦の46センチ主砲（砲身・砲塔だけで1組2,744トンの重さがあり、製鋼部のある呉工廠でしか造れなかった）を海上輸送するため「給兵艦」という艦種名のもとに特別に計画されたフネで、第55号艦として昭和14年7月1日、三菱・長崎で起工され、1年後の15年7月10日に竣工している。

公試排水量11,100トンの同艦は、50センチ砲塔の出現も予想して計画されただけに、船体構造は運搬物件の重要性と海上での不測の事故を考えて要部を二重船殻構造にするなど、さまざまな新機軸が採用される一方、機関も高圧高温蒸気機関の実験艦として外国の新技術を採り入れた特別仕様となっていた。すなわち主機は英国のブラウン・ボベリー社製高・低圧タービン2段減速装置付きのもの2基で、ボイラはラモント社製の50kg/cm^2、450℃のもの2基と艦本式ホ号缶40kg/cm^2、400℃のもの2基であって、ラモント缶使用時には2軸合計で6,000馬力（160回転）、ホ号缶使用時には同じく4,500馬力（145回転）で14.0ノットを発揮する計画であった。

ともあれ本艦は1回に1砲塔分（付属品ともで約3,500トン）しか運べず、呉から2号艦武蔵を建造している三菱・長崎へ3回往復し、武蔵の全主砲3砲塔分を運び終わったところで太平洋戦争になったという。

それはとにかく入江重郎技手の艦本転出半年前の昭和８年４月、野村大一郎氏と葛野定雄氏が舞廠造機課へ入業してきた。鶴桜会会員の両氏はいずれも地元舞鶴の出身で、野村氏は金沢高等工業学校の機械科を、葛野氏は広島高工のやはり機械科をこの３月にそれぞれ卒業したものの、ともに一職工としての入業であった。国の外では満州事変、上海事変と景気のよいドンパチが始まっていたけれども国内ではいわゆる昭和恐慌の余波なお去り難く、「大学は出たけれど」という映画や流行歌の文句どおり大学・高専出身者の売れ口は依然はかばかしくなかったのである。

野村職工の日給は２円15銭であった。当時の職工の平均日給は２円前後だったので、それより15銭も多くもらえた野村氏は「21歳の若輩未熟工としては破格の待遇」と思いながら10銭の職工弁当を食べていた。

他方、葛野氏は臨時職工として採用された。臨時職工は３ヵ月ごとにクビになるぞといい渡され、それを承知で入業したものの３ヵ月ごとにクビにはならなかった。しかし葛野職工は午前７時の入門に間に合うべく、毎朝５時起きという馴れぬ生活を強いられていた。

同じ昭和８年の11月20日、やはり鶴桜会会員の石川重吉氏（物理学校卒）が艦本五部から舞機設計へ転勤してきた。当時技手だった石川氏の舞鶴転勤は、舞機設計の入江重郎技手が前記のように艦本へ転出したその交替人事であって、かねてから大工廠の現場を望んでいた石川氏にとり、舞機設計という配置は必ずしも意に添う部署ではなかった。しかし「東京弁でチャキチャキ歩く技手さん」と設計の女工員に大分モテたようで、それかあらぬか「いまにして思えば舞鶴でよかったと感謝している」と氏は後年述懐している。
そして昭和８年も押しつまった12月１日、高田良一氏は晴れて技手に任官した。

冬場の海上試運転

天皇陛下の舞鶴行幸から20日ほどのちの昭和８年11月20日に舞機設計へ着任した前出の石川重吉技手は、着工早々妙なことに気付いた。駆逐艦の海上試運転に計測員として乗艦する設計の工員が、手に手に古靴下や青写真用薬品の空き缶を持って行くのである。当時、舞機設計では青写真用紙は模造紙に特殊な薬品を塗ったものを用いていたが、なぜそんな薬品入れの空き缶を持って行くのか石川技手には不思議に思えた。あとでそれは船酔いによるヘドの始末のためと分かって納得できたものの、その石川技手はそれからしばらくのち、自分自身で大変な船酔いを体験する破目になった。
それは昭和９年の１月か２月のことであった。千鳥型水雷艇の舞廠第２艇（全国第３艇）友鶴の第１回予行運転に乗艇した石川技手は、速力14ノットの時点ですっかり酔っぱらい、ノドまで出かかったものを部下の手前、非常手段で呑み下したのである。１月、２月といえば日本海の最も荒れる時期でその日も相当ガブり、同技手は大変な苦しみを嘗めたわけだが、それでも転舵したときの艇の復元性の悪さに気付き「大丈夫なのかなぁ」と気をもんだ。
果せるかなこの「友鶴」は昭和９年２月24日の引渡しから１ヵ月もしない３月12日、佐世保港外で訓練中波浪のため転覆し、生存者13名を残すのみで他の100名はすべて殉職、という運命に見舞われたのである。それを知った石川氏

舞工建造の千鳥型水雷艇友鶴（全国第３艇）

は「やんぬるかな」と天を仰ぎ、同時に艤装工事中、親交を得ていた機関長（機関大尉）の身の上を思いやり、いわんかたなき痛恨の情に閉ざされた。

ともあれ日本海は春から秋にかけては台風でもこない限り平穏な凪だが、冬ともなると様相が一変する。北西の強風が吹きすさび、激浪が逆巻く。ときとして雪が村雨のように襲い、丹後半島の速力試験標柱（マイル・ポスト）が、艦が標柱間に入るときは見えていても出るときは見えなくなり、速力試験をやり直さねばならないようなこともある。

ちなみにこの丹後半島の速力試験標柱というのは「宮津湾外公認船舶速力試験標柱」と呼ばれる公称８浬の試験標柱で、同半島の新井崎から経ヶ岬にかけて４ヵ所に各２本ずつの標柱が立っている。各標柱間の距離は舞鶴側からいえば3,141メートル、3,715メートルおよび8,461メートル（端数切捨て）で、その合計距離は15,317メートルとなり、公称の８浬（14,816メートル）を少しオーバーするがとにかく「８浬標柱」といわれているものである。速力試験を行なうフネはこの標柱間を２回以上航走し、その平均航走時間から速力を求めるがこの場合、３ヵ所の標柱間のうち、どの標柱間を走るかはそのときの速力その他の諸条件によりその都度決められる。
舞鶴が専門とする駆逐艦では、速力試験は原速（12ノット）、強速（18ノット）から第1戦速ないし第5戦速および最大戦速（35ノット前後）、さらに過負荷全力である「一杯」までの各速力段階について行なわれ、1日で終わらないときは2日、3日と分けて行なう。
各速力で標柱に入る前、機械室や缶室では設計の若い工員が「M・1」（「第1回標柱間速力試験」の意）とか「M・2」とか書いた手持ち黒板を片手に、笛を吹きながら各計測員に報せて回る。「標柱へ入った」「標柱を出た」の報せは、艦橋から機関部へ「テー」という号令で伝えられ、その標柱間航走中に計測員は命ぜられた諸元の計測を行なう。
海上試運転ではこの速力試験のほかに各種のテストが行なわれることはもちろんだが、造機部にとっては前進全力（最大戦速）での2時間ないし4時間の続航試験がヤマ場のひとつとされていた。この続航試験では旋回試験や操舵試験なども併せ行なわれ、艦は冠島・沓島を右に見たり左に見たり、経ヶ岬の燈台へうんと接近したりして若狭湾も狭しと走り回る。
これが凪のときなら甲板へ出て見ても爽快そのものだが、時化となるとそうは行かない。駆逐艦や水雷艇は小型で高速を生命とするフネだけに、試運転では激浪に翻弄されつつもひたすら突っ走る。ために新調のボート・ダビッドが激浪にさらわれるといった事故も起こるし、運転要員はデッキ、エンジンの別なく、よほどフネに強い者以外は筆舌に尽しがたいシンドさをなめさせられる。とりわけ機関部では主機が大出力の蒸気タービンときているから機械室・缶室は、運転時には塗り立てのペンキの臭いやラッギング（蒸気機械やパイプに巻いた保温材）の乾燥する臭い、さては油の焼け焦げる臭いなどで、ただでさえ気分がムカつきかねないのに、海の荒れる冬場ともなればこれに激しい動揺が加わるから、フネに弱い人にとってはまさに「地獄の責苦」となる。少々フネに強くても機械室・缶室は人声も聞きとれぬほどの騒音と、各タービンから出るパッキン蒸気で銭湯の流し湯のようになってしまうから参る。だから冬場の運転が連日のことになると、設計の製図工のなかには「明日の運転にはコラえてほしい（乗艦しないでよいことにしてほしい)」とネをあげる者も出てくる。そのような部下への応待の気重さから石川技手は運転終了後もすぐに職場の設計係へ帰らず、しばらくどこかへ雲隠れしたこともあった。しかし全力公試の日などは入港と同時にその成績を艦本へ報告する要があったのでそうもしておれず、同技手は部下の運転遠慮の申し出にはホトホト手を焼いたとのことである。

しかし外海がいかに荒れているときでも、舞鶴の軍港内はウソのように平穏である。それというのもこの軍港は巨大な「ら」の字のように曲りくねって奥が深く、湖水のようなものだからである。つまり「ら」の字の一画目の点を若狭湾の冠島に見たてれば（少し離れ過ぎているが)、次の縦線はバクチ岬から戸島までの直線水道、そしてぐるりと曲げた先の書き終わり部分が工作部前の海面に相当しているといえる(図参照)。したがって港内、特に工作部近辺はいよいよ平穏で外海の模様は推測しがたく、運転出動のときは港口の外にある見張所に波の様子などを聞いて出かける。だがそれでも予想外に波が高くて予定の作業ができず、空しく引き返すこ

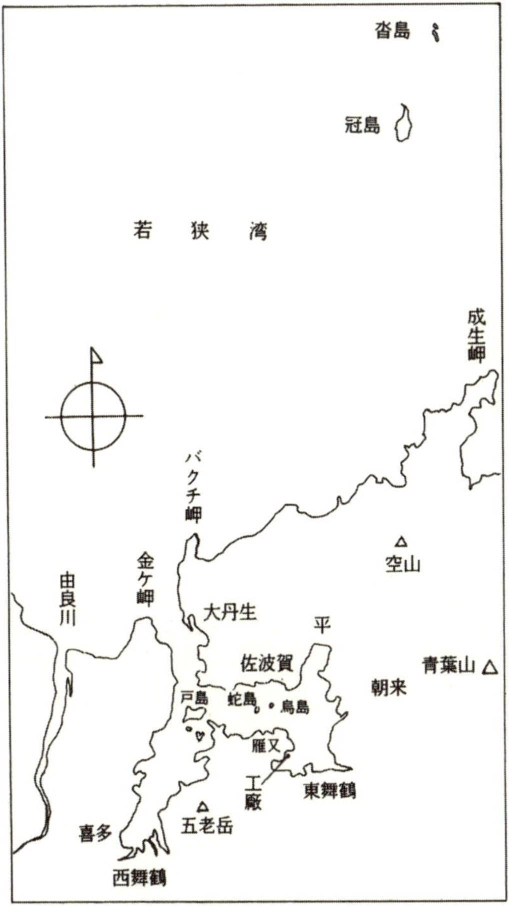

沓島
冠島
若狭湾
成生岬
バクチ岬
金ケ岬
由良川
空山
大丹生
平
佐波賀
青葉山
朝来
戸島
蛇島
烏島
雁又
工廠
東舞鶴
五老岳
喜多
西舞鶴

舞鶴軍港の近辺

ともたびたびであった。

波の高いのを承知であえて試運転に入り、次第にフネのガブリがひどくなってくると職工や製図工のなかには自分の持ち場にいたたまれず、どこかへ逃げ出す者が出てくる。しかしその補助員である艤装員の兵隊たちは気分の悪さに耐え、顔面を蒼白にしながらも持ち場持ち場で頑張っている。だが腹の底から噴水のように突き上げてくるヘドだけはいかんともし難く、咄嗟に作業帽を顔に当ててそれを受けとめる。ヘタに小間物屋を広げようものならあとで上級者から手荒い制裁を受けるからだ。

その上級者である機関科下士官のなかには、フネがいかに動揺しようとも自分の所掌する機器類の諸元を懸命に手帳に書き留めている者がいた。駆逐艦でも30ノット以上という高速は就役後めったに発揮することがなく、したがってそんな高速時のデータを各自記録しても無意味なように思えるが、彼らにしてみれば「後日体験できないかも知れない高速運転だからこそ、体験しているいま現在それを記録しておくのだ」ということだったようである。まこと「海軍は下士官で保（も）っていた」といわれるだけに、彼ら下士官の真摯な態度には頭の下がるものがあった。

一方、雲隠れした職工や製図工も甲板や兵員室でゴロゴロしているうちはまだよい。まかり間違うと海へ転落して行方不明になる者が出てくる。現に石川氏によると修理を終えたある駆逐艦の確認運転でそのような犠牲者が出たという。

それは20歳になる造船設計の若い職工で、フネが入港してからその職工のいないことが分かり大騒ぎになった。操舵試験か何かの折、波にさらわれたのだろうと飛行機や水上艇を繰り出して懸命に捜索したが、何しろ日本海の荒れる２月のこととてついに発見できず、艦長の認定による死亡として取扱われた。なお、この職工には両親がなく、まだ小学生の妹と２人暮しの気の毒な身の上だったので、それがいっそう人々の涙を誘ったという。

帝国海軍駆逐艦・水雷艇建造小史⑾

さらに性能アップした水雷艇―鴻（おおとり）型

さきに記した千鳥型水雷艇は、友鶴事件発生以前から計画速力の30.0ノットが次第に低下する傾向にあったので、昭和９年度計画の水雷艇16隻は速力30.5ノットのものにする予定であったところ、たまたま友鶴事件が発生したため、設計のやり直しをし、その結果、千鳥型よりひとまわり大きい鴻型水雷艇が出現するに至った。

鴻型は公試排水量960トン（千鳥型は615トン）、主機出力は19,000馬力（同11,000馬力）、速力30.5ノット（千鳥型は計画で30.0ノット、友鶴事件による改装で27.9ノット）、航続力は14ノットで4,000海里（千鳥型14ノットで3,000海里）で、この仕様は若竹型二等駆逐艦すら上回るものであった。

しかしてこの鴻型は、昭和12年初頭から軍縮条約が廃棄されることを考え、当初16隻建造予定のところ８隻で打ち切り、あとは駆逐艦に切り替えることになった。そして舞鶴担当の全国第１艇鴻は、完成時の公試排水量が1,012トンで、31.19ノットを発揮した。

この鴻型水雷艇の機関関係で特筆すべきは、主タービンは高・中・低圧の3タービンで、本来なら3ピニオン方式とすべきところ、高圧タービンを低圧タービンの軸端にオーバーハングさせて2ピニオン方式とした点である。さらにいま一点、この型式のタービン（2基合計19,000馬力）は、のちの太平洋戦争中、いわゆる戦時急造の松型駆逐艦等に多用されたことである。

鴻型水雷艇8隻は、鴻（舞鶴）、鵯（ひよどり）、隼、鵲（かささぎ）、雉（きじ）、雁、鷺および鳩である。

鴻型水雷艇の全国第4艇鵲—大阪鉄工所・桜島工場建造

二枚舵装備の駆逐艦

海上試運転といえば同じ石川重吉氏は駆逐艦夕暮の試運転でも面白い体験をしている。舞鶴建造の「夕暮」はさきの「帝国海軍駆逐艦・水雷艇建造小史(9)」にあるとおり「有明」（川崎・神戸建造）とともに初春型改の一等駆逐艦で、初春型の第1艦初春が旋回中に大傾斜したことにかんがみて艦尾の左右に各1枚ずつの舵を備えた、いわゆる二枚舵装備の駆逐艦である。総じて一枚舵と二枚舵では両者の舵面積を等しくした場合、二枚舵の方がやや優れていることが実験で分かっていたので、巡洋艦の最上・三隈や空母蒼龍などにも装備され、駆逐艦では「有明」「夕暮」、さらには続く白露型にも装備されたのである。

さて、舞鶴の「夕暮」の二枚舵のテストは昭和10年の春先きに行なわれた。石川重吉氏によると当時は舵取機械の油圧上昇が問題になっており、油圧の測定には特殊なインジケータを用いることになっていたが舞鶴にはそれがなく、止むなく横須賀からインジケータとそれ専門の工長1名、計測員1名を借り受けてテストに入ったという。

このテストで石川氏は舵取機械の油圧計測に当たったけれども、二枚舵という先入感があったせいか転舵時には舵取機室の底部からの振動がことのほか激しく感じられ、爪先き立ちで辛うじて立っておれる状態であった。

上甲板にある舵取機室の入口扉はむろん閉ざされており、艦橋からの指示等は同室の前部隔壁の右舷上方にあるノゾキ孔経由でなされた。造船課の技師がこのノゾキ孔越しに「転舵始め」「中ごろ」「転舵終わり」といった具合に艦橋の指示を石川氏に伝達し、石川氏はそれを計測員に伝えた。ところが2セットある舵取機の騒音と振動で室内はものをいっても聞こえるような状態でなく、その上、当時は舞機設計で製図

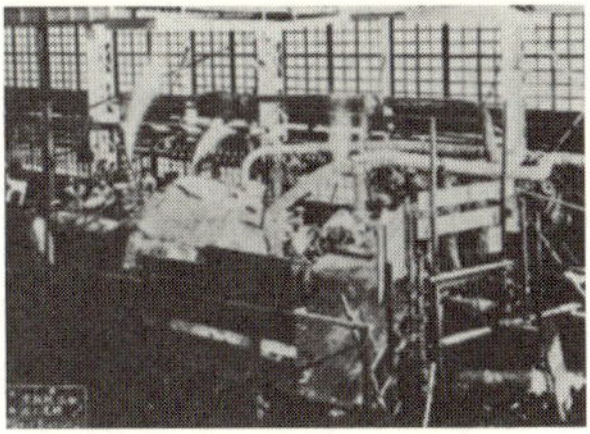

舞工建造の初春改型駆逐艦夕暮（上）と舞機での同艦用左舷主タービンの陸上試運転風景（昭和9年4月2日）

工に手先信号をまだ教えていなかったので、石川氏はそれを手持ち黒板に書いて部下にしらせた。ときとして造船課の技師に代わって当時の工作部長・南里俊秀少将がこのノゾキ孔越しに艦橋の指令を伝えたこともあったという。計測した油圧はこの逆のコースで艦橋へしらせたことはいうまでもない。

各種の試験項目中、計測者にとって最も苦しかったのは後進30分の続行試験であった。また、余り頻繁にインジケータを採り過ぎたためか両舷操舵機内の油量が不平衡となり、艦橋からの操舵も不能となって舵取機直接の操舵で帰港したこともあったという。

ともあれこの「夕暮」は昭和10年３月30日に引渡しとなったものの、折角関係者が苦労した二枚舵も艦の旋回性能を高めることなく、かえって最高速力を低下さす結果となったので、同じ二枚舵装備の前記巡洋艦、空母等とともにその後すべて一枚舵に変更された。

なお、この「夕暮」竣工半年前の昭和９年９月５日、連合艦隊が再度舞鶴へ入港して７日間在泊し、地元では前回（昭和７年６月）同様、町を挙げてこれを歓迎した。また、それから２ヵ月あとの同年11月８日、舞鶴工作部では鴻型水雷艇の全国第１艇鴻（詳細は別項の「帝国海軍駆逐艦・水雷艇建造小史⑾」参照）を起工した。

粗末な設備から優秀な製品

この舞機設計主任・曽我清機関少佐はまた、重油噴燃器の性能テストでも大いに尽力するところがあった。

舞鶴はボイラの担当工廠だけに大正時代から重油噴燃ポン

プの改良・研究に懸命であり、昭和に入ってからは渋谷隆太郎缶実験主任らが実験用ボイラを使って噴燃器の改良に取組んだことはすでに述べたが、その舞鶴へボイラに多大の関心を持つ曽我少佐が赴任してきたのだから、噴燃器の研究と製造に一段の拍車がかかったのは当然といえた。

その曽我少佐によると、そのころ日本海軍で使用していた噴燃器には、英国製のものと日本海軍独自で開発したものとの２種類あり、英国製のものはむろん秘密裡に使用していたが、性能的には日本独自のものが遥かに優れていた。そしてこの日本製噴燃器は製造・修理とも舞機が全海軍のものを一手に引受けていた。

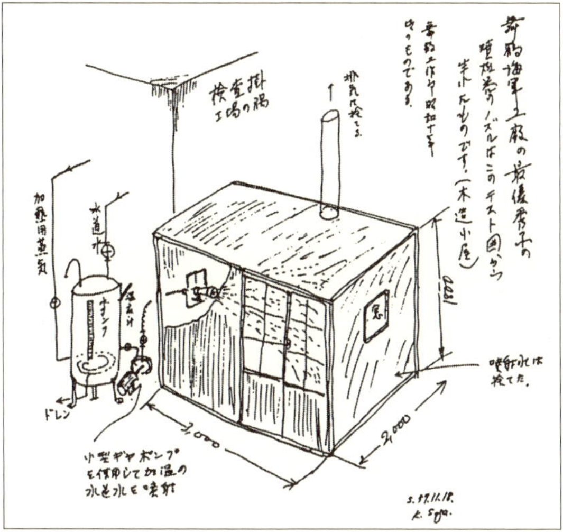

舞機の重油噴燃器ノズルの水噴射試験装置　―曽我清氏画―

ところで重油噴燃器の性能はノズルの材料と精度によって左右され、材料の方は焼入れをした工具鋼でまず問題がなかったのに対し、精度の方は加工後に必ずテストをしてみなければならなかった。そのテストは新型式のものや変わった力量のものは実際にボイラで焚いてみるが、一般品に対しては水噴射試験ですませていた。この噴射テストの装置は前ページの図のごとく至って粗末なものながら噴射状況はガラス戸越しによく分かり、噴射角度や噴射量も外から正確に計れるようになっていた。曽我氏はいう。「優秀な舞鶴の噴燃器ノズルは、実にこの粗末なテスト囲いのなかから生れ出たのである」と。

また、噴燃器に附随するコーンは、先端部が高熱の火焔にさらされるので焼損が激しく、それを防ぐべく舞鶴では「アルス加工」という方法を採っていた。それはアルミニュームに他の金属を少量混ぜて溶かしたもののなかへ酸洗いをしたコーンの先端を浸し、数分後に引き出すだけという至極簡単なもので、これだけでコーンの先端はステンレス鋼に近い耐久力を示した。三菱重工でもこのコーン焼損防止に関する特許工法を持っていたが、舞鶴のやり方に比して面倒な方法だったので実用に適さなかったという。

このようにして舞機は噴燃器コーンも全国のものを一手に引受けることになったが、その製品は装着された新造艦からクレームをつけられることは皆無であったという。

さらに曽我少佐は、ボイラの管巣掃除用ノズルの量産にも一役買っている。ボイラはその効率維持のため、蒸発管巣の適当なところに掃除用の蒸気パイプを通し、そのパイプに取付けた沢山のノズルから蒸気を噴出させて管巣のススを吹き飛ばすようにしているが、このノズルは当時、小型旋盤で削り出していた。ところが旋盤1台1日でノズルは13個くらいしかできず、他工廠などからの受託生産もやっていた舞機として大変困っていた。

そこで曽我少佐の発議で住友金属工業に肉厚の鋼管を作ってもらい、それを所要の寸法に切って小型の手押し水圧ポンプで型押し製造することにしたところ、1日に3,000個もできるようになり、他からの受託も十分こなせることになった。なお、この方法は戦後、民間の方々にも教えて喜ばれたことのひとつである——と曽我氏は『舞機の記録』に書いている。

ボイラの自動制御で苦労

話変わって昭和9年、組立主任の鈴木重初（しげもと）機関大尉から「秘密の仕事」なるものを持ちかけられてコチコチになった組立職工がいた。昭和8年に広島高工機械科を卒業しながら一職工として造機課へ入業した前出の葛野定雄氏である。

葛野職工は入業後数ヵ月間、課内の各工場で実習したのち希望する組立工場の外業へ配属され、そこにある水管ボイラの勉強を始めた。このボイラは既述のとおり特型駆逐艦吹雪のボイラと同一要目の圧力20kg /cm^2（飽和)、蒸気量毎時70トン、空気予熱器付きの重油専焼という当時として最新式のものだったので、高工時代からボイラに関心を持っていた葛野職工にとってはうってつけの研究対象物といえた。そしてそのころ、同職工は鈴木組立主任から「秘密の仕事」なる話を持ちかけられたのである。

一介の職工にとって工場主任といえばまさに「雲の上の人」である。その工場主任が部員、係員、組長という命令系統を経ず、直き直きに話しかけてきたのと、それが「秘密の仕事」ということで葛野職工は棒を呑んだようにシャッチョコばってしまったのだが、そんな葛野職工に鈴木主任は仕事の内容を次のように話した。

「いまわが海軍では艦上爆撃機の命中率向上のため、標的艦摂津をその訓練用の無人走航艦に改造する計画を進めているが、速力の変動も自由自在な無人走航艦で一番の問題はボイラの自動制御である。その装置はわが舞機がボイラ担当工廠ということで引受けたわけで無論この話は秘密だ。近々ドイツから品物が送られてくる予定で、君に相棒を１人つけるからひとつ大いに頑張ってくれ給え」

こういわれた葛野職工は、コチコチになりながらも天に昇るような気持ちで応諾した。今日でこそ各種艦船のボイラには、ほとんどすべて自動燃焼装置（ＡＣＣ）が取付けられているが、昭和８～９年のそのころは陸上の発電所ボイラに若干用いられている程度で、船舶用としてはまず皆無といってよかった。そんなとき米海軍では“ユタ”、ドイツ海軍では“チューリンゲン”という特務艦が爆撃標的艦として無線操縦が可能となっており、わが海軍でもそのような無人走航標的艦の必要性を感じていろいろ研究していた。その結果、標的艦摂津を無線操縦艦とし、ドイツの“チューリンゲン”に用いられているアスカニア式ボイラ自動燃焼装置をこれに装備することになった。かくしてその自動燃焼装置を舞機が実験用ボイラで実験研究することになったのである。

なお「摂津」は明治45年に呉工廠で竣工した20,800トン

（公試状態）の弩級戦艦だが、大正11年のワシントン軍縮条約により兵装と防御甲板を撤去することで標的艦としての保有を認められ、以後、艦隊に随伴して行動中のフネであった。

さて、葛野定雄職工の待期する舞機へいよいよアスカニア式装置の１缶分がドイツから送られてきた。が、それを見た同職工はいささかがっかりした。というのは葛野職工が想定していたのはボイラの全自動制御装置だったのに、送られてきたものは全自動制御のごく一部である燃焼のみの制御装置だったからである。

しかし葛野職工は相棒の中越伍長とともに辞書と首っ引きでドイツ語のカタログを解読しつつ、現物をバラしたり組立てたりして実験用ボイラでテストした。そして何回かの失敗ののち、どうやらモノになる程度に仕上げ、当時舞鶴で建造中だった駆逐艦夕暮（昭和10年３月30日竣工）の１缶に取付けて航走実験を重ね、一応の成果を得た。

かくてこの制御装置は呉工廠で改装中の標的艦摂津に向けて送り出されたが、そこで意外にもクレームを付けられた。しかしそれは舞鶴工作部が工廠に復活したのちの昭和12年のことになるので、詳細はそちらへ譲ることにする。

昭和９～10年の人の動き

昭和９年４月、葛野定雄氏の広島高工機械科１年後輩である鶴桜会会員・稲場貞良氏が、やはり高工を出ていながら一職工として舞機へ入業し、９月には組立工場の係員・高田良一技手が鍛錬工場係員（組立工場兼務）となった。

高田技手の配置転換は、同技手が師とも兄とも仰いだ鈴木重初組立主任の艦本転出で、ひどく気落ちしているのを見かねた岩藤（いわとう）課長の計らいであった。高田技手はその配慮に感謝し、尊敬する技養２年先輩（技養４期—大正14年卒）の山下常八技手の後任になれたことを喜びつつも、肝心の仕事の方はまた一からの出直しであった。周りにあふれかえっている東海林太郎のデビュー曲「赤城の子守唄」のメロディーを聞きながら同技手は、教わる人もないまま図書室から本を借り出すやら関係の工事報告書を読みあさるやらして材料のことを勉強し直した。艦本五部員となった鈴木重初少佐からの手紙に「今後の技術者は材料方面の知識も必要不可欠だから鍛錬で大いに勉強せよ」とあったことがせめてもの慰めであった。

その年の12月、恒例の定期異動で造機課長・岩藤二郎造機大佐が広廠へ転出し、代わって呉工廠の作業主任・梯（かけはし）秀雄機関大佐（海機19期—明治43年卒）が舞機課

舞機における高等商船実習生とその関係者
中列左から２人目が山下常八技手、次いで林敏之作業主任、梯（かけはし）秀雄課長、時岡幸吉技手、高田良一技手

長となった。岩藤課長と同じ日に機械工場主任の坂口碌三造機少佐も横浜監督官として舞鶴を去り、その前後に高田技手のいる鍛錬工場に小松製作所製の2,000トン水圧機が据付けられた。

これよりさき「丹下左膳」こと作業主任・林敏之機関中佐が舞機で実習中の東京と神戸の両高等商船学校機関科生徒の監督主任となり、高田良一技手が監督補助員を命ぜられていた。監督補助員は月に10円の手当をもらえたが、のちにこの補助員は高田技手から時岡幸吉技手に代わった。

なお、高等商船生は入校と同時に海軍予備生徒となり、卒業後は予備士官となって有事のときには海軍に召集される制度であったことや機関科の生徒は在学中、海軍工廠で一定期間実習せねばならなかったこと、さらにはこの制度は太平洋戦争中まで続いたことなど、いずれもよく知られるところである。

それはさておき、そのころ工作部では柔剣道、野球、排球、卓球、陸上競技等の各種スポーツが盛んで、各課対抗の試合も頻繁に行なわれ、造機課チームが優勝することもたびたびであった。また、造機課の技手・工手の係員は、いつのころからか「機友会」なる親睦会を作り、名所旧跡へ出かけるなどして交友を深めていた。

「機友会」の有志
養老の滝にて（日時不明）

そんな平和ムードの舞鶴工作部も昭和10年の秋には、前年の友鶴事件に勝るとも劣らない一大ショックを受けることになった。同年９月

26日に起こった例の第四艦隊事件、つまり荒天の三陸沖で発生したわが海軍未曽有の艦艇損傷事故において、舞鶴の造船課が自信をもって建造した溶接構造の特型駆逐艦初雪と夕霧が被害最大艦となったのである。

舞鶴の関係者、とくに造船課の面々は大きなショックを受けたが、その衝撃の冷めやらぬ同年11月半ば、造機課の高田技手は技養２年先輩の久保一幸技手の後任として室蘭監督官事務所へ転勤となり、同じころ前出の稲場貞良氏は１ヵ年余の各工場の巡回実習を終えて工手に進級、機械工場タービン翼加工職場の責任者となった。

工作機は作動中の精度が肝要

さて、工手に進級して機械工場のタービン翼加工職場の責任者となった稲場貞良工手は当時、造機の精密加工品のトップクラスにあった艦艇用蒸気タービン翼の機械加工に全力を打ち込んだ。

当時のタービン翼材は民間の製鋼会社で作られたステンレス鋼の型鍛造品で切削性が悪く、機械加工は大変困難であった。とくに動翼を翼車に嵌め込む工字型嵌合部は、機械加工のまま翼車溝に静合さすことが強く要求され、手仕上げによる修正は一切許されていなかったので機械加工はいよいよもって困難であった。したがって何よりもまず工作機械（フライス盤）の運転中に生じる機械自身の変形に対し、あらかじめ何らかの措置を講じておかねばならなかった。

そのころ工作機械は静的状態の精度だけが云々され、動的精度つまり作動中の発熱下での精度は全く無視されていた。工作機械は加工物を削っている作動中に主軸受が発熱し、その熱のため本体が膨張変形して加工物の仕上がり寸法が狂ってくるのは当然だから、工作機械は作動中の動的精度をこそ云々すべきなのに、なぜそうしないのか——機械加工技術に興味を持っていた稲場工手はその点に気付き、資料を添えて意見具申をした。だがそれは容れられなかったので、同工手はフライス盤の各種作動状態における変形量を曲線図表で表わし、それを作業者に与えて加工精度の安定化に努めた。

このとき稲場工手にとって幸せだったのは、当時、舞機の機械工場に設置されていたフライス盤は、ほとんどが米国シンシナティー社製の優秀品だったことである。これら米国製フライス盤は国産品と違って運転中の変形量が少なく、あってもそれが規則的だったのである。理由は機械の形状が概してシンプルで左右対称である上に主軸受部の構造がよく、また、その軸受材料が発熱の少ない合金だったことにある。

ところでタービン翼にはこの困難な機械加工のほかにいまひとつ、最終研磨工程前の発銹テストという大きな関門があった。このテストは民間の製鋼会社から送られてきたタービン翼材の鍛造チャージ番号ごとに一定割合の試験材を抜き取り、海水の熱湯に浸して行なうもので、発銹が基準より多いものは材料不良としてそのチャージの全製品を廃却とした。したがって廃却代替品を至急民間会社から納入させ、ふたたび第一次工程からやり直すというようなこともたびたびあった。

ともあれ稲場氏はこのタービン翼加工を前後約３年間担当したがその間、器具工場の野村大一郎氏からゲージ類、カッター類について絶大な協力を受け、また氏自身、機械加工技術に関する基礎的知識をこのとき習得したとのことである。

帝国海軍駆逐艦・水雷艇建造小史⑿

初春型踏襲の駆逐艦―白露型と同改

さきに述べた初春型駆逐艦は性能不良のため、同改も含めて「夕暮」までの６隻で打ち切り、昭和６年度計画の残り６隻と昭和９年度計画の14隻の計20隻は、新たな構想のもとに建造することになった。ところが友鶴事件の発生で計画は白紙還元となったものの、20隻のうち10隻はすでに器材手配ずみだったので、これらは初春型を改良した白露型として建造し、残り10隻は改めて軍令部の要求を容れた特型クラスの大きさのものにすることとなった。

かくて白露型10隻は機関と備砲は初春型と同様とし、水雷兵装だけわが海軍初の４連装発射管２基の計８門（九〇式魚雷16本搭載）とすることになり、計画公試排水量は1,980トン、速力34.0ノット、航続力は18ノットで4,000海里とされた。

本艦型の初めの６隻は船台上で工事中に第四艦隊事件が発生したので船体補強がなされ、各艦とも公試排水量は計画の1,980トンから2,050トン前後と若干大きくなった。しかし速力は計画の34.0ノットに対し35ノットを超えるものもあった。

また、本艦型から主減速装置の車室を溶接構造にすることになったが、舞鶴建造の全国第５艦春雨の主減速装置で種々問題が生じたことは本文に詳しい。

なお、本艦型の後半の４隻は昭和９年度計画に属し、起工がおそかったことから船体材料を変えるなどしたので、白露型改または海風型といわれる。しかし完成状態は白露型と大差なく、ただ、第四艦隊事件の教訓を十分採り入れることができ、つぎはぎ構造でなくなった点が先行の白露型６隻と大きく異なっていた。
このグループの10隻は次の通りである（アンダーラインは舞鶴建造艦）。
白露型６隻――白露、時雨、村雨、夕立、春風、五月雨
白露型改（海風型）４隻――海風（Ⅱ）、山風（Ⅱ）、江風（かわかぜ）、涼風

主減速装置の本格的溶接化

過ぎし昭和５年ころ、舞工造機課で巡航タービンの減速車室を溶接製とする研究を行なったことはすでに述べたが、昭和８～９年になると今度は横廠造機部（横機）と平行的に白露型一等駆逐艦の主減速車室の溶接化という仕事に取組んでいる。

そもそも溶接構造は鋳造構造と根本的に異なるものだけに、全く新しい見地から設計すべきものであったにかかわらず、このときは従来の鋳鉄製軸受部を鋳鋼としたほかは鋳鉄部分を鋼板に置きかえただけの構造だったので、目的とする重量軽減もわずか20％程度に過ぎなかった（本格的溶接設計からスタートしておれば50％以上は期待できた）。しかし溶接の黎明期ともいうべき当時としては、とにかく主減速車室も溶接構造となし得る、ということの確認が目的のようであったといわれている。

このように白露型駆逐艦の主減速車室は設計面でも工作面でも未熟な溶接構造物だったが、実艦に装備後は従来の鋳鉄

製車室に較べて騒音が大きいほかは何の故障も起こさなかった。それは減速車室はあとで述べるディーゼル架構とちがい、静的荷重だけで動的荷重を受けないものだったからである。

さて、同じ白露型駆逐艦でも舞工に建造訓令が出た全国第5艦春雨では、主減速装置は車室だけでなく、なかの歯車まで溶接構造にしようという本格的な溶接化が図られた。むろんわが海軍初の試みであり、当時のわが造機溶接技術ではまだ力不足ということで昭和9年3月、この装置は溶接先進国たる米国はフィラデルフィアのウェスティングハウス社へ発注された。そしてその4ヵ月あとに同装置の工事監督という名目で日本から2人の溶接専門家が派遣された。当時、横廠造機部の溶接担当工手であった鶴桜会会員・山上講氏（技養9期—昭和5年卒）と舞機の堀川九一工手（技養7期—昭和3年卒）である。

山上氏は大正9年4月、横廠造機部の機械工場へ見習職工として入業、技養を出て昭和7年10月から横機の溶接担当者となっていた。当時、横廠の造船部では昭和8年4月12日起工の10,000トン級潜水母艦大鯨を世界に先駆けて全溶接艦とすべく、担当部員の藁ヶ谷英彦造船少佐（この人は以前舞船にいたことはすでに述べた）ら関係者は大いに張り切っており、造機部でもそれなりに溶接の研究を進めていた。

しかしそのころの造機溶接は「知る人ぞ知る」といった状態で、すべてが現場の担当者と溶接工任せであった。溶接工事そのものも適当な参考資料や文献もないまま、また、十分な予備試験や実験研究を行なうこともなく、いわば手さぐり同然で行なわれていた。そういう状況下で横廠造機部は昭和

8年早々、実用機たる伊号第6潜水艦の主機ディーゼル（艦本式複動2サイクル、7シリンダ、4,000馬力）の架構と伊7潜用主機（艦本式複動2サイクル、10シリンダ、5,600馬力）の架構を溶接で造り始めた。しかし何しろ前例のない高出力の実用ディーゼル・エンジンに未熟な溶接の適用である。事故の起こらないはずはなく、後日、山上工手はこの溶接架構のため大変な辛酸を嘗めねばならなかった。

そのような横機の山上講工手と舞機の堀川九一工手のウェスティングハウス社への出張は、溶接製減速車室の工事監督という名目であっても、実質は米国の溶接技術の習得にあったことはいうまでもない。しかしウ社の溶接技術といっても当時の日本より進んでいる面もあれば、そうでない部分もあって、すでに溶接にかなりの年季を入れていた山上工手らにとって余り参考にはならなかった。けれどもその山上工手の目からしても、同社の「春雨」用主減速装置だけは溶接本来の設計に基づく新発想からの製品で実によくできており、その特長は同工手によれば次のような点だという。

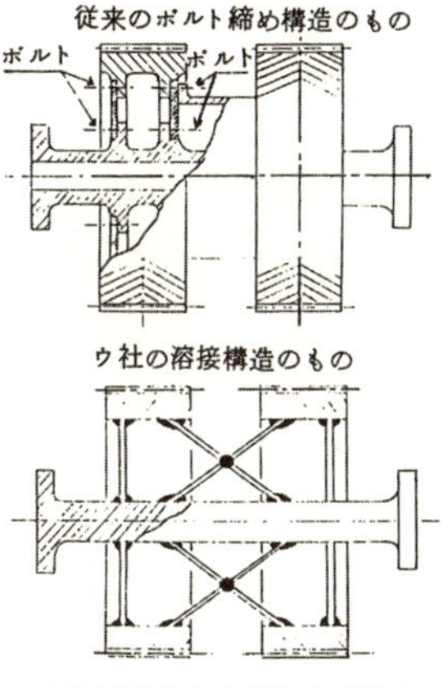

減速親歯車の新旧比較図

(1) 主減速の親歯車は、図のごとく円周方向と軸方向の双方の力を受けるダブルヘリカル・ギヤーへの対策として部材は軸方向の力に対応する配置で溶接し、高度の嵌合技術を要するボルト締めをなくし

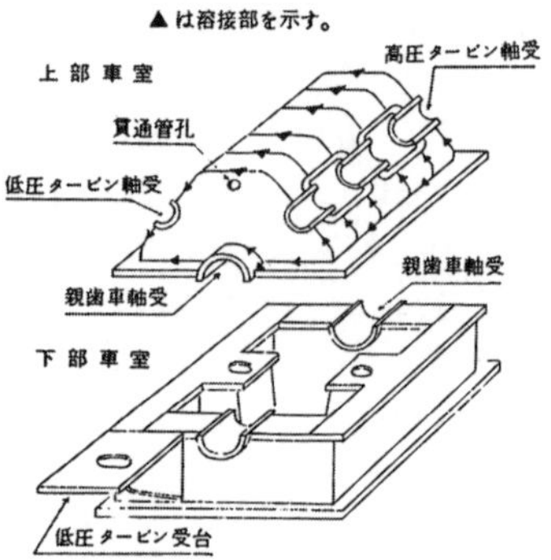

ウ社の溶接製主減速車室の概略図

ている（これによる重量軽減率は約60％）。

(2) 上下の車室は従来の鋳鉄構造を溶接構造に変えただけだが（図参照）、それはこのように複雑な構造物では各部にいかなる応力が生じるか計算で知ることが不可能なため、経験十分で使用実績も豊富な従来の鋳鉄製車室の構造を参考にした賢明な策である（これによる重量軽減率は約50％）。

かくして「春雨」の溶接製主減速装置は、従来の同型艦用鋳鉄製のものと比較して全体で23.5トン対14.5トンと、約6割の重量ですんだといわれている。

さて、この主減速装置は昭和11年の初夏、米国のウェスティングハウス社から「春雨」を建造する舞鶴工作部へ送られてきた。そして造機課においていよいよ陸上試運転の運びとなったとき、運転調書の作成を命ぜられていた設計係の石川重吉氏は、何回転でテストすべきかでハタと困惑した。

というのは、当時のタービン用減速装置の陸上試験規則では「実艦用タービンと結合し、定格回転数の2割増しの回転で空転運転すべし」となっていたので、この規則どおりなら定格回転数が毎分400回転の「春雨」用減速装置は、その2割増しの480回転で運転しなければならない。ところがこの装置は機密保持上、ウ社へ発注の際は要目を偽り、タービンの馬力、回転数は実際の約8掛けでなされていたので、本当は毎分400回転の「春雨」の主軸回転数も毎分300回転としてオーダーしてあった。したがってウ社でも当然その注文書どおり定格回転数を300として設計してあるだろうから、陸上試験の規則どおり回転数を480回転まで上げれば60%もの過回転となって危険である。さりとて300回転の2割増し（360回転）で試験したのでは実艦の定格回転数（400回転）にさえ達しない。
「さてどうしたものか」と思案したあげく、石川氏はともかく400回転以上でテストすることにし、その場合の破壊の危険を考えて場所は工作部の庁舎横から第三火薬廠へ通じる例のトンネルの中とすることを思いついた。
　そこで火薬廠にトンネルの使用を打診してみると「あれは火薬発送用の鉄道トンネルで、火薬の発送は1日たりとも止めるわけにいかない。使用はお断わりする」といってきた。止むなく組立工場の陸上試験場でテストすることにしたがときに昭和11年の7月ころというから、舞鶴が工廠に復活する前後のことであった。
　さて、試験当日の午前9時ころ、この装置の発注責任者である艦本五部の計画主任・渋谷隆太郎機関大佐と渡島（としま）寛治造機中佐の2人が運転場へ来た。2人とも白の第二種軍装のままだったので、油で汚れたら困るだろうと石川氏は作業服を手配しようと思った。けれど仕事に追われ、その暇もないうちにいよいよ回転数は定格の400回転に上げられた。そのとき「減速装置はどうか」と手前のタービン側から減速装置の方へ回って行った石川氏は、そこで思いがけない光景にぶつかってハッと息を呑んだ。渋谷大佐と渡島中佐が第二種軍装のまま減速装置の上に乗っているではないか。それを見た瞬間、石川氏はこの２人が軍装のまま現場へ来た意味も察しがついた。

「ウ社への発注責任者であるこのお二人は、減速装置が無理な過回転で破壊するようなことでもあったら、ご自分たちもこの装置と運命をともにすべく死装束ともいうべき白の第二種軍装のまま現場へこられたのではないか」と。

石川氏はこう思ったが果して当の渋谷・渡島両氏の真意はどうであったか。いずれにしても肝心の減速装置は480回転まで回しても幸い何ごともなく、駆逐艦春雨に無事搭載された。

しかし同艦が海上試運転に入ると、石川氏は減速装置がいつバラバラになるかの不安から、予行、公試を通じて両舷機の中央に立ちん坊で頑張った。また、機関兵が新しい機械を取付けたと聞いて減速装置の周りに集まってきたので、石川氏は減速車室からガスが濛々と出ているのを幸い「これはある種の潤滑油を試験的に使っており、そのガスには毒性があるかも知れぬから近よらないように」といって機関兵たちを遠ざけた。

かくして「春雨」の公試運転はことなく終わったが、その後の開放検査で片舷の減速装置に欠陥が発見された。親歯車の軸とスポークの溶接部に亀裂が生じていたのである。原因は溶着金属にスラグの巻き込みがあったからで、それはウ社としてそれまでの裸溶接棒に代わって初めて厚被覆の溶接棒を使用したためらしかった（山上氏の見解）。

また、この亀裂は適当な手当てをしておけば進展の恐れのないもので、そのころ横廠から艦本五部へ転勤していた山上氏の大いに進言するところであった。だが、わが海軍では一旦事故を起こしたものについての再採用は極めて慎重、というより消極的でさえあって「春雨」の主減速のこの疵もただ１ヵ所、しかも微小なものだったにかかわらず、新造艦ということもあって使用は見合わせとなった。そして在来の同型艦用国産品と交換されたため、同艦は進水後２年もした昭和12年８月26日にようやく引渡しとなった（他の同型５艦は進水から竣工まで半年か長くても１年半程度)。

なお「春雨」のこの故障歯車はその後、舞廠で陸上試験の駆動装置用として長く使用されたがその間、問題のクラックは進展することなく、他にも異常は認められなかった。しかしわが海軍ではこの事故にかんがみ、減速車室こそ溶接製にしたけれども、装置内の親歯車まで溶接構造とすることはその後もずっと避け続けた。ただし、後年、各艦に用いられた主減速装置の溶接製車室は、この「春雨」用車室を参考にして造られたといわれる。

陸軍船の改造

これまで見てきたように毎年の12月１日は陸海軍恒例の人事異動発令日、つまり「定期異動の日」であり、発令を受けた者は一刻も早く新任地へ赴くのがならわしであった。ところが昭和10年12月１日に定期異動の発令を受けながら、年が改まった11年の御用始めの日（１月４日）にようやく新任地の舞鶴へやってきた人がいる。呉廠造船部の先任部員から舞工の造船課長となった庭田尚三造船大佐がその人で、同大佐は呉廠で進水直前の空母蒼龍の進水主任をやっていたため、特別として同艦を昭和10年12月23日に進水させたのち、11年の年明け早々に舞鶴へ着任したのである。

庭田大佐はのちにふたたび呉工廠に戻り、そこの造船部長として戦艦大和の建造で大活躍する人だが、舞鶴着任当時の工作部では、前年秋の第四艦隊事件で遭難した舞鶴建造の特型駆逐艦初雪と夕霧がドック内でもぎ取られた艦首の継ぎ足し工事をやっており、同じ被害艦でやはり舞鶴建造の特型艦響も復旧工事の真っ最中で、ために船台上の新造駆逐艦海風は工事中止も同然の状態であった。

庭田大佐は北吸の造船課長官舎に入ったがこの年、舞鶴地方は大雪に見舞われ、お蔭で同課長は生れて初めてのスキーを楽しみ、小学1年の二男坊も官舎の庭の築山でスキー遊びをしていた。この降雪は東京もまた同じで、この年の2月26日、陸軍の青年将校が同地の深雪を冒して重臣を襲撃したいわゆる「二・二六事件」が起こっている。

そうこうしているうちに5月18日、例の「阿部定事件」が起こって世人の好奇心をそそり、また、「空にゃ今日もアドバルーン」で始まるあの美ち奴の流行歌「ああそれなのに」が爆発的人気を呼んだりした。

そんな世相をよそに舞工では前記の「初雪」「夕霧」「響」3艦の復旧工事が4月から8月にかけて完成、引続き海風型駆逐艦の全国第1艦海風も友鶴事件、第四艦隊事件がらみの改善工事を加えられつつ建造が進められていった。ところがこれら損傷駆逐艦の復旧工事が終わった第3船渠に今度は妙な船が入った。カタパルトを備えた排水量7,000トン程度のそのフネは、小型空母ともいうべきものだったが「海軍のフネにしては変だ」と見る人はみないぶかった。それも道理、このフネは実は陸軍のもので、それが舞鶴で入渠することになった裏には次のようなイキサツがあった。

庭田舞船課長がまだ呉の造船部員であった昭和９年、陸軍では上陸作戦のため上陸用舟艇などを搭載する排水量7,200トン、速力19ノットのフネを計画した。その建造指令を受けた呉廠ではこれを兵庫県相生市の㈱播磨造船所に発注、庭田部員が臨時に宇品の陸軍運輸部部員となり、監督官として同造船所へ派遣された。フネは昭和９年12月末に竣工したが本船は陸軍部内でも軍機扱いとされ、正式名の「神州丸」を伏せて一般に「馬運船」と仮称されていた。

さて、その馬運船こと神州丸はその後、軍艦のように両舷にバルジを取付け、それを重油タンクとして使用したいという陸軍の方針変更により、その改造工事がまたまた呉廠へ持ち込まれた。ところが呉廠にはその余裕がなく、本船の新造工事の監督をした庭田部員が舞鶴で造船課長をしているから、と舞鶴へ回してきたのである。

かくて舞鶴でも一番大きい第３船渠でこの神州丸のバルジ取付け工事が始まったが、工事が大分進んだところ（昭和12年に入ってからか）、陸軍では作戦の必要上、本船を急ぎ宇品へ回航してほしいといってきた。

駆逐艦霰（あられ）の進水記念絵葉書（昭和12年11月16日）

舞鶴としては寝耳に水だったが艦本を通じての陸軍の要望もだしがたく、舞船では改造工事を中止してもとのとおり復旧し、急ぎ宇品へ回航した。だが、この緊急復旧工事は当時建造中の駆逐艦霰（あられ）の造船職工の手を割いてのものだったので同艦の進水は予定より約1ヵ月遅れ、昭和12年11月16日となった。

以上は前出の瀬野祐幸氏編の『鎮魂碑物語』にある庭田尚三氏の序文からの引用だが、庭田氏は技養20期生（昭和16年卒）たる瀬野祐幸氏の技養における教官だった由である。

海軍工廠に復活

さて、列強海軍が無条件時代に突入する1年前の昭和11年、日本でも無制限の建艦競争が公然と叫ばれ出し、舞鶴要港部の鎮守府昇格説や工作部の工廠復活話も人の口の端に上るようになった。そしてその噂どおり昭和11年7月1日、要港部工作部は親元の舞鶴鎮守府の昇格に先立って海軍工廠に復活したのである。

舞鶴海軍工廠に復活（昭和11年7月1日）

工廠復活に当たり造船、造機、造兵および会計の各課が部に昇格したのは当然として、ほかに総務部と医務部が新設されたが、それにしても大正12年4月1日、舞鎮の廃止とともに工作部へ転落して以来雌伏すること

14年、思えば長い隠忍自重の歳月ではあった。

前記『鎮魂碑物語』にある庭田尚三元舞船課長の追憶によると、工廠復活の正式内報は恒例の6月末の全国工廠長会議の席上でなされ、それに出席していた舞鶴工作部長・南里俊秀少将から舞鶴へ連絡があった。そこで工作部では残留の各課長が早速会議を開き、庭田造船課長が音頭取りとなって次のようなことを決めた。

すなわち祝賀会の日取りは7月12日とし、祝賀行事は思い切り盛大にやる。その日は各部別に従業員の仮装行列を催し、審査で1位となった出し物には清酒千福1樽を授与する、などであるが、各課長の意見がかくもす早く一致したのは、南里工作部長は万事慎重な性質（たち）で、なかなか断を下さない人だったので、その留守中に大要を決めておかねば……となったからだという。また、ここで清酒千福の名が

後列左から　医務部長・金沢信太郎軍医中佐、造兵部長・大原進大佐、総務部長・秋谷吉五郎機関大佐、会計部長・是川重之助主計大佐
前列左から　造船部長・庭田尚三造船大佐、第23代舞廠長・南里俊秀少将、造機部長・朝永研一郎造機大佐

中舞鶴駅前を行く工廠復活の祝賀行列

出たのは、広島県にあるその醸造元が庭田課長の親戚筋だったからである。

さて、7月12日の当日は従業員総員が工廠正門内の広場に集合して工廠昇格式を厳粛に執行、終わって仮装行列の審査に移った。その結果、青い竜が圧縮空気で奇声を発して口をあけると、そこから五色の紙吹雪が吹き出す趣向の造船部の造り物が1等となり、規定どおり千福1樽が贈られた。

やがて勢揃いをした仮装行列の一行は工廠正門前の小練兵場（そこは当時「艦隊練兵場」とか「坂下練兵場」とかいわれていた）へ移動、そこに用意してあった千福の菰かぶり15樽の鏡を割り、柄杓で飲み放題の景気づけをして町へ出た。仮装行列の前方には進軍ラッパを先頭とする見習教習所生徒の武装隊、三味・太鼓の芸妓連中の花屋台が行進した。

一行はまず中舞鶴から西舞鶴の市役所へ行って市長の祝福を受け、引返えして道芝トンネルから新舞鶴に向かい、戸ごとに国旗・提灯を掲げて歓迎する新舞鶴の市街を大騒ぎしながら進んだ。そして東はずれの浮島公園あたりでようやく流れ解散となったが、ときに午後の3時であったという。「よくも歩いたもの」といえるが、それというのもこの工廠復活は5,000の工廠従業員はもとより、地元三舞鶴の市民にとっても待望これ久しきものだったからであろう。

そのお祭り騒ぎも鎮まった8月、海の向こうのベルリンからオリンピック大会における日本選手の活躍ぶりが続々伝えられてきた。なかでも棒高跳びで頑張った新舞鶴町出身の大江季雄選手の健闘ぶりが土地の人々の血を沸かせた。

この棒高跳びは米国のメドゥス、日本の西田修平、大江季雄の3選手が40,000の観衆総立ちのなか、日没を挟んで延々5時間余の熱戦を繰りひろげたもので、結局メドゥスが1位、西田と大江がともに4メートル25センチを跳んで同じ2位となったけれども、西田・大江両選手の決着はついに着かず、協議の結果、年長の西田が2位、大江が3位と決定したいわば歴史的な競技であった。それだけに舞鶴の人々は郷土出身のこの大江選手に惜しみない声援を送ったのだが、その大江季雄選手はその後、陸軍少尉として出征し、太平洋戦争緒戦時の昭和16年12月24日、比島ラモン湾の上陸作戦で戦死している。

それはそれとして昇格間もない舞鶴海軍工廠では、ベルリン・オリンピックで沸く町のどよめきをよそに、鴻（おおとり）型水雷艇の全国第1艇鴻と一等駆逐艦春雨の艤装工事を黙々と進めていった。

またこの昭和11年ころ、

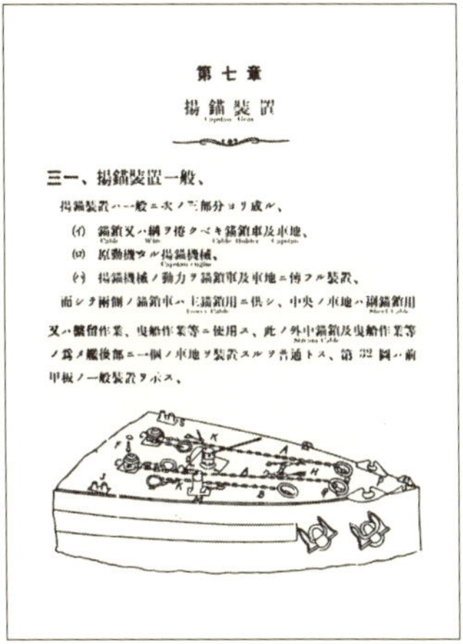
第七章

揚錨裝置

三一、揚錨裝置一般、

揚錨裝置ハ一般ニ次ノ三部分ヨリ成ル、

(イ) 錨鎖又ハ綱ヲ捲クベキ錨鎖車及車地、

(ロ) 原動機タル揚錨機械、

(ハ) 揚錨機械ノ動力ヲ錨鎖車及車地ニ傳フル裝置、

而シテ兩側ノ錨鎖車ハ主錨鎖用ニ供シ、中央ノ車地ハ副錨鎖用又ハ繫留作業、曳船作業等ニ使用ス、此ノ外中錨鎖及曳船作業等ノ爲メ艦後部ニ一個ノ車地ヲ裝置スルヲ普通トス、第32圖ハ前甲板ノ一般裝置ヲ示ス、

工員養成所の教科書
（昭和11年ころの3年生用）

見習職工の教育機関は「工員養成所」と改称され、使用する教科書も部品名称に英文名を付記するなど、すこぶる立派なものになった。小学校しか出ていない見習工にこのように英語を多用した教科書を与えるなど、海軍はなかなか進んだことをやっていたものといえよう。

D章　再興期

―昭和12年（日中事変勃発）から同16年（太平洋戦争開始）まで―

海軍無条約時代に突入

舞鶴工作部が工廠に復帰した昭和11年には、年末にワシントン軍縮条約が失効し、14年間にわたるネーバル・ホリデー（海軍休日）に終止符が打たれた。かくて年が明けた昭和12年から列強海軍は無条約時代に突入、昭和12年という年はこの点で記憶されるべき年となった。しかし日本では一般に大東亜戦争につながるあの日中事変勃発（7月7日）の年として、また、朝日新聞社機「神風号」が英国のジョージ6世（現、エリザベス女王の父君）の戴冠式に先立って訪欧旅行に成功（4月）し、東京――ロンドン間94時間余の大記録を樹立した年として記憶されている。

ジョージ6世の戴冠式といえは、これに先立って独身のまま王位に即いた兄のエドワード8世が米国生れの未亡人、シンプソン夫人と恋に陥ち、1年足らずで退位したいわゆる「世紀の恋」事件の方がより多く世界の耳目を集めたが、ともあれ新英国王の戴冠式には、わが妙高型一等巡洋艦の「足柄」も英国スピット・ヘッドで行なわれた祝賀観艦式に遠路参加し、世界のマスコミをして「飢えた狼」とその艦容に驚異の目を見張らさせた。

さて、無条約時代に入ったこの昭和12年、わが海軍では11月4日に巨艦大和を呉工廠で極秘裡に起工し、また、これに先立って時代に応じた諸般の制度の改正を行なった。

これら諸制度改正のうち、工作庁関係のものは12年6月

21日から施行された「工務規則」と「工員規則」の大改正で、このうち「工務規則」における造機関係最大の改正点は、各工廠の造機部に外業工場が新設されたことである。すなわちそれまで組立工場の一部門であった「外業」が独立の「外業工場」となり、これに組立工場の一部と「銅工」および「運搬」が吸収されたのである。

次に当時「10万になんなんとす」といわれた全国工作庁の工員に対する「工員規則」の改正では、それまでの「職工」という呼称が「工員」に改められ、職階も工長（部内限判任官）、工手、職手、一等工員、二等工員とする、というふうに変わった。さらに工員を分類して通常工、臨時工（いずれも満16歳以上）、および見習工（満14歳以上17歳以下）とし、役付工員（伍長以上）の待遇を日給月給制にするなどの改善がなされた。

なお、工員が胸につける真鍮板の徽章は、造船が船体をかたどった楕円形、造機はプロペラを表わす三つ葉形、そして造兵は大砲の横断面を表わす丸形であることは従前と変わりなかった。

また、総務部、会計部などの事務員には職階はなく、筆生（月給制で残業手当なし）と記録工（日給制で残業手当あり）とに分かれていた。

さらにこのころ舞鶴では、以前「酒保」といっていた工員の物品購買所が工廠を出た西門のさきのすぐ右手、鎮守府の山の下にあり、そのさきに二階建ての工員会館（1階が食堂、2階が集会所）があった。しかしこの購買所と工員会館はともに太平洋戦争直前に撤去され、そこに舞鶴地方海軍人事部が置かれた。

一方、このころの士官の給料は「貧乏少尉」といわれた少尉で75円、「やりくり中尉」が100円、「やっとこ大尉」で140円であり、少佐になると240円、中佐300円、大佐333円（5年目から383円）、そして少将で400円を上回った。

また、いうまでもないことながら高等官（奏任官）の任免は内閣総理大臣、海軍技手は海軍大臣、工長・工手は工廠長、伍長・組長は各部長がこれを行なっていた。

ボイラ制御装置の後日談

列強海軍が無条約時代に入った昭和12年の初め、鶴桜会会員の岩崎巌造機中尉が製缶工場主任として横須賀工廠から舞廠造機部へ転勤してきた。

岩崎中尉は昭和8年の京大機械卒だが、京都大学へ入る前の数年間、実兄が経営する大阪の町工場で職工と同じようにヤスリがけや旋盤まわしをしていたので、こと機械加工に関するかぎり海軍工廠の部員はもちろん、係員や工員にも絶対ひけはとらないという自信を持っていた。その自信のほどは「岩崎巌」という氏の姓名三文字のいずれにも見える「山」のごとく大きく、着任早々から工員はもちろん各部員からも一目置かれる存在となっていた。

その岩崎主任は、前記の葛野職工が手がけていた標的艦摂津用のアスカニア式ボイラ自動燃焼装置の最終テストを行ない、それを同艦のいる呉工廠へ送り出した。

「摂津」は既述のごとく昭和11年、無線操縦の爆撃標的艦にすることが正式に決定され、ワシントン条約失効直後の昭和12年1月から約半年の予定で呉工廠において所要の改装工事を行なっていたのである。すなわち機関関係では、主機

標的艦摂津

は戦艦時代のままの直結式タービン２基２軸の25,000馬力だが、ボイラは宮原式混焼ボイラ16基の大部分を撤去し、代わりにロ号艦本式重油専焼ボイラ４基を搭載、この４基中の２基に舞機製のアスカニア式自動燃焼装置を装備し、この２基のボイラで速力18ノットに必要な18,000馬力を出せるようにしたのである。

さて、舞機がそのアスカニア式自動燃焼装置を送り出してホッとしていると、ほどなく呉工廠から「貴廠製の自動燃焼装置の作動悪し。責任者出てこい」といってきた。「そんなはずはないが……」と、そのテストを行なった岩崎製缶主任がいぶかりながら呉工廠へ駆けつけると、そこには工廠長を委員長とする調査会が設けられており、その席上で委員長が、「“摂津”の自動燃焼装置は缶水が正常位のとき危急装置が作動し、燃焼を妨げるので使いものにならない」という意味の発言をした。それを聞いた岩崎中尉は「それは間違いです」とすかさず反論していった。

「危急装置は正常水位で作動するのではなく、あくまでも異常水位のときに作動し、あとは自動的に送水を断つか給水するかして水位を正常に戻すのです。そしてその時点、つまり水位が正常に戻った時点で人は初めてそれと気付くものですから、正常水位で危急装置が働いたように見えるのです」

この岩崎中尉の反論は、自分で苦心した装置に関するものだけに自信に満ちたものであった。が、委員会の下部組織の長をしていた呉廠作業主任の足立助蔵機関大佐（以前、舞機の造修主任）があとで「俺に断わりもなく工廠長に喰ってかかって」と岩崎中尉をえらく叱った。しかし向こうっ気の強い同中尉は「たとえ相手は中将の呉工廠長でも、こちらも舞鶴工廠長の名代です。一介の中尉としての発言ではありません」と足立大佐とやり合った。

一方、葛野定雄氏はその後、別のポジションに移り、かって自分の苦心した自動燃焼装置がどうなっているのか全然知らずにいた。氏がその一端を知り得たのは戦後30年も経った昭和50年のことで、それは戦死した氏の義弟の同僚で生き残った艦上爆撃機乗りから話を聞いたときだという。

その搭乗員は「われわれは九州沖で標的艦摂津に急降下し、爆弾代わりに砂袋を落とす訓練を受けたのち南方へ出撃した」と語ったがそれを聞いた葛野氏は、かって相棒の中越氏とともに味わった苦労がムダでなかったことを喜ぶとともに、愛する義弟もまた艦上爆撃機乗りとしてこの「摂津」で腕を磨き、南方で散華したかと思うと奇しき因縁に何ともやりきれないものを感じたとのことである。

島と衝突せんとした新艦

岩崎巌造機中尉が舞鶴へきてほどなくのちに海風型駆逐艦の全国第１艦海風（２代目）の海上試運転があった。岩崎中尉は製缶主任という職掌がら缶部指揮官としてたびたび同艦に乗ったが、後進力試験が予定されているその日も張り切って乗艦した。後進力試験というのはいわば「ブレーキ・テス

舞廠の海風型駆逐艦全国第１艦海風（２代目）
昭和12年４月９日、宮津湾外で全力公試中

ト」であって、最大戦速で運転中の主機を２分間で停め、続く１分間で後進弁を全開にする苛酷な試験である。

さて、艦のスピードが最大戦速にあがり、後進力試験に先立つ操舵試験に入ったらしく、缶室にいる岩崎主任にも大きな揺れが感じられるようになった。すると突然、缶部指揮所の速力指示器がカラン、カランと鳴って艦橋から「後進一杯」の指令があったので岩崎主任はびっくり仰天、全力汽醸中の３缶全部の火をす早く消した。

後進試験に入るときはあらかじめ艦橋からその旨連絡があるのに、このときは何の前触れもなく、いきなり「後進一杯」の発令であった。しかし、後進試験とばかり思い込んでいた岩崎主任は「後進試験にしては時間的に少し早いが……」と思いながらも全缶消火の手を打ち、ついで引続き発令されるであろう「前進全力」に備えてふたたび缶点火の号令を下した。すると缶の安全弁が次々吹いた。いついかなるときでも安全弁を吹かすことは缶部指揮官の恥とされているが、このときだけは岩崎指揮官としてそんなことにかまってはおれなかったのだ。

一方、機械室の方はどうかというと、やはり「後進一杯」の発令でみな慌て、本艦の下士官が握っていた左舷機の操縦ハンドルは作業主任の石川雄三機関中佐（海機25期―大正５年卒）が、また、右舷機のそれは乗艦中の設計係係員・石川重吉氏が握って大急ぎで後進弁を全開にし、主機を急停止させた。

このように艦が急停止したのは舵が故障して若狭湾の冠島と衝突しそうになったためだが、缶室・機械室にいる者にはそんなことは分からない。「後進一杯」の発令でだれもが夢中でそれ相当の措置を採ったのである。

あとで造機部検査官の鹿島竹千代機関少佐（海機32期―大正12年卒）が岩崎主任のところへ飛んできて、口をもぐもぐさせながら左の手のヒラに右手の指を揃えて突き当てて見せた。鹿島少佐は普段から少々ドモる人だったので、こんなときには言葉が出ず、手の仕草でそれをしらせてくれたのだが、同少佐は艦が冠島と衝突しそうになったのを甲板で実際に見ていたのである。そしてそれにより岩崎主任も初めて艦が何かと衝突しそうになったことを知ったという。

また、缶の安全弁が吹いたことにより、艦橋では「缶が健全で全力汽醸している以上、後進全力発揮は間違いなし。艦は必ず停止する」との確信を持った由で、あとでそれを聞いた岩崎主任は「ケガの功名か」と苦笑を禁じえなかった由である。

ところで島と衝突しそうになった新造駆逐艦といえば、これよりずっとあとの太平洋戦争中にも同じようなことが起こった。ただしそのときは若狭湾の冠島でなく、舞鶴湾内の軍港と商港を分ける戸島であり、艦が試運転から帰港するときであった。

その駆逐艦は外業工場の実吉郁技術大尉（鶴桜会会員）が

担当した新造艦で、その日の海上公試を終えて帰港の途に就いた艦は、すでにバクチ岬をまわって湾内に入ったとのことで機械室の者はみなホッとしていた。そこへ突然「後進一杯」の発令である。一同跳び上がらんばかりに驚き、機関科指揮所にいた外業主任・井上荘之助中佐（海機33期―大正13年卒）などは、くわえていた愛用のパイプを放り出して運転下士官に手を貸し、片舷の操縦ハンドルを懸命に後進に回した。幸い湾内で速力も原速（12ノット）程度だったので艦はすんでのところで停止したが、戸島との距離はわずか30メートル、まことに危ないところであった。

原因はいわゆる「舵が流れた」ためであり、舵の流れた理由は舵取機室にいた造船部の工員と造機部の工員が艦橋の舵輪と舵取機室の操舵機を結ぶテレモーターの取合いのピン（操舵機の近くにある）を「ここまでが造船部の所掌だ」「いや、違う」と言い争ったあげく抜き取ってしまったからであった。このピンがなければ舵輪と操舵機の縁が切れ、いくら艦橋で舵輪を回しても舵が利かなくなるわけで、それを聞いた機械室の関係者一同、しばし空いた口がふさがらなかった。

ボイラドラムを溶接で

舞廠造機部は造機溶接のリーダー工場であり、舞機製缶工場はそのまた中心的ショップであったから、岩崎巌造機中尉もその製缶工場主任として溶接に並々ならぬ心血を注いだのは当然で、着任後ほどなく駆逐艦山雲（藤永田造船所担当）用ボイラの水ドラム溶接という仕事に取組んでいる。

そのころのボイラの水ドラムは引抜きの鋼管製でメーカー

が限定され、値段も高かったので、曲げた厚鉄板を溶接することで造れないかということになり、舞廠造機部がその研究を命ぜられていた。「山雲」用水ドラムの溶接は、舞機のその研究成果の適用第1号だったのである。

ところで当時、溶接棒は国産品によいものがなく、どこでも外国製品を使っていたが、舞機では「山雲」用水ドラムの溶接には、ベルギーのアルコス社製プレセンド棒を用いることにした。ところが溶接後、該部から試験片を採って調べてみると衝撃値がゼロに近く、破断面も異常を呈していたので問題となり、ドラム本体を切断して試験した結果もやはり芳しくなかった。そこでドラムの製造を中止し、岩崎製缶主任はじめ鋳造主任の永田重穂技師、阪大溶接学科教授・岡田実博士ら関係者による検討会が持たれた。岡田教授は当時、海軍の嘱託として週1回ほど舞機へ出張してきており、のちに大阪大学の総長になった人である。

さて、研究してみると溶接部の破面は細かい霜柱状のものが林立した組織で灰白色を呈し、亀裂に等しいものであることが判明、岡田教授によって「線状組織」と名付けられ、学会にも発表された。

一方、艦本では溶接棒の製造元であるベルギーのアルコス社に原因を照会したが納得のいく返事はもらえず、当面の対策として予熱をし、溶接後の冷却速度も遅くすることなどが考えられた。しかしドラム内で溶接作業をする工員のため予熱温度は無闇に上げられず、100℃前後に押えざるを得なかった。

つまるところこの線状組織は、溶接棒のフラックス（被覆）の成分に起因するもので、後述する舞廠のＭＭＥ棒など、優秀な国産溶接棒ができてからは皆無となった。しかし当時はそこまで分からず、舞廠では各工廠・造船所の溶接担当者を集めてこの組織の性状・対策等について説明会を開いている。

既述のとおり造機溶接は昭和初年から造船溶接の後塵を拝する形で進められてきたがめったやたらに乱用されたキライがあり、そのトガメがここへきて火を噴いたのであろう——とは溶接の大家、樋田寅之助氏（鶴桜会会員）の言である。

なお、ボイラの蒸気ドラムの方は、鋲接構造から溶接構造への切り替えは慎重を極め、必要に迫られて実施したのは太平洋戦争も終わりに近い昭和19年以降のことであった。

溶接棒のコンクール

前節で述べたように昭和12～13年ころ、国産溶接棒にはよいものがなく、各工廠ではベルギーのアルコス社製プレセンド棒かスタビレンド棒を使用していたが、これら外国製品は高価であり、万一の場合の輸入途絶も心配された。そこで良質な国産溶接棒を開発すべく、中央から各工廠・造船所にその指示が発せられた。

これは各所に競争的にやらせたもので、各工廠・造船所では地元の大学教授の助言を得るなどして懸命に研究、やがて横廠はY型、呉廠はK型、広廠はH型、佐廠はS型、そして舞廠はM型なる溶接棒を試作し、その比較試験つまり溶接棒のコンクール造機溶接のリーダー工廠たる舞鶴で行なうことになった。

この試験では各工廠の熟練溶接工がそれぞれの工廠開発の溶接棒を持って舞鶴に集まり、溶接試験片を作ってテストした。その結果、舞廠のＭＭＥ、横廠のＹＭＣおよび広廠のＨＭＤの三銘柄が優良品とされたが、このなかから真に優良な１銘柄を選ぶべく各製作工廠でさらによく研究した上、最終試験を２年後の昭和14年にやはり舞鶴工廠で行なうことになった。

この最終試験に先立ち、そのころ艦本勤務となっていた前出の山上講技手がこれら３銘柄に関する見解を求められた。しかしどの銘柄も優劣をつけがたい優秀品だったので山上技手は迷いに迷ったが結局、次のような理由から舞鶴のＭＭＥ棒に軍配を挙げた。

⑴　横廠のＹＭＣ棒は気泡が幾分多いようであり、広廠のＨＭＤ棒はラフックス（被覆材）の主原料として同廠裏山の赤土を用いているので原料源が限られる。

⑵　これに対して舞鶴のＭＭＥ棒は日本に無尽蔵の砂鉄をフラッスの主原料としていて資源上の不安がない上、何といっても舞鶴は溶接の担当工廠である。

かくしてこれら３銘柄に対する最終比較試験は、各棒を使って実物大の内火機械架構と缶ドラムを造り、それを破壊するなどして行なうことになった。このうち舞機が担当した缶ドラムの試験結果が出るのは太平洋戦争中の昭和17年のことになるのでそれは後記するとして、ここでは前記の鶴桜会会員・樋田寅之助氏が担当した横廠造機部の内火機械架構の方を見ておくことにしよう。

横機で内火機械架構の溶接を担当した樋田寅之助氏は、昭和10年の仙台高工機械科卒で、卒業と同時に横須賀工廠の造機部へ製缶工として入業し、そのころは技手であったという。その樋田技手は実物大の３シリンダ分の内火機械架構４

個を舞廠、横廠および広廠の3銘柄の溶接棒で溶接しつつ組立てていくという方法を採り、溶接後、所要の試験を行なった。その結果、これら3銘柄の溶接棒はすべて優秀で、外国製溶接棒に代わって実用さしつかえなし、と認められたということである。

「舞鶴海軍工廠歌」できる

さて、岩崎巌造機中尉の舞廠着任から半年経った昭和12年7月初め、つまり日中事変勃発の少し前に、鶴桜会会員・多治見一郎技師（技養4期―大正14年卒）が岩崎中尉と同じ横廠造機部から舞機外業工場へ転勤してきた。同技師の転勤発令は同年7月1日の技師任官と同時だったが、それには次のような裏話があった。

それまで横機組立工場の先任係員だった多治見技手は、専門の蒸気（タービン）班を担当するとともに人事面では組立工場全般を見ていた。そして仕事熱心な同技手は部下の働いているうちは自分も絶対に帰宅せず、定時間後は各工場の係員連中が持ちこんでくるさまざまな問題をさばいてやって「夜の造機部長」とひそかに自負していた。

ところが既述のとおり昭和12年6月に「工務規則」と「工員規則」の大改正があり、これによって多治見技手の見ていた組立工場組織のうち、外業部門と銅工、運搬の各班が独立した外業工場に移ることになったので同技手は頭へきた。技術的にはとにかく、横廠の造機組立全般を考えているのは自分1人だと思っていた同技手にとって、わが息のかかった外業部門と銅工、運搬等がよそへ移ると聞いては黙っておれなくなり、とうとう直属上官の時津三郎機関大佐（海機24期―大正４年卒）に「こんなところにはおれません」とタンカを切ってしまった。

そのころ多治見技手の技師昇進はすでに決まっていたらしいが、とにかく一介の判任官が上司の組立工場主任であり、副部長格の存在である大佐に尻をまくったのだからただで収まるはずはなかった。それから約１ヵ月後の７月１日、多治見氏は技師昇進と同時に舞鶴転勤を命ぜられたのである。

当時の舞廠造機部長は朝永研一郎造機大佐（大正４年東大機械卒）であり、作業主任は甘利義之造機中佐（前出）であった。朝永大佐は多治見氏の技養時代の教務主任であり、甘利中佐はこれまた多治見氏の艦本五部タービン班時代の班長である。ともに氏にとって頭の上がらない人たちだったので横廠はそこを見込み「お二人に預ければ多治見もいくらかおとなしくなるだろう」と思ったか、あるいは舞鶴側で「こちらで仕込んでやろう」といったか、ともあれ多治見技師は舞機の外業工場係官として赴任してきたのである。

舞鶴はちょうどこの１年前に要港部工作部から工廠に復帰していたが、多治見技師の着任当時はまだ工作部らしい色彩があちこちに色濃く残っていた。そして着任直後の７月７日、かの蘆溝橋事件が勃発し、それからしばらくのちに「舞鶴海軍工廠歌」ができた。

「日本海の鎮めなる／わが舞鶴の要港に／古き歴史も誇らかに／立てるわれ等が大工廠」（以下、５番まであるが２番以下は略）

というこの「舞廠歌」は朝永研一郎造機部長の作詞・作曲にかかるもので、多治見技師らは「われらが部長の作った歌」という誇りと親しみを持って高らかに合唱した。

ところで多治見氏の目からすれば、舞鶴は土地がらからか工長・工手以下の工員の団結が強く、他所者である氏のいうことはなかなか下へ浸透しないうらみがあった。横廠時代は判任官とはいえ２万4,000人の作業員に幅を利かしていた氏にとって、たった8,000人の舞廠で、しかも高等官でありながら幅の利かないことおびただしく、それが大変もどかしかった。しかし各工場で係官をしている技養同期の片山佐一、山下常八、久保一幸、船越佐一郎らの各氏を通じて、仕事は円滑に運ぶことができた。

また、そのころは「金属組織を語らぬ者は技術者にあらず」といった風潮のあった時代で、上記の舞機係員のなかでも、山下常八、久保一幸、それに鶴桜会会員の入江重郎氏などが、世界的鉄鋼の権威・本多光太郎博士のいる東北帝大の金属材料講習会（期間は３週間）に出席し、勉強している。

ともあれ多治見技師は多忙ななかにも夏は蛇島で水泳、秋は松茸狩り、そして岩崎厳製缶主任らと料亭白糸で「六等官会」と称する呑み会を開くなど、毎日を愉快に過ごした。もっともこの「六等官会」、岩崎厳氏によればＳ（芸者）連中が高位高官の人にだけ熱を上げ、下級士官や技師には余りいい顔をしなかったので、そのウサ晴らしにヤケ半分でオダをあげていたに過ぎないのだ、とのことだが……。

やがて「勝ってくるぞと勇ましく……」の「露営の歌」が大流行し、その歌声のうちに冬になった。すると今度は工廠備え付けのスキーで滑るという舞鶴ならではのウィンター・スポーツをエンジョイしているとき、多治見技師は思いがけなく艦本五部への転勤命令を受けた。それは昭和12年の暮れに起こった駆逐艦朝潮のタービン翼折損事故調査に関連しての転勤であって、同技師は昭和13年1月、半年とちょっとで舞鶴をあとにしたのである（朝潮型主タービンの事故については別項の囲み記事138ページ参照）。

なお、多治見氏は「舞鶴では高等官が転勤するとき、着飾った多数のSたちが駅頭へ見送りに出ていたのがいかにも舞鶴らしい風景と思った」といっているが、高田良一氏によればそれは料亭白糸へよく出る妓を芸者の置屋の方で駅頭へ出したもので、「白糸」が特に手配したものではない由である。また、転勤者と特別な関係にあった女性は、目立たない服装でやはり駅頭へ出ていたそうである。

帝国海軍駆逐艦・水雷艇建造小史⒀

新鋭駆逐艦―朝潮型

さきの「帝国海軍駆逐艦・水雷艇建造史⑿」で述べたとおり、昭和9年度計画の駆逐艦14隻のうち、海風型として着工ずみの4隻を除く未着工の10隻は、用兵側の要望にそうとともに、駆逐艦の大きさに制約を加えるロンドン条約の期限切れを狙って特型艦程度の大型にすることとなった。これが朝潮型駆逐艦で、当初の公試排水量は特型より約300トン多い2,275トンで、主機出力は特型と同じ50,000馬力、したがって速力は特型の38.0ノットを下回る35.0ノットで航続力は18ノット―3,800海里（特型は14ノット―5,000海里）という仕様であった。また兵装は12.7cm砲×6で特型と同じく、魚雷は61cm4連装×2で白露型と同じであった。

本艦型も起工の前後に起こった第四艦隊事件のため工事を一時中止し、白露型改（海風型）と同様に構造設計を更新して工事を再開したため、公試排水量は約100トン増えて2,370トンとなった。

ところで本艦型の使用蒸気は、後期の初春型と同じ22kg / cm^2、300℃だが、主タービン（艦本式）の構成は、それまでの高・低圧２段構成から高・中・低圧の３段構成に変えた。つまり駆逐艦として初めて中圧タービンを設けたのだが、その新設の中圧タービンの動翼に折損事故が続発し、いわゆる「朝潮型主タービン動翼事故」として、さきの友鶴事件、第四艦隊事件と並ぶわが海軍の三大技術トラブルとなったことは記憶されるべきである。

その原因究明のため、海軍省に「臨時機関調査委員会」が設けられ、関係者の努力の結果、ようやく翼の２節振動によるものと判明したことなど、その詳細は本文に詳しいが、ともあれこの難問が解決したとき、奇しくも日本は太平洋戦争に突入し、本艦型は新鋭駆逐艦として大活躍をしたのである。

本艦型の10隻（アンダーラインは舞廠建造艦）は、朝潮、大潮、満潮、荒潮、朝雲、山雲、夏雲、峯雲、霞、霰（あられ）である。

朝潮型駆逐艦の全国第５艦朝雲—川崎造船所建造

小型艦にはディーゼルかタービンか

昭和12年の舞廠造機部の事蹟でいまひとつ見落とせないものに、画期的な高圧高温蒸気機関の製作というのがある。それは大阪鉄工所（現、日立造船㈱・桜島工場）で建造する第53号駆潜艇の主タービンで、同艇は基準排水量180トン、主機は2基合計で3,000馬力という小出力の小艇ながら、使用する蒸気の条件は圧力45kg/cm^2、温度400℃という当時としてはまさに驚異的なものであった。のちに40kg/cm^2、400℃の高圧高温蒸気を試験的に採用した陽炎（かげろう）型駆逐艦の天津風が舞廠で竣工したのは昭和15年10月のことだが、それより3年も早くなぜこのような高圧高温蒸気採用の艇が計画されたかというと、それは小型艦艇の主機械として内燃機関がよいか、高圧高温の蒸気タービンがよいかを比較検討するためであった。

本艇の機関関係をもう少し詳しく見るならば、舞機製の主機は高・低圧タービン2段減速で2基合計3,000馬力、主軸の回転数は毎分370回転でボイラは「艦本式ホ号缶」と称するもの2基であった。この艦本式ホ号缶（図の右）は同じ艦本式ロ号缶（図の左）における左右同形の蒸発管配列をやめ、蒸発管の大部分を一方側に集めたもので、小型ながら効率のよいボイラであった。舞機では当時、試験用としてこのホ号缶を持っていたので、本艇

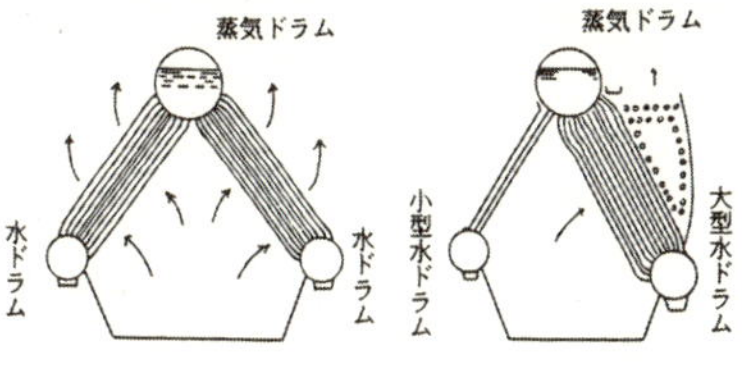

艦本式ロ号缶　　艦本式ホ号缶

用タービンの陸上負荷試験は支障なく行なわれた。

しかしこのとき、陸上試運転に立会った前出の石川重吉氏によると、このボイラの前面囲いのなかへ燃料重油が漏れ出し、それに火がついて慌てた場面があったという。そのときのボイラは前面こそ強圧通風の囲いで覆われていたものの、裏の方は木造の工場の壁そのままというお粗末さだったので、石川氏はそちらへ火が移らないかと慌てたのである。だが、幸い大事に至らず、24時間の連続負荷試験は無事終了した由である。

ともあれこの高圧高温の主機・ボイラを積んだ第53号駆潜艇は昭和12年10月31日、大阪鉄工所で竣工し、就役後の成績も優秀で、将来のこの種機関に対する海軍造機陣の自信を深めさせた。

なお、舞機がこの第53号駆潜艇用主機の陸上試運転を行なった前後に、小艦艇には内燃機関がよいか高圧高温の蒸気機関がよいかを検討する造機専門家の委員会がやはり舞鶴で開かれている。ここに掲げるのはそのときの記念写真で、前列中央の林田恒雄少将（技術研究所理学研究所長）を始め当時の海軍造機陣の錚々たる顔ぶれが揃っている。

かくして昭和12年も暮れんとする12月、定期異動があって機械・器具工場主任の関原勝臣造機大尉（昭和４年東北大機械卒）が広廠造機部へ栄転となり、その後任として造機大尉に進級していた岩崎巌製缶主任が機械・器具工場主任を兼務することになった。そしてこのあともなぜか岩崎氏は方々の工作庁で関原氏の後釜に坐ることが多く「お前は俺の追い出し役か」と関原氏によくいわれたそうである。

後列の主要人物―石川重吉氏（舞機設計）、船越佐一郎氏（舞機）、多治見一郎技師（舞機外業）、山下常八氏（舞機）、山下講氏（艦五）
３列目の主要人物―永田重穂技師（舞機鋳造）、岩崎巌造機大尉（舞機製缶主任）、山崎浅吉技師（舞機組立主任）、鹿島竹千代機関少佐（舞機検査官）、関原勝臣造機大尉（舞機機械主任）
２列目の主要人物―早坂浩一郎造機少佐（広機部員）、林輝武機関少佐（呉機部員）、矢杉正一造機少佐（艦五部員兼技術会議員）
前列の主要人物―石川雄三機関中佐（艦五部員兼技術会議員）、小林義治機関大佐（艦五計画主任）、林田恒雄少将（技術研究所理学研究所長）、朝永研一郎造機大佐（舞機部長）、甘利義之造機中佐（舞機作業主任）、北川政機関中佐（艦五部員兼技術会議員）、渡島（としま）寛治造機中佐（佐機部員）

機械器具工場主任・関原勝臣造機大尉の広廠栄転記念（昭和12年12月３日）
前列中央が関原大尉、その向かって左は野村大一郎氏、稲場貞良氏、同じく右は片山佐一氏

朝潮型主タービンの事故

朝潮型主タービンの事故というのは、「帝国海軍駆逐艦・水雷艇建造小史⒀」にある朝潮型駆逐艦の第１艦朝潮の主タービンを、同艦竣工４ヵ月後の昭和12年12月29日、建造所の佐世保工廠で開放検査したところ、中圧第２段の動翼４本が折損していたことに端を発するもので、昭和９年の友鶴事件、同10年の第四艦隊事件とともに、わが海軍の三大技術トラブルに数えられるものである。

この「朝潮」の事故発生とともに、就役中の同型艦３隻と公試中の２隻の主機を調べてみると、就役中の「荒潮」を除く他の４隻はみな、中圧タービンの第２段または第３段の動翼に亀裂や折損が認められた。折損箇所は、翼頂から50ミリくらいのところ（翼長の３分の１のところ）である点が特徴的だったが、なかには根元から切断されているものもあり、騒ぎは大きくなった。

タービン翼の事故は、既述のとおり大正期の峯風型駆逐艦に頻発していたが、関係者の努力でようやくこれを阻止、やがて艦本式タービンの開発となって、妙高型以降の巡洋艦および特型艦以降の駆逐艦に用いられ、ここ10年近く無事故を誇ってきた。朝潮型駆逐艦もむろんこの艦本式タービンで、しかも駆逐艦として初めて中圧タービンを備えた高・中・低圧の３タービン、３ピニオン方式のフネであったにかかわらず、その中圧タービンに重大な事故が発生したのである。米英との雲行きも険しくなりかけていた折とて、関係者は愕然となった。

ただちに昭和13年１月19日、海軍次官・山本五十六中将を委員長とする「臨時機関調査委員会」（略称「臨機調」）が設けられ、艦本式タービン搭載の全艦艇つまり昭和3年以降に竣工した全艦艇の主タービンを対象に、事故原因の調査と対策の樹立が開始された。そして同委員会は10ヵ月間に総会、小委員会を延べ63回も開いたすえ、同年（昭和13年）11月2日、「翼の損傷は翼車の共振によるものであり、艦本式主タービン搭載艦については、翼車の共振回避対策を講じる要あり」という答申を出して解散した。しかし膨大な既成艦すべてにこの改造を施すとなれば、経費だけでも4,000万円（現在の価格で1,200億円）を要し、艦艇の新造を止めない限りできる相談でなかった。

そこで当時軍務局第三課長だった久保田芳雄機関大佐（鶴桜会会員）らの主張により、各艦種から代表艦を選んで高出力、長時間航走の確認試験を行なうことになった。代表艦として戦艦では「日向」、巡洋艦では「最上」、その他駆逐艦の「吹雪」「狭霧」「初春」、水雷艇の「千鳥」「鴻」の7隻が選ばれ、これら代表艦は、艦本指定の危険速力下で平時なら5年分、戦時なら1年分に相当する長時間のテストを行なった結果、やはり久保田課長の予想どおり各艦すべて無事故という結果が出、「臨機調」のいう「翼車共振説」はあやしい、ということになった。が、ときはすでに「臨機調」解散5ヵ月後の昭和14年4月となっていた。

さらにそれから1年後の昭和15年春、問題惹起の朝潮型駆逐艦のうちの「山雲」に、改造前と改造後のタービン各1基を右舷と左舷に装備して航走試験をした結果、「臨機調」提案による改造タービンには異常なく、「山雲」本来のタービン、つまり改造前の朝潮型タービンでは速力22ノット、馬力約2,500

馬力（全力の約20分の１）のところで動翼に亀裂の生じることが分かった。これにより「臨機調」の改造案は一応評価できるものの、前記の代表艦実験の結果からして、やはりその結論は再検討の要あり、となって舞廠もこの問題に登場してきた。だがそれは、舞鶴に機関実験部ができて２年後の昭和15年のことになるので、詳細は本文の方に譲る。

ともあれ「臨機調」は、誤った結論を出したまま昭和13年11月２日に解散したのでその後始末のため、それから５年後、つまり太平洋戦争に入って２年目の昭和18年春、今度は部内のタービン専門家と関係者のみ44名から成る「臨機調関連タービン問題研究会」なるものが艦本で開かれ、五部長主宰のもと、純技術的見地から長時間の審議を重ねた結果、誰もが納得のゆく決議が得られたという。

いずれにしても昭和14年の代表艦によるテストの結果、「臨機調」の結論は誤りと分かってきたので、改造中のタービンはそのまま工事を続行し、未改造のものは全部工事中止となった。かくて昭和16年12月８日の日米開戦時には、日本海軍の全艦艇は100％完備の状態で戦争に突入できたのである。

このように、昭和12年末の駆逐艦朝潮の主タービンに端を発した、いわゆる「朝潮型主タービン事故」は、それに関する研究と実験に舞鶴の機関実験部も参加し、足かけ３年に及ぶ一大イベントとなった。費用も当時の金で１億余円という莫大なものとなり、渋谷隆太郎、久保田芳雄、甘利義之、矢杉正一の各氏ら、わが鶴桜会名簿に名を連ねる錚々たる人々も渦中に巻き込まれて数年間苦労する、という大事件であった。

しかし外国で艦船用タービン翼の２節振動が問題となったの

は戦後のことであり、英国の豪華客船“エリザベス２世号”の高圧タービン翼に２節振動事故が発生して大騒ぎとなったのも、昭和43年12月のことである。それに比してわが朝潮型主タービンの事故は、それより30余年前のできごとであり、電算機もない時代とて、関係者は原因究明に大変な苦労をした。しかし、ことタービン翼の２節振動に関する限り、わが海軍は欧米より一足早く取組み、しかも一応の成果を収め得たわけで、まずはそれなりに評価できるものといえるのである。

機関実験部できる

明くれば昭和13年である。年明け早々の１月３日、女優の岡田嘉子が劇作家の杉本良吉と樺太の北緯50度線からソ連領へ恋の逃避行をして世間を騒がせ、同月16日には「蒋介石を相手にせず」というかの近衛文麿首相の声明が出た。そしてその年の春４月１日、舞鶴工廠地さきの雁又地区でかねて建設中であった機関実験部が落成した（当時の雁又地区は舞廠最大の第３船渠の横から尻矢崎をぐるっと回って行くよりほかに道はなく、同船渠の渠頭からトンネルが通じるようになったのはずっとあとのこと）。

この実験部はボイラの実験研究を行なう部門で、舞廠がボイラの担当工廠である以上それは当然といえたが、ともあれこれにより造機部組立工場の海岸側にあった実験用ボイラなどがそこへ移され、片手間的だったボイラの実験研究が本格化することになった。また、実験部の開設に伴い、造機部製缶主任の岩崎巌造機大尉はそこの部員も兼務するようになり、その他工員養成所の兼務教官なども加えると同大尉は一時、7つもの肩書きを持っていたことがあるという。ということはそれほど当時の舞廠は、どの部でも部員数が少なかったのである。

それはとにかく街ではこの年、工廠に近い中舞鶴・共楽公園の桜も機関実験部の開設を祝うかのように見ごとに咲いた。昭和初期の世界恐慌も収まり、前年の7月に始まった日中事変も「戦争ではない、事変だ」ということで差し迫った国難感もなく、人々は夜ごとにともるぼんぼりのもと、しばし花見の美酒に酔うことができた。

さて、新設の機関実験部では、それまで海軍が考案した各種のボイラ、特に高圧高温ボイラの実験研究のほか、ワグナー、ベロックス、ラモント等の外国製ボイラやその附属品の研究等に着々と業績を積んでいったが、鶴桜会会員・山口操氏（海機32期―大正12年卒、昭和17年ころ機関中佐で舞機の外業兼製缶主任、のち設計主任）によると、これら業績のうち、ボイラ内部腐蝕の防止と無煙汽醸の問題解決には当時、実験部の業務主任だった河村松次郎機関中佐（海機30期―大正10年卒）の力量に負うところが大であったという。すなわち機関学校同窓会編の『鎮魂と苦心の記録』に山口氏が書いた舞廠機関実験部の業績の一部を見ると、あらまし次のようなことになっている。

太平洋戦争開始の4～5年前、艦艇用ボイラの問題のひとつに内部腐蝕の件があった。ボイラのドラムや蒸発管の内部腐蝕が甚だしく、毎年のように蒸発管を換装せねばならないフネが続出して艦隊訓練にも支障をきたす、ということで問題となっていたのだが、これに対して艦政本部では密閉給水装置の採用や補機の旋転化などで内部腐蝕を誘発する空気や油分の缶水への混入防止の手はすでに打っていた。しかしボイラ内部を浄化する従来の苛性ソーダ浄缶法（苛性ソーダで缶水を微アルカリ性にする浄缶法）ではなお不十分なようだと考えた艦本では、舞鶴の機関実験部へ「さらに適切な浄缶剤を研究すべし」といってきた。

そこで舞廠実験部では河村業務主任の直接指導のもと、丹念な検討を加えて「燐酸系浄缶剤が最適」という結論に達した。しかし同じ燐酸系といっても当時米海軍が使っていた第二燐酸ソーダと、それより高価だが防蝕効果の優れている第三燐酸ソーダとがあり、どちらがよいかで迷った。けれども結局高価でも性能のよい第三燐酸ソーダの方を採用し、これにより缶水に常に一定量の燐酸根を保持させる防蝕法を探ることになった。また、この燐酸根の適量を容易に判定できる缶水試験器を考案し、これを全艦艇に配布した結果、この新防蝕法は全海軍で励行され、顕著な効果を挙げた。ボイラ内部掃除の間隔も大幅に延長されるようになったことはいうまでもない。

次にやはり艦本から舞廠実験部へ研究方針令のあったボイラの"無煙汽醸"の件は、これも河村業務主任の陣頭指揮のもと、テストボイラによる試し焚きを繰り返し、莫大な燃料を消費しつつもついに艦隊の要求に十分応えうる噴燃装置を実現させた。戦争中は米海軍のレーダーの発達により、自艦の位置をさとられる発煙の問題はさほど顧慮しないでもよいようになったが、無煙であることは自艦の測距、射撃等の妨害を軽減することにつながり、その面で大いに役立ったようである、という山口操氏は次のような言葉で氏の一文を締め括っている。

「以上の艦艇用ボイラ欠陥に対する諸施策はすべて太平洋戦

争開始までに解決され、これら欠陥のため戦術上敗れたという話は聞かない。幸甚であったと思うとともに、それぞれの技術担当者が真剣に問題と取り組んでいた姿が、40年以上経った今日でもはっきり眼前に浮かんでくる」

ボイラの蒸発状況を実見

舞廠に機関実験部ができると、造機部製缶工場主任の岩崎巌造機大尉がそこの兼務部員となったことはすでに述べたが、同じ造機部の組立工場にいた葛野定雄氏（当時技手）も実験部へ移って本格的なボイラの実験に取りかかった。

ところでこの機関実験部ができた昭和13年ころ、わが海軍では陽炎（かげろう）型以降の駆逐艦に搭載された30kg/cm^2、350℃、蒸発量100トン／時の水管式ボイラはすでにできており、次の段階として高速駆逐艦島風（２代目）の40kg/cm^2、400℃、空気予熱器・節炭器付きの125トン／時という高圧高温ボイラの実験を始めんとしていた。そしてこの高圧高温ボイラでは汽水分離をさらによくせねば、ということで舞鶴の実験部にその研究が命ぜられていた。

高圧高温ボイラに限らず、ボイラの発生する蒸気に水分が混じることは蒸気パイプやタービン・ケーシングの腐蝕を早め、タービン翼折損の原因にもなるから絶対に避くべきである。それはよく知っているがさて、その汽水分離はどうしたら最も効果的か、となると葛野技手にはよい知恵が浮かばなかった。

そのころの汽水分離装置は蒸気溜りの中に邪魔板を置き、そこを蒸気がアップ・ダウンしているうちになかの水分を分離させる仕組みのものだったが、これに勝るものとなると葛野技手には皆目見当がつかなかったのである。内外の文献を漁ったり、小さな模型の水管ボイラでテストしてみたりしたものの得るところはほとんどなかった。

そこで実験用の小型水管ボイラ（圧力7 kg /cm^2、蒸発量1トン／時）を使って蒸気ドラム内の実際の蒸発状況を見てみることになったが、それは「従来の研究や文献はいずれも頭で考え出した蒸気ドラム内の蒸発状況を基に組立てられたもので、実際に蒸発状況を確認した上でのものでないから、甚だ疑わしい」という岩崎兼務部員の発案によるものであった。

早速作られたそのテスト用蒸気ドラムは、前後部鏡板の上部に各1個ずつ窺き孔をあけ、そこにガラス板を嵌め込んで一方の孔からは照明をさし込み、反対側の孔からドラム内を目視せんとするものであった。これに対して「ガラス張りでは圧力で壊れる」という反対意見があったけれども岩崎部員は「ボイラの水面計はガラス製品なのにちゃんと保（も）っているではないか。窺き孔のガラスも圧力に応じた厚さにすれば壊れる心配はない」と力説して実施に漕ぎつけた。窺き孔用の丸型ガラスは実験部の中越技手の手で透視式の細長い水面計用強化ガラスから作り出された。

さて、いよいよ実験である。徐々に缶圧を上げ、規定の7 kg /cm^{2}に達したとき、岩崎部員や葛野技手らが代わるがわる内部を窺いて見た。葛野技手は窺き孔のガラスが破裂しはせぬかと、ややへっぴり腰だったがドラム内は水面から小さな水滴がピョンピョン跳び上がっているのが不思議なくらいよく見えた。

次に缶圧一定のまま蒸発量を増やしていくと水滴の量が多

くなり、跳び上がり方も高くなって一部はドラム上部にある蒸気内管にまで達した。また、水面は跳び上がって落下する水滴でアバタ状を呈し、中央部は少し盛り上がって凸形になっていた。それは岩崎部員の言を借りれば「中央部で水面がワーッと盛り上がり、どこまでが水でどこからが蒸気か、その境界も定かでない沸溢状態だった」のである（下図参照）。

この観察の結果、蒸発時にはかなりの水分が蒸気に混入することが分かり、汽水分離の重要性が大いに感得されたけれど、岩崎部員は従来の汽水分離器の構造と取付け方に問題があると思った。つまり従来の汽水分離器の邪魔板は次ページ左図のごとく蒸気ドラムの水面上にＶ字型に装着されているが、それではこの邪魔板で集められた水分は、蒸発の一番旺盛なドラム中心部へ落ちることになり、勢いよく吹き上げる蒸気のため落ち切れないままふたたび水分の状態で蒸気溜りへ吹き上げられ、汽水分離の効果は少なかろう。邪魔板はどうしても蒸気溜りに置かねばならぬのなら、いまのようなＶ字型でなく逆Ｖ字型に置き、受け止めた水分は比較的平穏なドラム外周近くへ落とすべきだ、と岩崎部員は思ったのである。

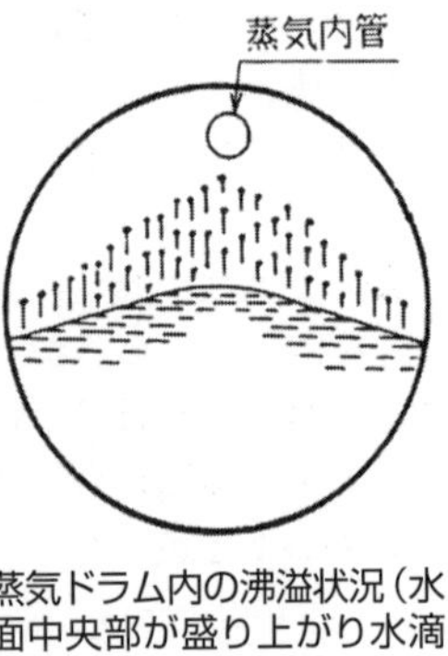

蒸気ドラム内の沸溢状況（水面中央部が盛り上がり水滴の跳び上がりが活発）

これに対して葛野技手の方は、汽水分離は蒸気溜り内だけの細工ではとてもダメだと考えた。ではそれに代わる具体的方法は——といわれても思い付くものは何もなかったけれどもある日、艦本から送られてきた汽水分離装置の図面を見たとき、同技手は脳天をコン棒で殴られたような衝撃を受けた。

「この図により汽水分離装置を大至急試作し、30kg／cm^2、100トン／時／ボイラ（陽炎型以降の駆逐艦に搭載された最新式ボイラ）で性能試験をせよ」といって艦本から送られてきたその図面の汽水分離装置は蒸気溜りのなかになく、何と缶水のなかに置かれているではないか（下図右参照）。水面近くにある３枚１組の多孔式邪魔板は、水面から蒸気を平均的に発生さすネライをもっているらしく、その下にあるやはり３枚１組のＶ字型多孔式邪魔板は、上昇する循環水中の蒸気泡を素通りさせない役目をもっているらしい。

「それにしてもこれは一体艦本の誰の発想だろうか」と葛野技手は思った。同技手はこれまで汽水分離装置に関して艦本の当事者とたびたび折衝してきたが、水中で処理するこんな案をついぞ誰からも聞いたことがなかったのである。あとで知ったところでは艦本五部の某高級技術科士官が米国駐在中に同国で入手したものとのことで、つまりこのアイデアは米国から借りものだったのである。

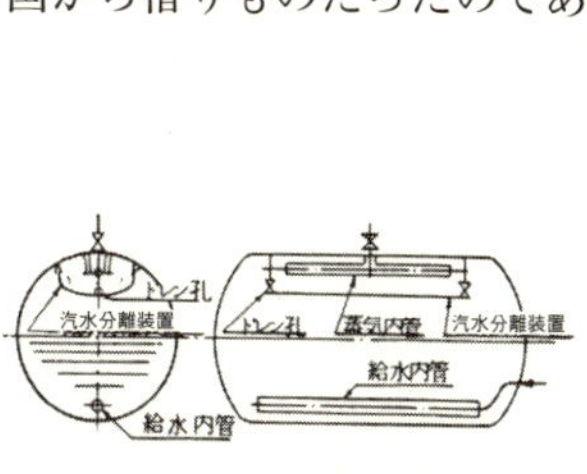

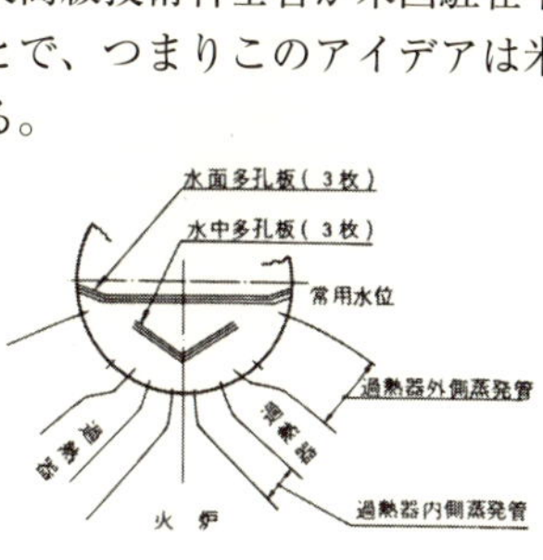

汽水分離装置の比較図
従来のもの（蒸気溜り内に設置）　　新式のもの（水中に設置）

ともあれ実験部では大急ぎでこの装置を作り、艦本の指示どおり100トン／時／ボイラの蒸気ドラムに装備してテストをした。結果は上々で、船体が動揺したときどうなるかの不安も当時舞鶴で建造中の駆逐艦に取付けてテストし、何ら支障のないことが確認できた。かくてこの水中汽水分離装置はその後の新造艦すべてに装備されたのである。

「それにしても……」と葛野氏は後年述懐していわく。「ボイラ内の実際の蒸発状況を観察した人は私たちのほかにもかなりいるものと思っていたし、戦後は技術の発達でこのようなことはいとも容易だとも思っていた。しかし戦後30余年も経った昭和40年代後半になっても、なおかつそういう体験をしたという人の話を聞いたことがない。まことに不思議な気持ちがするとともに、ボイラ内の蒸発状況を実見できた自分は本当に幸せだったと思う」と。

進水式

舞鶴に機関実験部ができたその日、つまり昭和13年４月１日には統制強化の「国家総動員法」が公布され、続いて５月19日には大陸戦線で徐州が陥落した。

やがて５月27日の海軍記念日を迎えたが、その日舞鶴地方は朝からよく晴れ渡り、工廠は例によって有給休日であった。工廠正門前の旧坂下練兵場で記念式典があり、終わって野球大会や相撲大会が催された。工廠前の機関学校では大運動会が開かれ、名物の棒倒しが人々の目を奪う一方、同校前の桟橋につながれた日露戦争の殊勲艦・吾妻には日本海海戦で弾丸に撃ち破られた名誉の軍艦旗が掲げられ、運命のＺ旗が檣頭高く風に鳴っていた。

近くの海面では二等駆逐艦皐月の魚雷発射実験が多くの見物人を集め、上空では３機の水上機による宙返りなどの高等飛行が披露された。祝賀気分に沸き立つ街では軍楽隊を先頭にした陸戦隊の行進があった。

だがこのころから要港部主催の防空演習がときどき行なわれるようになり、陸軍に召集される工廠従業員もとみに多くなった。応召者は赤ダスキ姿もりりしく職場の人々に挨拶をして回り、日章旗に多くの人から寄せ書きをしてもらった。各部の部員も乞われるままに馴れぬ筆を執り、日章旗に己が官氏名を書いてやったが「海軍造船大尉」とか「海軍造機中尉」とかいうその肩書きは応召者に結構喜ばれた。そして各職場では昼休みなどに全員が広場に並んで応召者を送り出した。

新舞鶴町の大門通り（『舞鶴市史』から）

街では「見よ東海の空明けて……」の「愛国行進曲」が愛唱され、そのなかの「行け八紘を宇（いえ）となし……」の一齣が「八紘一宇」のスローガンとして宣伝されるようになった。

中舞鶴の上本町通り（『舞鶴市史』から）

この年の８月１日

は日曜日だったが、その日に西の舞鶴町が舞鶴市になり、東では新舞鶴町と中舞鶴町が合併して東舞鶴市となった。西の舞鶴市は人口3万1,000余人で全国147番目の市であり、東舞鶴市は同じく3万7,000余人で全国148番目の市であった。

しかし舞鶴へ転勤してくる海軍関係の人々にとって、ここには同じような地名、駅名があるので依然としてまぎらわしかった。初めて舞鶴へ転勤してくる人は「まず舞鶴鎮守府へ出頭せよ」と出発地で教えられ、舞鶴までの切符を買ってその舞鶴駅に降り立つ。ところが駅名は「舞鶴」でもそこは西の舞鶴市で、商港はあっても軍港はない。「鎮守府のあるのは東舞鶴ですがな」と教えられてまた汽車に乗り直し、東舞鶴駅に下車して聞くと「鎮守府は中舞鶴です」とのことで三たび汽車に乗り継がねばならなかったのである。

この舞鶴市制発足1ヵ月後の昭和13年9月、鶴桜会会員の吉野守正氏が舞廠造機部へ転勤してきた。吉野氏は大正初期に横廠造機部の見習職工となり、昭和2年4月に技手養成所を卒業（舞機の入江重郎、高田良一両氏と同じ第6期）して横機の組立工場に復帰、やがて内火工場に配置替えとなり、以後もっぱら内燃機関の道を歩むことになった人で、舞鶴転勤のときは海軍技手であった。

吉野技手の舞鶴転勤は大湊工作部を経てのものだったがそれは当時、大湊にも舞鶴にも内火機関の経験者がいなかったからのようで、舞鶴着任と同時に同技手は舞機初の中速150馬力、同400馬力等のディーゼル機関の製造に当たった。その後、新任の組立工場主任・三原嘉徳技師の下で潜水艦用複動内火機関の製造と内火工場の新築工事に従事したが、この三原組立工場主任は吉野技手の技養大先輩（技養1期―大正

11年卒）で、昭和14年の春ころ呉廠造機部から舞機へ転勤してきた人である。また、内火工場の新築工事というのは、造機部敷地と造兵部敷地の境界近くの海岸にあったあの黒塗りの大きな内燃機関専門工場の新築作業のことである。

さて、吉野技手の舞鶴着任直後の昭和13年９月27日、舞廠では近代駆逐艦の決定版ともいうべき陽炎（かげろう）型一等駆逐艦の全国第１艦陽炎（第17号艦）の進水式があった。フネの誕生である進水式にはいろいろなやり方があるが通常の方式、つまり舞鶴でもずっと採用していた船体を陸上の船台から海へ滑り下ろす方法は、船体という大構造物を瞬時に陸上から海上へ移動さすもので、他にちょっと例のない一大イベントである。したがってこの方法の進水式は何度見ても新たな感激を誘うものだが、それは高見の見物をする側のいい分で、進水作業に当たる当事者にしてみれば本当に身の細る思いをさせられる儀式であった。

船体の進水重量は排水量69,000トンの巨艦武蔵で約36,000トン、一等駆逐艦でも1,000トン前後にはなる。そのような大構造物だけに進水式のとき、最後まで船体をつなぎ止めている（ことになっている）支綱が切断されても船体が全然動かなかったり、滑っている途中で停まったり、ときには式の始まる前に滑り下りてしまったりの失敗例は少なくない。しかも立付け（予行演習）の利かない、ぶっつけ本番の仕事である。多数の顕官貴賓の目前で失敗すればそれこそことで、「進水式の前夜はフネが無事下りてくれるかどうか、心配でとても眠れないよ」という造船官がいたのも無理はない。

それはとにかく舞廠で「陽炎」の進水する昭和13年９月27日は日曜日であったが、午後１時30分からの進水式に備えて工廠では列席する要港部高官や外来の観覧者のため廠内の大通りを清掃し、水を打った。

式典は進水式台に立った要港部司令官の「命名書朗読」に始まり、進水命令書が工廠長に渡される。工廠長はそれを造船部長に下命し、造船部長は進水主任に下命する。その進水主任の号笛第1号は「進水用意」であり、続いて「楔（くさび）締め方」、そして第3号笛の「砂盤木取外し方」で船体を支えている砂盤木が取外され、船体は完全に船台滑り面の上に乗る。次いで「後部行き止め取外し方」の号笛に続く「トリガー安全装置取外し方」で、滑りたがっている船体を最後まで引留めていた安全装置が取外される。

かくて進水主任は造船部長に進水準備完了を報告し、それが工廠長、要港部司令官へと申し送られる。やがて司令官または工廠長の打ち下ろす金の斧の1閃で支綱が切断され、船体が滑り出す。勇壮な軍艦マーチが奏でられ、歓呼の声が湧き上がる。駆逐艦陽炎はそんなどよめきのなか、静かに海へ滑り下りて行ったのである。

一等駆逐艦陽炎（かげろう）の進水式記念絵葉書（昭和13年9月27日）

結論的艦隊駆逐艦―陽炎（かげろう）型（甲型）

日中事変の勃発した昭和12年はまた、無条約時代の幕あけでもあって、わが建艦計画はそれまでの軍縮条約による諸種の制約や予算の束縛から解放され、自由な設計ができるようになった。ために昭和12年度計画では多くの名艦を生み出したが、駆逐艦ではそれが陽炎型として実現したのである。

この無条約時代の艦隊駆逐艦に対する軍令部の要求は、速力36.0ノットで航続力は18ノット―6,000海里、そして兵装は特型駆逐艦並みとするも、駆逐艦としての任務遂行上、艦型は特型艦より大となることは絶対に避けるべし、ということであった。しかしこの兵装の要望と艦型の制約という二者違背の条件はいかんともすべからず、結局、計画公試排水量は特型の1,980トンに対して約500トン大の2,500トンとなり、主機は特型より2,000馬力大の52,000馬力としたが、速力は要求値より１ノット切り下げて35.0ノット（特型は38.0ノット）、航続力も若干引下げざるを得なかった。なお、兵装は12.7cm連装砲塔×３、25mm連装機銃×２、61cm４連装発射管×２、爆雷投射器×１などが主なものであった。

本艦型の２基２軸52,000馬力の主機は、30kg /cm^2、350℃の艦本式高・中・低圧タービンであり、巡航タービンも初めて高・低圧に分けられた。また、本艦型のうち、舞鶴建造の「天津風」は試験的に40kg /cm^2、400℃の高圧高温蒸気を使用し、将来の高圧高温機関に関する貴重なデータを得た艦として知られる。

いずれにしても本艦型（続く夕雲型とともに甲型といわれる）は、軍令部の要求をほぼ満たし、艦隊駆逐艦として結論的なものとなった。そして夕雲型、朝潮型ともども、太平洋戦争で大活躍をしたことは周知のとおりである。

陽炎型18隻（アンダーラインは舞鶴建造艦）—陽炎、不知火（しらぬひ）、黒潮、親潮、早潮、夏潮、初風、雪風、天津風（Ⅱ）、時津風（Ⅱ）、浦風（Ⅱ）、磯風（Ⅱ）、浜風（Ⅱ）、谷風（Ⅱ）、野分、嵐、萩風、舞風

舞廠建造の陽炎型駆逐艦全国第９艦天津風（２代目）
昭和15年10月17日、若狭湾で終末全力公試中のもの

重巡高雄・愛宕の改装

舞鶴海軍工廠で駆逐艦陽炎（かげろう）が進水した１ヵ月ほどのちの昭和13年11月のある日、京都から山陰線の二等車に乗り換えた１人の海軍士官がいた。乗った列車がこのさきに軍港があろうとも思えない秋色の山のなかを走るのに驚いたその士官は、のちに技術中佐になる堀元美造船大尉（昭和10年東大船舶卒）で、後期の艦隊実習を終え、舞廠の造船部へ赴任するところであった。

堀大尉はこのときから昭和16年３月までの約２年半舞鶴

に在勤し、その間のあれこれはその著『鳶色の襟章』のなかの“第五章　緑の舞鶴”に詳しいが、ここではその要部を紹介し、当時の舞鶴の様子を見ておくことにしよう。

さて、山陰線の列車内で驚いた堀大尉は、着任した舞鶴の造船部では高等官が13人しかおらず、新参の同大尉でさえ大佐の福田烈（きよし）造船部長から数えて7番目という位置だったのにまた驚いた。さらに昭和10年の第四艦隊事件以来、海軍では船体への溶接適用をつとめて慎重にしているにかかわらず、舞船では海軍切っての船体溶接の大家・福田烈部長を筆頭に、やはり溶接に独特の体験と意欲を持つ船殻工場主任・矢田健二造船少佐らが溶接艦の実現に向け、根気のよい実験や研究を繰り返しているのにも驚いた。

堀大尉が着任したころ、船台では陽炎型駆逐艦の舞廠第2艦親潮が間もなく進水しようとしており、岸壁では朝潮型の舞廠第2艦（全国最終第10艦）霰（あられ）が艤装中であった。また、この年の4月から始まった重巡高雄と愛宕の改装工事も進捗中で、堀大尉はその担当部員を命ぜられた。「高雄」「愛宕」は横須賀鎮守府（横鎮）所属の姉妹艦で、改装後は公試排水量が12,986トンから14,838トンへと約2,000トン大となり、機関出力も130,000馬力から133,100馬力に増大（ただし速力は35.5ノットから34.3ノットに低下）され、発射管は61cm2連装×4から61cm4連装×4となるほか、機銃12挺が新設されることになっていた。

堀造船部員が担当した当時、「愛宕」は舞廠最大の第3船渠でドック幅が一杯一杯になるばかりに新しいバルジを取付け中であり、「高雄」は岸壁につながれて工事中であった。そして舞鶴としてかって経験したことのない大工事だけに、いかにも手に余るといったふうに見えた。

そうこうしているうちに昭和13年も暮れんとする12月27日、舞鶴では早くも雪が降り出した。当時、高等官の出勤には早出番と遅出番とがあり、堀部員も遅出番のときは軍港東門を入った左手にある小さなスキー場で1時間ほどスキーを楽しんでから出勤した。なお、このスキー場は大正末期の舞機組立外業部員・広沢真吾造機大尉が造ったものといわれている。

さて、明くれば昭和14年である。日中事変が始まって1年半もしたそのころは「国民精神総動員」などという言葉も聞かれ出し、穏やかな舞鶴の町にもようやく戦時色が濃くなってきた。そうなると工廠の上層部では、呉や横須賀にくらべれば言葉づかいさえノンビリしているかに見える舞鶴の工員にも「この辺でカツを入れておかねば……」とでも思ったか、ある日突然次のような工廠長命令が出た。

「巡洋艦高雄、愛宕の工事に関し、工員は朝礼後ただちに艦内の自分の持ち場へ飛んで行くよう造船・造機・造兵の青年士官は舷門の近くに立って監督せよ」

これは総務部の士官が工事中の両艦の舷門で朝の作業着手ぶりを見たところ、始業時刻から30分ほどしてもまだ道具をかついで艦内へ入って行く工員があったので出された命令とのことで、堀部員は「つまらん命令を出したもんだ」と思った。しかし工廠長命令とあらば否はいえない。堀部員は翌朝、岸壁係留の「高雄」の渡り桟橋のそばに立った。

すると朝礼終了と同時に100人ほどの工員が桟橋のほとりに集まった。しかし桟橋は狭く、2列で渡るのがやっとだから陸の方には工員が群をなして待っていてもなかなか艦内へ入れない。ところが7〜8分もすると、その2列の行列をかき分けて艦内から出てくる工員がいる。それも1人や2人でなく、やがて艦の中から外へも1列の流れができた。つまり狭い桟橋の上に中へ向かって1列、外へ向かって1列のすれ違う人の流れができたのである。

「なぜ出てくるんだ」と堀部員が部下の1人をつかまえて聞くと、その工員はいとも真面目な顔付きで答えた。「とにかく急いでフネへ行けとのことでしたので大急ぎで行きました。けど、誰も工具を持ってきていませんので、それをいまから道具番へ取りに行くところです」

見ればなるほどフネへ急ぐ者は誰も工具を持っていない。工具室へ行って自分の名札と引きかえに工具を借り出していたのでは、現場へ早く行こうにも行けないのだ。堀部員はガックリとなった。「何が何でも現場へ早く行け」という命令の無意味さを感じるとともに、工事担当者としての手抜かりを突かれたような気もした。工員を早く作業に就かせるには工具を沢山揃え、工具室の窓口を増やしておかねばならぬのは当然で、その点、担当部員として抜かりがあったと堀部員は大いに反省させられたのである。

そうこうしているうち、「高雄」は昭和14年3月末に完成して兵装工事のため横須賀へ回航され、それより1ヵ月後の4月末に「愛宕」の工事も完成、「高雄」と同じく兵装工事のため横須賀へ回航されることになった。そのとき堀大尉は残工事引継ぎのため「愛宕」に乗って横須賀工廠へ行くことになり、5月1日に舞鶴を出港、津軽海峡を回って4日の朝横須賀へ入港した。そして堀部員の出頭した横須賀工廠では折しも空母飛竜が竣工直前であり、同じく翔鶴が進水直前で

一等巡洋艦高雄
舞鶴で改装後、横須賀対岸・館山沖での公試（昭和14年7月14日）で全力航走中のもの

あった。

重巡利根・筑摩の母港初入港

昭和12年に始まった無条約時代の国防に備え、昭和14年ころの各海軍工廠はいずこもテンテコまいであった。どこでも工員、とくに船体鋲打工の不足をかこち、そのスキマでいわゆる労務ブローカーたちが羽振りを利かしていた。数百人の鋲打工を抱える彼らは工廠・民間造船所の求めに応じて配下の鋲打工を派遣し、割のよいピンハネをして甘い汁を吸っていたのである。

舞廠造船部の少壮部員で出張の帰り、たまたま若い妾を連れたブローカーと同じ車両に乗合わせ、いんぎん無礼な挨拶をされたうえ「一杯いかがですか」などと酒をすすめられ、くさり切って帰ってくる者もいた。しかもそのブローカーが翌日、造船部の現場事務所に現われ「国防献金です」と「百円札」を出したので若手部員はカッカとなった。100円といえば当時の若い部員1ヵ月分の給料を上回り、いまの10万円よりよほど価値があったから若手連中が頭にくるのも無理はなかった。だが、彼らブローカーに頼らなければ工事のピーク処理ができない点に造船部としての泣きどころがあった。

さて、昭和14年5月22日、満蒙国境のノモンハンで日本軍とソ連傘下の外蒙軍が衝突し、いわゆる「ノモンハン事件」が起こった。次いで7月26日、米国は日本軍の中国進攻を牽制すべく日本に日米通商条約の破棄を通告、これにより軍需物資の多くを米国に依存していたわが国は深刻な打撃を受けることになった。

そのころ練習艦隊の「八雲」と「磐手」が兵学校の第67期生と経理学校第28期生を乗せて舞鶴へ入港し、機関学校の第48期生74名を収容して旅順、大連、青島、上海方面への練習航海に出発した。なお、このときの海軍三校の卒業生は時局切迫のため年限を約半年縮めて14年7月卒業となった組であり、また、練習航海はこのあと2回あって、開戦直前の16年11月に卒業した組からは取止めとなった。

この練習艦隊の入港と前後して、これら明治期の軍艦とは比較にならない最新鋭の一等巡洋艦利根と筑摩が舞鶴へ入港してきた。舞鶴が鎮守府に復活後はその所属となる予定のこ

一等巡洋艦の利根（左）と筑摩（右）

の姉妹艦は、あとあと「舞鎮のピカ一艦」といわれ、舞廠の人々にも「トネ・チク」と親しまれるのだが、両艦相たずさえての母港入港はもちろんこれが初めてであった。

両艦はともに三菱・長崎の建造で「利根」は昭和13年11月に、また「筑摩」はこの年（昭和14年）の５月20日にできたばかりの近代的索敵巡洋艦である。両艦とも川の名が冠せられているとおり、初めは15.5センチ砲12門搭載の二等巡洋艦として計画された（ロンドン軍縮条約で一等巡洋艦に制限が加えられていたため）が、途中で一等巡洋艦に計画変更され、しかも20センチ砲８門（４砲塔）のすべてを艦橋より前に置き、後甲板は偵察機５機のため全部あけ渡す、という思い切った構造にした。このため後甲板における艦載機の整備・射出等が主砲の爆風で妨げられることがなくなり、また、外見上は一目でそれと分かる特異な艦型となった。

余談だが戦争が始まってほどなくの昭和17年正月、各新聞の第一面に前掲右側の「筑摩」の写真が「太平洋を征くわが新鋭艦」と銘打って大きく掲載され、一部の国民をして「これぞ極秘の戦艦大和か！」と快哉の声を挙げさせたほどであった。

ともあれこの利根型は公試排水量13,320トン、速力は35.0ノット、ボイラは艦本式ロ号缶８基（１缶１室）で主機は同じく艦本式タービン４基（１機１室）４軸の合計出力152,000馬力で、この出力は当時淡路島１島の全電力を賄ってなお余りありといわれた。このほかにも本艦型は凌波・復原・動揺の各性能がよく、兵員の寝床も従来のハンモックからベッド（といってもカイコ棚式だが）に変わっているなど、居住施設も格段に改良され、乗組員からほとんどクレームのつかないわが海軍最後の10,000トン重巡であった。

ところで「利根」「筑摩」が母港へ入港するときは５機の艦載機を若狭湾上で栗田（くんだ）の航空隊へ向けてカタパルトで射出し、出撃時には同じ洋上で栗田からの飛来機を収容して行くのが例であった。総じてカタパルトからの射出は比較的容易なのに反し、機の収容作業はなかなか厄介な仕事であった。

艦載機を収容するときは、まず艦が停止しデリックを傾けて待つ。すると飛来した機が近くの海面に着水して艦に接近、搭乗員の１人が翼の上に立ち上がり、手にしたワッカを艦のデリック先端のフックに引っかけて引揚げてもらうのだが、よい凪の日でさえフネも飛行機も多少揺れているので、デリック・フックへのワッカ掛けは失敗しやすい。失敗すると機はぐるりと海上を回ってきて２度、３度と同じことを繰り返す。時化ているときは艦がグルグル旋回して内部に凪の海面を作り、飛行機が降りやすく運動しやすいようにしてやる。このように艦載機の収容はまことに原始的で、かなりの手間と時間がかかる厄介なものであるうえ、この作業中、艦が洋上で相当時間停止または微速行動をせねばならない点に問題があった。つまりその間に敵にやられる心配が多分にあったのである。

それはとにかく、この優秀な姉妹艦利根・筑摩の初入港を迎えた舞鶴の人々はその特異な艦型に驚くとともに「これが将来、わが舞鶴鎮守府の所属艦となるのか」と、ある種の誇りと力強さを感じた。そして工廠岸壁に繋がれた「利根」「筑摩」のずっとさきに見える陸地、つまり工廠からは東側に当たる軍港の一角、松ヶ崎では、舞鶴要港部の鎮守府昇格に備えて海兵団の建設工事が進捗中であった。

吾妻艦の入渠

重巡利根・筑摩が母港舞鶴へ初入港した昭和14年は、春先から映画「愛染かつら」が大ヒットし、その主題歌「花も嵐も踏み越えて……」の「旅の夜風」が人々に広く愛唱されていた。しかし国内外の情勢は日を追ってキナ臭くなり、舞鶴要港部の鎮守府昇格問題も決定的となってきた。

それかあらぬかこの年の夏は例年より暑さが厳しく感じられたが、前出の堀元美造船部員にとっては、夫人が病気（肺結核）で機関学校横の海軍病院に入院したのでさらに重苦しい夏となった。同部員は遅番のときも早番のバスで出かけ、海軍病院の前で降ろしてもらって夫人を見舞い、ふたたび遅番のバスに乗って工廠へ出勤するという日々を送っていた。

その海軍病院の下の機関学校岸壁には同校の係留練習艦であり、一般市民に対する海軍思想普及艦でもあった日露戦争

機関学校下に係留の吾妻艦の絵葉書
図の左肩に「殺到する観覧団体」とあり、スタンプの日付は昭和９年５月16日

の記念艦吾妻が繋がれていたが、その吾妻艦が13年ぶりで工廠のドックに入ることになった。何しろ13年間も動かないでいたフネだけに船底にはカキや海藻が厚く付着し、魚の巣になっていて、艦が静かに曳かれてドックに入るとその魚が沢山ついてきて、水の引いた渠底ではそれを手づかみにすることができた。おかげで高等官食堂ではそれから数日、魚のご馳走攻めであった。

船底に数十センチの厚さで付着している貝のなかには珍しいものもあるといって京都の大学から生物学の先生が見え、舷側に梯子をかけて採集に熱中した。そして見つけた貝を「これがうまいんだ」とそのままペロリと食べ、見ていた工員たちをびっくりさせた。

造機部の方へ目を転じると14年8月19日、高田良一技手が4年間の室蘭監督官事務所勤務を終えて古巣の舞鶴へ戻り、作業係の係員となった。同技手は北吸の判任官官舎に入ったが、隣は技養2期先輩（技養4期―大正14年卒）の片山佐一技手（鶴桜会会員）であった。片山技手は昭和9年6月に呉廠造機部の機械工場から舞機の機械工場へ転勤してきた機械のエキスパートで、着任早々、当時の岩藤（いわとう）課長から工作機械の配備図作りを命ぜられ、それを見事に仕上げて「呉からいい人がきてくれた」と同課長をいたく喜ばせた人である。

声か低くて太く、茫洋としたところがあって高田技手からすれば「大ナマズ」といった感じだった。余り親しそうにするとピシャリとやられそうな気がしたがそこは技養の先輩・後輩の間柄である。高田技手はこの人に遠慮なく近づき、官舎でのつき合いも家族ぐるみであった。

ある夜、高田技手の官舎の窓越しに片山夫妻のすすり泣く声が聞こえてきた。片山技手の幼い次男坊が疫痢にかかっていることを知っていた高田夫人が飛んでいって見ると、果せるかなその次男坊の急死であった。

片山技手はそれから数年後の昭和17年1月、つまり太平洋戦争開始後ほどなくして技師に任官し、昭南（シンガポール）の工作部へ転勤して行くのだが、氏にとって舞鶴は悲しい逆縁の地となったわけである。

舞鶴鎮守府の復活

新舞機部長・近藤市郎造機大佐の着任直後の昭和14年12月1日、舞鶴要港部は晴れて鎮守府に復活し、要港部司令官・原五郎中将がそのまま第31代の舞鶴鎮守府司令長官に補任された。

要港部に転落以来まさに17年目にしての鎮守府復活であり、地元民にとっても待望久しきものだっただけに祝賀行事は数日間に亘って盛大を極めた。『舞鶴市史』も当日の模様を伝える次の新聞記事（昭和14年12月2日付大阪朝日新聞京都版）を紹介している。

鎮守府晴れの首途　歓びに沸く両舞鶴
けふ返り咲いた大軍港　燦！　翻へる中将旗

待望17年ふたゝび返り咲いた日本海の護り、舞鶴鎮守府はあたかも興亜奉公日の1日、晴れの開庁の日を迎へ聖戦下に力強く逞しい復活の第一歩を踏み出した。この日喜びの軍港都舞鶴地方は夜来の冷雨も霽れ上って波静かな白糸湾上に鉄の威容をうかべた艨艟○○隻には鮮やかな軍艦旗がひるがへり「舞鶴鎮守府」正門前の常緑の松林に高く輝く中将旗もけふは一段と映えて麗かだ、午前8時白木に墨痕あざやかな「舞鶴鎮守府」の新看板が山口副官の手で正門に掲げられ「舞鶴要港部司令部」の旧い看板が取り外された、鎮守府復活第一代の司令長官原五郎中将は同9時5分前に登庁、同15分から准士官以上の全職員に初訓示を行ひ、ついで表玄関の左右にロシヤ杉を記念に植樹、さらに記念撮影を終った。（中略）

ついで北島舞鶴要塞司令官はじめ川北舞鶴、立花東舞鶴両市長ら軍官民各種団体代表も相ついで来賀したが、なかに「明治35年舞鶴鎮守府第一期志願兵」の旗幟をかゝげた一群は日露役の海の勇士大槻安蔵氏らでこれら一般の祝賀客を前に原長官は「不肖原五郎は皆さんの期待に背かずしっかりやります。皆さんもしっかりやって下さい」と簡潔で力強い挨拶を述べた。

一方大軍港舞鶴の首途を記念祝福する多彩の記念事業はこの日早朝から舞鶴、東舞鶴両市を海軍色に塗りこめ、銃後の緊張のうちにも待ちかねた歓喜を爆発させ、晴れやかな面持で街を行く海の将兵と交歓の嬉しい風景を描いた、（中略）午後1時には祝賀会のトップを切ってまづ舞鶴市主催祝賀会が原長官を迎へて同市公会堂で開催され、舞鶴市学童、男女中等学校生徒約5,000名は旗行列で舞鶴公園を埋めた、つゞいて東舞鶴市学童、幼稚園児らも劣らず旗の波を作って鎮守府に繰込み、街には両市各区が工夫を凝した芸屋台、曳物、山車、人形芝居など賑やかな催しが繰りひろげられ、かくていよいよ高調する祝賀調のうちにやがて第一日の夜を迎へた

（舞鶴）。

この鎮守府復活祝賀第１日（12月１日）の夜は在泊艦船が一斉にサーチライトを照射して夜空を焦がし、２日目には各町区の山車が市内を練り歩いた。３日目の12月３日は日曜日で、午前中は海軍機13機による編隊飛行、午後には賑やかな市民の仮装行列を従えた陸戦隊の市中行進があった。

こうした祝賀熱もようやく収まったその年の暮れ、近藤市郎造機部長のところへ「これは部長用のスキーです」と数人の若者がスキー用具一式を持ち込んできた。スキーなどやったことのない部長は慌てて「私には不用だから誰かほかの人に使ってもらってくれ」というと、

「それは困ります。来年早々のスキー大会で部長は挨拶しなければならず、賞品の授与もすることになっています。雪の上での行動力を持つことが最低限必要ですのでスキーの練習をして下さい。まだ少し日がありますから……」

いわれて近藤部長は毎朝軍需部近くのゲレンデでスキーの練習をし、翌昭和15年早々に行なわれた造機部のスキー大会では何とか賞品の授与もできた。けれども近藤氏にとって、これがあとにもさきにもただ１回のスキー体験だったという。

スキー大会（昭和15年冬）

欠陥品（？）米製自動溶接機
山陰の舞鶴にも緑が

濃くなった昭和15年5月1日、舞廠造機部では製缶工場の盛田文雄技手（前出の鶴桜会会員・樋田寅之助氏と仙台高工機械科同級生）が艦本五部へ転出し、代わって山上講技手が艦本から転勤してきた。

そのころ製缶工場ではボイラの水ドラムを溶接でどんどん造っていた。以前、同工場が悩まされた溶接部の欠陥（いわゆる「線状組織」など）は、溶接棒がよくなったこともあって完全に解決されていたのである。

一方、米国のジェネラル・エレクトリック社（ＧＥ社）製のＸ線装置はすでに製缶工場に納入され、缶ドラムの溶接部検査に活用されていた。また、同じＧＥ社製の自動溶接機（ボイラの水ドラム溶接専用）も昭和13年ころすでに導入されていたが、前任者・盛田技手から山上技手への申し送りで

舞廠造機部の判任官集合写真（昭和15年2月4日）
後列左から　宮崎某、見砂直輝、山下常八、堀川九一、藤本精一の各氏
中列左から　江島工、井内万蔵、大丹生隆、牛渡孝教、稲場貞良、吉野守正の各氏
前列左から　盛田文雄、高田良一、大前康彦、酒井松吉、林田佐蔵、片山佐一の各氏

は「満足な自動溶接ができないシロモノ」ということであった。そこで山上技手は種々調査したところ、やはり前任者の言うとおり使用溶接棒がＧＥ社製のものに限定されている上に作動も思わしくなく「実用に不適」との結論に達した。

米国で実際に使われているものが日本ではなぜ実用不可能となったか。それは山上氏によるとこの機械の機構的不備もさることながら、わが海軍の溶接検査規格が米海軍に比して厳しいのも一因だったという。日本海軍の溶接検査規格には米国規格にない衝撃試験が加えられていたり、気泡やスラグの混在も米国では若干なら認められているのに、わが方はたった１個の気泡すら認めないというシビアさであった。されば米海軍で大手を振ってまかり通っている機械でも、わが海軍では使いものにならないとされたのだという。

それはさておき、山上講技手の舞機着任１ヵ月後の昭和15年５月末、工廠裏山の海軍監獄の跡地に建設中だった工員教習所が落成した。名称も「舞鶴海軍工廠工員養成所」と改められたこの教習所は、武道館兼用の大講堂を持つ立派な建物で、落成式には新任の小林宗之助舞鎮長官臨席のもと見習工の分列行進が行なわれた。そして６月に入ってから新校舎で授業が開始された。

同じそのころ、ヨーロッパでは英軍がダンケルクから総退却し（５月）、その責を負ってチェンバレン英首相が辞任、代わってチャーチル新内閣が発足した。

日本でも６月１日、６大都市で砂糖、マッチ等が切符制となり、７月22日には米内内閣に代わって第二次近衛内閣が成立し、「新体制運動」を唱え始めた。

なおこの年、東京でオリンピック大会が開かれることになっていたが、それは2年前の昭和13年7月の時点ですでに「中止」に等しい「延期」と定められていた。日中事変の長期化に伴う措置であることはいうまでもない。

そんな昭和15年6月12日、舞廠では夕雲型駆逐艦の全国第1艦夕雲を起工し、7月30日には秋月型空母直衛駆逐艦の全国第1艦秋月を起工した。

朝潮型タービン問題と舞廠実験部

舞廠が駆逐艦夕雲を起工した昭和15年の初夏、設立2年目を迎えた舞廠機関実験部では朝潮型駆逐艦主タービンの動翼折損事故（別項の囲み記事138ページ参照）の原因究明のため、大規模かつ重要な実験を行なった。

これよりさき、蒸気タービンの実験研究を主務とする広工廠機関実験部では、職掌がら朝潮型主タービンの動翼折損に関する基礎実験をやっていたが、担当部員の森茂技師は、タービン翼折損の真の原因は「臨時機関調査委員会」（略称「臨機調」）のいう翼車共振でなく、翼自身の2節振動によるもの、という考えを持っていた。だが、それを実証するには実艦と同じ蒸気を発生するボイラを使って実物タービンを運転し、その運転状態下で翼の振動状況を外部から観測する要あり、となったけれども広の実験部にはそんな大容量のボイラがなかった。そこで、それは舞鶴の機関実験部で行なわれることになったのだが、ときに、昭和15年の春から初夏にかけてのことであった。

さて、舞鶴へやってきた広廠実験部の森技師は、実験装置の大がかりなのに驚きつつも衆人環視のなかでもし実験がうまく行かなかったら――と心配し、緊張した。しかし装置はうまく動き出し、翼の振動を自分の目ではっきりと見とどけることができた森技師は「一生忘れることのできない感激」を味わうとともに「タービン翼の折損は翼自身の２節振動によるもの」という自分の理論がりっぱに実証された喜びに浸った。

実験が終わり、余部の水交社で晩い夕食を摂って下宿の農家へ独り帰る道すがら、森茂技師は舞鶴の紫色の山々にかかる美しい月に向かって「お母さん、茂は今日こそやりとげましたよ」と、８歳で死に別れた母親の面影に向かって独りごちた。また、長年の苦しい研究生活が実を結び、肩の荷が下りた安心感とともに、なぜか「ざまぁ見やがれ」と大声で叫びたい衝動にも駆られた（以上、同氏の手記『わが青春』――昭和44年８月31日付静岡新聞による）。

ところでこの森茂技師が“「ざまぁ見やがれ」と大声で叫びたい衝動に駆られた”というのは、何に対して叫びたかったのであろうか。真相は分からないが憶測をたくましくすれば「臨機調」が誤った結論を出したことに対する憤懣のようにもとれる。というのは、同委員会34名の委員はすべて軍令部、軍務局、教育局等、主として行政面の人々だけで、肝心のタービン設計者が１人も加えられていなかったためであり、このことはこの事件で「設計当事者の計画不適当」という理由から懲罰を受けた渋谷隆太郎氏も『旧海軍技術資料』のなかで次のように述べている。

「旧海軍ではタービン翼折損のごとき純技術的問題を検討するときも、技術に縁遠い兵学校出身の将官が主要委員に選ばれるのが常で、したがって往々にして誤った判断の下されることがあった。現に“臨機調”が進められていたとき、兵学校出身のある委員が暮夜ひそかに拙宅を訪れ、今回の事故の推定原因に関する私の意見を求めるとともに、自分の来訪は絶対秘密にしておいてほしいといって帰る始末であった」と。

また、さきの囲み記事「朝潮型主タービンの事故」に出てくる鶴桜会会員・久保田芳雄氏つまり代表艦による長時間の確認運転を提唱した久保田氏は、機関学校同窓会編の『鎮魂と苦心の記録』のなかで本件関係の感懐を次のように述べている。

「代表艦によるテストの結果“臨機調”の結論は誤りとわかり、太平洋戦争開始時には日本海軍の全艦艇は100%完備の状態で戦争に突入できたが、もしあのとき半分位の軍艦が改造中で動けなかったら開戦の決意がつかなかったのではないか、などと今となって考える事もある。然し、私は全力を尽くした点で、敢て悔を残しておらぬ」と。そしてこの久保田氏のいう「半分くらいの軍艦が動けなかったら……」の感懐は、当時この問題に関係した人なら誰しも一様に抱いていたもののようである。

工廠の1日

さて、紀元二千六百年の佳き年である昭和15年も7月22日に成立した第二次近衛内閣の唱える「新体制運動」により、8月には東京で食堂・料理店などにおける米食が禁止された。次いで米の配給が1人1日2合5勺となるなど、国民はめでたかるべき年とは裏腹に、厳しい統制経済のタガで徐々に締め付けられていった。

夏を過ぎると新聞には「ＡＢＣＤ包囲網」つまり米（America）、英（British）、支（China）、蘭（Dutch――オランダ）の日本包囲網のことが散見されるようになり、9月にはついに日独伊三国同盟が締結された。三国同盟は米英両国を仮想敵国とする攻守同盟であるからその成立は米国を強く刺激し、同時に石油資源を求めて東南アジアへ進出した日本の南進政策もあって、日米間の対立感情は日を追って激化していった。

日独伊三国同盟ができる少し前の15年8月、第6期短現の川畑早苗造機中尉と柴田竜男、星野賢二の両造機少尉候補生が砲術学校での訓練を終えて舞機へ着任、さらに2ヵ月後の10月21日には山下多賀雄造機大尉（昭和12年京大機械卒）が後期の艦隊実習を終えて舞機へ着任し、3年先輩の金田肇部員の後を襲って外業工場の先任部員となった。

そのころ舞廠当局ではさきに従業員から募集した工廠ＰＲ映画のストーリー入選者を『舞鶴海軍工廠々報』（部内限）で発表した。前出の瀬野祐幸氏からの資料によると1等当選（賞金20円）は造船部の製図職手で、ほかに選外佳作（賞金5円）が3編あり、この選外佳作のなかに造機設計の盛本隆一一等記録員の作品も入っている。

昭和15年ころの作業服姿の工廠係員・女工員

これら入選作は実際に映画化されたかどうかは不明だが、佳作の盛本隆一造機設計員の作品『我等ノ工廠』は、そのころ（昭和15年当時）、工廠で工員は1日中いかなる時間組みによって働いているかを起業から終業まで要領よくまとめたもので、この1日の時間組みはその後終戦までほとんど変わっていない。よってここにそれを紹介しておく。

07:05　起業（サイレン吹鳴）――工員は作業服姿で職場空地に整列、マイクから流れる当直高等官の号令に従って宮城を遙拝し、皇運の隆昌と出征将兵の武運長久ならびに戦没将兵の冥福を祈って黙祷を捧げる。

次いで同じく当直高等官の発声に従って「一、忠順誠実、一、恪勤精励、一、技術報国、一、規律厳守、一、質実剛健」を唱和、終わると「解散、作業ニカカレ」の放送で作業に就く。

11:25　昼食――「作業休メ、体操用意」の放送で工員は最寄りの広場に集まり5分間の海軍体操ののち昼食。昼食の間、総務部の女工員がマイクを通じてニュースを放送。

12:00　午後の起業（サイレン吹鳴、「作業ニカカレ」の放送）

14:20　休憩（「作業休メ」の放送）

14:30　休憩終わり（サイレン吹鳴、「作業ニカカレ」の放送）

16:20　定時終業（「定時終業」の放送）

なお、毎月28日の給料日は午前で作業を打ち切り、午後は職場の清掃。14:00から工場主任または部員の精神講話があり、15:25から賃金渡しとなってそのまま退廠。

「これでも軍港か！」

山下多賀雄造機大尉が舞機外業工場の先任部員となってからほぼ1ヵ月後の昭和15年11月15日、第7期短現の藪田東三造機中尉（昭和15年京大機械卒）と新谷正一造機少尉候補生（昭和15年名古屋高工機械卒）の２人が舞機へ着任、先着の第６期短現の面々と同じく工場実習に入った。

薮田、新谷の両短現士官は横須賀の砲術学校での訓練期間中、11月に横浜沖で行なわれた皇紀二千六百年記念の特別観艦式を拝観する栄に浴していた。同観艦式は連合艦隊が国民の前に公式にその姿を見せた最後のもので、参加艦艇59万6,000余トン、飛行機527機という空前の規模のものであった。

その盛儀を見、また「軍港とは軍艦がひしめき合っているところ」という先入感を持っていた新谷候補生にとって、そのころの舞鶴は「これでも軍港か！」と思うほどの淋しさだった。当時、舞鶴軍港内にいるフネといえば艤装中の陽炎型駆逐艦の野分と嵐、工廠岸壁で大修理中の軽巡木曽、それに記念係留艦の吾妻くらいのもので、あとはガランとした感じだったのである。

総じてそのころの各鎮守府の所属艦船と母港との関係は、戦後の東北農民の出稼ぎに似た一面があった。東北農民の多くは農閑期に関東・関西方面へ出稼ぎに出、農繁期にまた在所へ戻るように、各鎮守府に所属する艦艇も艦隊に編入された訓練となると、母港をあとに何ヵ月も出払ってしまい、当該教育年度（例年12月から翌年の11月まで）のうち、前・後期の切り替えどきとか年度終了のときなどにしか帰ってこない。前期訓練は志布志湾（鹿児島県）や宿毛湾（高知県）を中心に３～４ヵ月間、主として個艦単位の術力練成が行なわれ、後期は戦隊単位で別府湾、佐伯湾、伊勢湾などにも寄港する移動訓練となる。

この訓練期間中、それに参加することなく軍港に停泊しているのは竣工直後の新造艦か修理または改装中のフネ、あるいは特殊任務を帯びたフネや老齢艦等「予備艦船」と称されるものであった。舞鶴へきた新谷候補生が「これでも軍港か！」と思ったそのころも、舞鎮所属の各艦艇は太平洋方面での艦隊訓練のためみな出払っていたのであろう。

ところで戦時色とみに濃厚になってきたとはいえ、当時の実習士官には短いながらもまだ冬休みがあり、第7期短現の実習士官は先任・薮田造機中尉の肝煎りでスキーや通船の櫓漕の練習、さては経済学や外国語まで勉強することができた。そんな実習をしながら新谷候補生は思った。「われわれは2年経ったら民間会社へ戻る二年現役士官なのに、砲術学校で2ヵ月の訓練、工廠で半年の実習では、実際に仕事をやれる期間は1年と4ヵ月しかない。海軍は何とムダなことをしているんだろう」と。このように新谷候補生が不思議がったほど、海軍はこと人材の養成に関してはカネとヒマを惜しまなかったのは知られるとおりである。

なお、技術科の候補生の服装は兵科・機関科の候補生のそれと同じく、上衣は裾を途中から断ち切った一見食堂のボーイ風の服装であった。そして新谷候補生らのときは水交社への出入りさえ不審がられ、市中での下宿は許されなかったので、同候補生らは余部水交社の裏手に急きょ造られた「候補生部屋」なる宿舎に収容された。

新谷氏の記憶によると、同氏らが舞鶴へ着任した昭和15年11月当時の舞鎮司令長官は第32代の小林宗之助中将であり、工廠長は第26代の二階堂行健少将（海機19期—明治43年卒）、そして造機部長は青木正雄機関大佐（海機24期—大正4年卒）であった。

青木造機部長の女房役である作業主任は増田仁平機関大佐（海機26期―大正6年卒）であり、秘書役である工務主任は稲垣伊太郎技師（兼務で主務は鍛錬主任、技養2期―大正12年卒）、そして設計主任は浅沼保機関少佐（海機34期―大正14年卒）で、鋳造主任は永田重穂造機少佐（大阪高工採鉱冶金卒）であった。製缶主任は福田計雄機関少佐（海機35期―大正15年卒）で、器具主任は三好正直技師（浜松高工機械卒）、機械主任は山崎浅吉技師（兼務で主務は組立主任、技養2期―大正12年卒）で、この山崎技師の技養1期先輩である三原嘉徳技師が組立工場の係官をしていた。

外業主任は小山正宣機関中佐（海機31期―大正11年卒）で、先任部員は山下多賀雄造機大尉だったが、この小山主任はフネの工期が切迫してくると現場で自らチェーン・ブロックを引っ張ったり缶潜りをするなど、率先してことに当たっており、山下先任部員は残業徹夜は当たり前、どんな小さな欠陥も見逃さぬ慧眼の持ち主、と新谷候補生には思えた。

また、前記の青木部長は、新艦の竣工時や修理艦の工事完了時などによく若い部員を料亭へ連れて行き「おいっ、泥を吐け」と、若手士官の声を聞いていたのも新谷氏には印象的であった。

嵐を呼んだ新造駆逐艦

第7期短現の新谷正一造機少尉候補生が着任早々「これでも軍港か！」とその寂しさに驚いた舞鶴軍港も、その後1ヵ月ほどした昭和15年12月中旬には第一次出師（すいし）準備計画で徴用された民間の商船・漁船の入港でにわかに賑やかになった。

出師準備計画というのはいうまでもなく臨戦計画で、その第一次計画の第一着手は、あたかも新谷候補生らが舞鶴へ着任した昭和15年11月15日のちょうどその日に発動された。これにより舞廠でも造船・造機の部員・係員が阪神地区や瀬戸内海の港を回って舞廠に割り当てられた商船・漁船の調査をし、それら船舶は12月に入ってから舞鶴へ続々と回航されてきたのである。そして改造やら兵器搭載などの工事が施され、それが終わるとただちに軍艦旗を掲げて特設砲艦や特設掃海艇となったが、これらいわゆる徴用船舶のなかには現職の船長がそのまま召集されて艦長となる船もあった。当時、高等商船出身の高級船員はみな「海軍予備士官」という肩書きを持ち、非常の場合は海軍に召集される制度になっていたことなどはすでに記したとおりである。

一方、外業工場の先任部員・山下多賀雄造機大尉は、着任後ただちに前任者・金田肇部員のあとをうけて駆逐艦嵐の艤装工事に取りかかった。後期の艦隊実習から舞廠勤務となった山下部員にとって、ひさびさの現場作業はいささかシンドかったし、また、担当部員として十分な勉強をするヒマもないまま体当たり的に同艦に取組んだのだが当時、同艦は補機運転の真っ最中であった。

その補機運転も終わって11月初旬、「嵐」はいよいよ海上試運転に入った。予行運転の初日は高速は出さなかったので無事終了したが、第2回の予行運転からえらいことになった。30ノット以上の高速で大転舵すると油圧式舵取機械の油圧が急上昇し、安全弁が吹いて操舵不能になるのである。そこでその日は運転を諦めて帰港したが、さあそれからが大変、徹夜で手直しして翌日か翌々日にまた運転出港、ということの繰り返しとなった。

運転の日は夜中の2時ころから起きて煖機に入り、帰港後もボイラの消火まで16時間近くもエンジンルームに立ちっ放しである。そして毎度食べるのは中味がいつも同じで冷たくなった折詰めの運転弁当。それを3度3度食べながら山下部員はよく頑張った。

そういうことが何回続いたか、当の山下氏自身も覚えていないというが、1ヵ月に14日徹夜をし、徹夜しない日でも睡眠時間はせいぜい4～5時間。「無我夢中で今から考えるとよくも体力が続いたものと思うが、ただただ若さと精神力で支えられていたのであろう」と山下氏は後日、当時を振り返っていっている。

この舵取機械不具合の原因は、据付け時のシリンダの芯出しが悪かったことにあるのははっきりしていたが、何分にも駆逐艦の舵取機室は狭く、上甲板までの高さも低いため、機械を思い切り吊り上げて据付け台を修正することができな

舞廠建造の駆逐艦嵐（陽炎型駆逐艦の舞廠第５艦）
終末公試で宮津湾外の標柱間を全力航走中のもの（昭和15年12月16日）

かった。それが何回も手直しをする結果となったもので、結局最後はデッキを切り開き、4個の油圧シリンダ全部を陸揚げして艦内の据付け台を根底から修正し、油圧シリンダの据付け直しを行なった。

結果は上々、今度は全速で旋回しても予定より低い油圧でスムースに操舵できるようになり、かくてその名のとおり「嵐」を呼んだフネ、駆逐艦嵐は昭和16年1月27日無事引渡しとなった。

このトラブルで教訓を得た山下部員は、急きょ油圧式舵取機械の据付け基準を作成、その後はそれによって据付け工事をするようにしたので、3ヵ月に1隻の新造駆逐艦でも舵取装置に関するかぎりノー・トラブルとなった。

雪の舞鶴

太平洋戦争開始の年である昭和16年の年明けは、駆逐艦嵐の舵取装置で苦労中の山下多賀雄造機外業部員にとっては正月気分も何もなかった。その上、夫人が舞鶴へきてから健康を害するようになっていたのも悩みの種であった。

同夫人は夫の山下部員が工廠で深残業をして帰るようなときでも病身をおかしてちゃんと夕食の準備をし、食べずにいつまでも主人の帰りを待っていた。「そんなことをする必要はない」と山下部員はたびたびいったが、夫人は一向にそれをやめようとせず、そんな無理がたたってか昭和17年秋に同部員がトラック島の第四工作部勤務となってしばらくのちに亡くなってしまった。こんな事情から山下部員の舞鶴での生活は必ずしも快適なものではなかったという。

病気といえば舞機設計の石川重吉技師の夫人も舞鶴では病

気勝ちだったというし、組立工場主任・三原嘉徳技師の家族もこの地で入れ代り立ち代り誰かが病気をしていたという。前出の舞船部員・堀元美大尉の夫人も肺結核で海軍病院へ入院したことはすでに記したが「雪の舞鶴夜寒に更けて／待つ身辛かろ情けのこたつ」と「軍港小唄」に唄われ、「傘を忘れても弁当は忘れるな」といわれるくらい湿潤で雪の多い舞鶴は、太平洋側育ちの人々にとって健康上あまり暮しやすい土地ではなかったようだ。

それはとにかく、その「雪の舞鶴」では昭和15年末から続いている出師準備工事のため民間商船の入港が後を絶たず、16年1月には大阪商船㈱の大型客船「さんとす丸」が入港してきた。本船は海南島かどこかの海軍根拠地隊の司令部の乗艦となるための改造工事で、工事が終わると根拠地隊への補給物資の積み込みとなった。初めから余裕のない工期の上に種々の遅れが重なって、最後の17メートル特型運貨船（大発）の積み込みは出港前夜の作業となった。

「雪の舞鶴」の名のとおりその日は夕方から雪になったが、その雪を衝いて造船部の堀元美部員は内火艇で沖がかりの「さんとす丸」へ行った。同部員は本船の担当ではなかったが、工事の遅れからそんなことをいっておれなかったのである。

ハッチを閉ざした前甲板への大発の積み込み作業は日の暮れ方から始まり、雪の降りしきる夜を徹して続けられた。明け方近くにようやくそれを終え、朝「さんとす丸」を無事出港させて堀部員は担当部員たちと晴れ晴れと握手を交わした。

そのころ堀元美造船大尉は進水間近な夕雲型駆逐艦の全国第1艦夕雲の船殻工事を担当していた。3月になるとその進水前の仕事に忙殺されるようになったが、そこへ思いもよらぬ転勤の内命があった。転勤先は前に舞機製缶工場主任の岩崎巌造機大尉が行っている上海の第一海軍工作部とのことで、それは病気勝ちの堀夫人の家事労働を少しでも緩和してやろうという艦本四部（造船）上層部のはからいであった。

その配慮は有り難かったがこの転勤内命で堀部員の心にいささか緩みが出たか、それまで絶えてなかった部下工員の死亡事故が続けて２件も起こった。なかでも工事中の駆逐艦の舷側からドックの底へ落ちて重傷を負った若い工員の場合は悲惨だった。海軍病院に収容されたが肋骨が折れて肺に突きささり、血液が胸腔に溢れて手術もできないありさまだった。吸う息が口や鼻に戻らず、みな胸腔に溜まってしまうのでひどく苦しんでいたが意識はハッキリしていた。

軽巡木曽（上）と同艦上における第７期短現の実習終了記念写真（昭和16年３月某日）

記念写真の前列は木曽の乗組士官、後列は軍艦実習を終えた第７期短現士官で、中央が薮田造機中尉、右へ１人おいて新谷造機少尉候補生

運悪く防空演習の燈火管制の晩であった。急を聞いて駆けつけたその工員の奥さんは20歳を出たばかりの若さで、背中に赤ん坊をおぶっていた。苦しんでいる夫のそばで

悲しみと驚きの余り涙も出ず、背中の赤ん坊だけが愛くるしい目を見張っているのが堀部員には印象的であった。というより同部員はほの暗い燈火管制の電灯の下で、悲痛な運命に苦しむ人間の姿に打たれ、同時にこのようなことになったのは、ひとえに転勤内命で心ここになかった自分のせいではないかといたく自責の念にかられた。

このような深刻な体験を噛みしめつつ堀元美部員は、自己の担当する「夕雲」の進水1日前の昭和16年3月15日、さきの造機部岩崎部員同様、戦地上海への「出征」ということで盛大な見送りを受け、舞廠を退庁していった（堀元美氏『鳶色の襟章』）。

この堀造船部員退庁の2日前の3月13日、薮田中尉・新谷候補生ら舞廠各部で実習中の第7期短現士官7名が工廠岸壁で修理中の軽巡木曽で乗艦実習に入った。乗艦実習といっても大修理のため工廠岸壁に繋がれたままのフネでの実習であり、期間も前の第6期短現と同じ12日間という短期間である。物足りない面はあったがそれでも砲術学校では味わえなかったハンモック生活や総員起こし、甲板洗いなど、艦内生活の一通りを体験して3月24日に「木曽」を退艦し、もとの工場実習に戻った。

それからほどなくの4月、前記の艦隊訓練が終わったか重巡利根・筑摩以下、舞鎮所属の艦艇が相次いで入港し、軍港内は一遍に賑やかになった。舞廠でも全従業員が約15,000人という活況を呈し、4月28日には陽炎型駆逐艦の舞廠第4艦野分を竣工させた。

いよいよ開戦

これよりさきの昭和16年11月上旬、舞鶴鎮守府では開戦準備を命ずる「大海令第三号」を受け取っていた。

「大海令（だいかいれい）」といえば太平洋戦争中、前線の指揮官はその名を聞いただけで緊張したといわれる「大本営海軍部命令」つまり天皇の奉勅命令である。16年11月に舞鎮が受け取った「大海令第三号」（第一号は連合艦隊司令長官・山本五十六大将あて）は、同月5日の御前会議の決定に基づき、武力発動を12月初旬とする作戦準備の命令であって発信者はときの軍令部総長・永野修身大将であり、日付は御前会議の日と同じ11月5日付であった。そしてその内容は『舞鶴市史』によれば次のようなものであった。

一、帝国ハ自存自営ノ為十二月上旬米国、英国及蘭国ニ対シ開戦ヲ予期シ諸般ノ作戦準備ヲ完遂スルニ決ス

二、連合艦隊及支那方面艦隊ハ夫々大海令第一号及第二号ニ基キ所要ノ作戦準備ヲ実施ス

三、各鎮守府司令長官、各要港部司令官ハ所要ノ作戦準備ヲ実施スベシ

四、細項ニ関シテハ軍令部総長ヲシテ之ヲ指示セシム

これにより舞鶴鎮守府ではひそかに開戦の準備に取りかかったが、月が変わって12月2日になると「12月8日午前0時以後……武力ヲ発動スベシ」と、開戦日を正式に通告する「大海令第十二号」が連合艦隊司令長官や各鎮守府司令長官に発せられた。

そして開戦前日の12月７日、舞鎮では長官と幕僚、機関学校長ら10余人が舞鶴要塞司令部の幹部とともに加佐郡由良村の由良神社へ騎乗を行なった。由良神社は軽巡由良にその分霊が奉祀されている由緒ある神社だが、この日の騎乗は一行の人数が多く、時間も午前９時から午後３時までとかなり長かったので人々の注目を集めた。

明くれば運命の日、昭和16年12月８日である。

「大本営陸海軍部発表。帝国陸海軍は今８日未明、西太平洋において米英軍と戦闘状態に入れり」

その日のラジオは午前６時の放送開始からこの臨時ニュースを繰り返し繰り返し放送した。それを聞いて舞鶴の人々はひどく驚くと同時に「さては昨日の偉いさんたちの由良神社騎乗は、今日のこの開戦に備えての戦勝祈願だったのか」と噂し合った。工廠では始業時の朝礼で全従業員にこの開戦のニュースを流したといわれる。

いずれにせよ日米開戦のニュースは国民に一大衝撃を与え、午前11時45分にはいわゆる「宣戦の大詔」が発せられた。引続き午後１時には、「帝国海軍は本８日未明、ハワイ方面の米国艦隊並に航空兵力に対し、決死的大空襲を敢行せり」という発表があり「帝国海軍ついに起つ」というアナウンスの繰り返しのうちに夜になると、ハワイ大空襲の戦果

わが機動部隊によるハワイ真珠湾空襲

発表があった。それによると「戦艦2隻轟沈、同4隻大破、大型巡洋艦約4隻大破。以上確実」ということで、国民は「やったぜ！」とばかり沸きに沸いた。

しかしこのときの戦果発表は、山本連合艦隊司令長官の指示で幕僚の示した戦果の6割程度の発表であったという。つまりこのハワイ空襲でアメリカ側は戦艦4隻が沈没、3隻が大破、1隻中破という大損害を蒙り、真珠湾在泊の太平洋艦隊主力は全滅していたのである。したがってそれから10日後の12月18日、大本営はハワイ海戦の戦果について追加発表を行なわなければならなかった。

ともあれ日米の開戦は、一般国民にとって寝耳に水ではあったものの、華々しい大戦果をもってするその幕あけは、いつ果てるとも知れぬ日中事変にウンザリ気味の人々にとって、狂喜乱舞に値するものであった。

開戦2日後の12月10日にはマレー沖においてわが海軍航空隊が英艦プリンス・オブ・ウェールスとレパルスを撃沈したいわゆる「マレー沖海戦」の戦果発表があり、次いで22日の比島リンガエン湾への陸軍部隊の上陸、25日の香港占領と立て続けに大戦果の発表があった。かくて全国民の「万歳、万歳」の歓呼のうちに開戦の年、昭和16年は暮れていった。

帝国海軍駆逐艦・水雷艇建造小史⒂

さらに性能を向上した駆逐艦—夕雲型（甲型）

陽炎型駆逐艦はまさに結論的艦隊駆逐艦であったが、初期の艦では予期の速力35.0ノットを得られなかったので、艦の水線長を艦尾で500ミリ延長し、プロペラも改良するなどして速力の向上を図った。これが夕雲型駆逐艦である。

この夕雲型は、陽炎型より公試排水量で20トン大の2,520トンであるのに対し、主機出力は同じ52,000馬力だったものの、速力は陽炎型より0.5ノット大の35.5ノットを得ることができ、所期の目的は達成された。

また、兵装面でも備砲の仰角を大とし、機銃は25㎜連装×2から同3連装×2に向上するなどがあった。

本艦型は昭和14年度計画で12隻、16年戦争急造計画で8隻、合計次の20隻が造られた（アンダーラインは舞鶴建造艦）。

夕雲型20隻—夕雲、秋雲、巻雲、風雲、長波、巻波、高波、大波、清波、玉波、涼波、藤波、早波、浜波、沖波、岸波、朝霜、早霜、秋霜、清霜

E章　緒戦期

——昭和17年（太平洋戦争の１年目）——

相次ぐ勝報

太平洋戦争開始後20日余りで昭和16年は暮れ、明けた17年も年頭から連戦連勝の報が相次いだ。すなわち17年１月２日にはフィリピンの首都マニラが陥落し、続いてジャワ沖海戦（２月４日）、シンガポールの陥落（同15日）、バリー島沖海戦（同20日）、スラバヤ沖海戦（同27日）と景気のよい勝報が相次ぎ、ラジオは毎日のように軍艦マーチ入りの臨時ニュースを流した。新聞も負けじと大きな活字を紙面に躍らせ、国民の間では前年からの「月月火水木金金」の「艦隊勤務の歌」が一段と声高く歌われるようになった。

このころになると開戦劈頭、ハワイを叩いたわが機動部隊のなかに舞鶴を母港とする重巡利根・筑摩も第８戦隊として加わっていたことが自然と伝わり、舞廠の人々は緊張感のなかにも一種の誇らしさを感じた。

そんな舞廠へ17年１月、第30期永久服役技術科士官５名が着任し、造機部へは片山喬平造機中尉と宮原八束造機少尉候補生が配属された。前年の昭和16年４月採用のこの第30期永久服役士官は、横須賀の砲術学校から呉工廠での実習を終えてきたもので、開戦の放送は呉で聴き、海軍士官としての充実感にあふれて舞鶴へきたのである。

宮原候補生は前出の川畑早苗造機中尉（短現６期）の紹介で中舞鶴余部下の高浦という家の二階８畳間に下宿した。この家は開業医をしていた主人の没後、その未亡人でなかなか面倒見のよい老婦人が独り住んでいる家で、のちに宮原候補

後列左から星野賢二、柴田竜男、宮原八束の各部員
前列左から川畑早苗、高杉達雄、薮田東三の各部員（昭和17年初夏）

生の１期下の永久服役・荒巻誠吾造機少尉候補生もそこに下宿するようになり、以後、高浦家は高工出身の造機ガンルーム士官の溜り場的存在となった。

さて、片山、宮原の両士官は外業工場に配属されたが、宮原候補生は外業主任の山口操機関中佐や先任部員の山下多賀雄造機大尉の仕事振りに感心しつつも、どうすれば、また、いつになったらあのようになれるのか、思い煩うこともあった。

そんな17年の２月、積雪20センチ余の寒い日に舞鶴海兵団で工廠判任官の軍事訓練が行なわれた。舞機鍛錬工場の係員・高田良一技手も当然それに参加すべきところ、あたかも同工場ではクランク軸材の加熱中に重油ポンプが故障し、加熱炉の火が消える、という事故があったので同技手は仕事優先と考えて訓練を欠席した。

すると翌日、鍛錬主任の稲垣伊太郎技師から「訓練欠席の事由書を書いて出せ」といわれた。何でも総務部長がそれを要求しているからとのことだったので、高田技手が急いで事由書を書くと、それを読んだ稲垣主任は「うまく作文したなぁ。まさに高田君の独壇場だ」と、ひやかし半分にいった。

そんなうちにも３月６日になると、さきのハワイ攻撃に参加して帰らざる人となった５隻の特殊潜航艇の乗組員９名、つまり「九軍神」の氏名とその二階級特進が公表され、国民を粛然とさせた。だが、やがてビルマの首都ラングーンの陥落（3月8日）、蘭領東印度の無条件降伏（同9日）、さらには米軍マッカーサー大将の比島脱出（同17日）と勝報が続き、国民はまたも大いに沸いた。

優秀品　M17溶接棒の誕生

世は挙げて「勝った、勝った」の戦勝ムードでも、工廠の日常の仕事となるとまことに地味なものである。舞機製缶工場の樋田寅之助部員も相次ぐ勝報を聞きながら、さきの溶接棒コンクールで選ばれた3つの銘柄棒つまり舞廠のMME、広廠のHMDおよび横廠のYMCの3銘柄棒についての再度の比較試験の準備を着々と進めていた。すると17年2月に青木正雄造機部長からMME棒の製造を1ヵ月中止してその量産体制を採るよう指示され、「この仕事のため、器具工場主任・三好正直技師に全面的バックアップをするよう命じてある」といわれて大いに感激した。樋田部員にとって三好主任は横廠以来何かと世話になってきた人だからである。

さて、青木部長の命を受けた樋田部員は、まず溶接棒の生命ともいうべき被覆剤（フラックス）の検討に入った。当時フラックスの最も重要な構成材料たる砂鉄は、原産地の福島県原釜から兵庫県三田にあるチタンホワイト製造工場経由で納入されていたが、成分にバラつきがあった。そこで樋田部員は砂鉄原産地の原釜へ赴き、生産者と話し合って海浜から採取した原料を3回水洗いした上で納入してもらうことにし、これにより以後成分のバラつきはなくなった。また、石灰石、硅砂、マンガン鉄等、フラックスの他の構成材料にも

後列左から薮田東三、高杉達雄の各造機部員
前列左から樋田寅之助、須田尚夫の各造機部員（昭和17年春?）

一つ一つ吟味を加え、4種類のフラックス配合を定めた。

次に溶接棒の芯線は、八幡製鉄所製の径6.4ミリのものを所要の直径に線引きして使ったが、使用に先立ち60キロの束で入荷してくるその束ごとに分析して採否を決めた。ために大変な混乱をきたし、総務部の分析所員を増員してもらうやら、造機部鋳造工場の分析班を督励するやらしてようやく切り抜けることができた。

このようにして作った試作溶接棒は「M1」から「M17」までの多種類にわたり、検討すべき試験片の数も莫大なものになった。そのため青木部長は造機部内の一般工事のうち、試験片製作に支障となるものの一時的全面ストップを命じたほどであった。そしてこれら試作棒はいずれも良好な成績を得たが、そのなかで最も作業性のよいものを選んで「M17」と命名し、各工廠の造機部へ供給することになった。

かくて月産40トンを目標に、さきに神戸製鋼所から1台納入されていた自動塗装機を2台に増やして量産に入ったが、関係者が不馴れなため、軌道に乗るまで大変な苦労をした。特に芯線は八幡製鉄所からのものは分析をすると歩溜りが40％程度という低さだったので、途中から神戸製鋼所製のものに切り替えるなどし、安定した製品を得るようになったのは、樋田部員が命を受けてから半年以上のちの昭和17

年９月ころのことであった。

一方、舞機のこの研究に終始協力的であった㈱神戸製鋼所は、一般造船所向けに「Ｍ17」棒を「Ｂ17」と改名の上、一手で製造することを認められ、専門工場を山陰の日高町に建てて量産体制に入った。しかしこの量産体制が整うのも、舞機が「Ｍ17」の量産を軌道に乗せた１ヵ月あとの昭和17年10月ころであったという。

ところで「Ｍ17」棒が生れるまでには多数の関係者が血のにじむような努力をしたわけだが、舞鶴が成功した最大の原因は砂鉄を棒の主成分としたことにあるといわれている。昭和12年の「ＭＭＡ」溶接棒以来、舞鶴では一貫して棒の主成分に砂鉄を使っていたが、それは砂鉄の成分に通じるベルギーのアルコス社製プレセンド溶接棒を基礎として研究したためらしく、そのことは当時、造機部にいた河村松次郎機関中佐（前出）をトップとする研究陣の発想によるものらしい、と樋田氏は述べている。

舞鶴が砂鉄系のプレセンド棒を基礎としたのに対し、横廠と広廠の溶接棒は赤鉄鉱系成分を主としたスタビレンド棒を基礎としており、両者を比較すると舞鶴製の溶接棒は横廠や広廠のに比し、堅向きのみならず上向き溶接も可能であるなど、作業性はすこぶるよかった。それがまた戦時中はもちろん、戦後も日本独特の溶接棒として造船界を始め各方面に活用された原因だと思う、とも樋田氏はいっている。

なお、この「Ｍ17」溶接棒の研究途中の17年３月25日、樋田部員は前記の溶接製ボイラ水ドラム研究の最終イベントともいうべきドラムの破壊試験を、製缶工場の海岸側建屋の中で行なった。この試験では内径約600ミリ、長さ約２メートルのドラムが水圧をかけていくに従って枕のような形に膨れ上がり、155kg /cm^{2}の圧力で大音響とともに破裂したが、それを観察した樋田部員はドラムの破壊起点が溶接部でなく、構造力学的に最も弱い板厚変化部分である鏡板と胴板の継ぎ目付近に存在していることに満足し、次のような結論を出した
「溶接の信頼性は大であり、かつ、供試溶接棒（舞廠のMME、広廠のHMDおよび横廠のYMCの3銘柄棒）による差異は認められない。よってこれら3種の溶接棒は、いずれも実用さしつかえないものと認める」

初の大量採用組　第10期短現

舞廠造機部が「M17」溶接部の開発に取組んでいた昭和17年3月20日、ところどころに残雪が見えるその舞廠へ無慮50名に及ぶ大勢の技術科士官が一斉に着任し、人々を「アッ！」といわせた。昭和17年1月20日に採用された第10期短現士官で、それは海軍が優秀な学卒技術者が一兵卒として陸軍に採られるのを防がんため、大量の技術官採用に踏み切ったいわばハシリの組であった。

そもそも海軍の二年現役技術科士官（短現）は、昭和13年7月の採用者を第1期とし、以下戦争直前の16年9月採用の第9期まで造船、造機、造兵の各科合計で総勢962名に達していた。しかし9期合計で962名といえば、1期平均110名弱という規模であったのに対し、昭和16年3月の大学・高専卒と同年12月の繰り上げ卒業者（いわゆる「16年後期組」）を主とするこの第10機短現は、各科合計でそれまでの7倍近くの約700名という大量採用となり、ために2ヵ

月の士官教育は従来の砲術学校1校では収容し切れず、同校に約400名、工機学校（横須賀）に約300名をそれぞれ収容して行なった。

舞鶴へ着任したこの第10期短現50名の内訳は造船9名、造機13名、造兵27名、機関実験部1名で、造機13名の内訳は現・鶴桜会永久幹事の吉村常雄造機中尉以下中尉9名、同少尉候補生4名であって、いずれも工機学校で訓練を受けた面々であった。1期13名の造機官といえば、1期1～2名、多くて3名だった従来の舞廠造機部着任者に対して飛躍的に多く、同部の人々を大いに驚かせたのである。

この第10期短現に続く第11期短現（17年9月採用）はさらに増えて1,150名を超し、次の期（18年9月採用）はそのまた倍の2,100名以上となったので、これら2期の短現士官は内地では適当な教育場所がなく、同期の永久服役士官とともに中国の青島で訓練することになった。しかし翌19年9月採用の組になると少し減って1,250名強となり、最後の期（20年2月採用）では短現、永久服役の別もなくなり、両者総勢341名となった。そしてこの19年、20年採用の組は中国へ渡るのも危険となったことから訓練地はふたたび内地へ移され、浜名海兵団に収容された。

なお、17年9月採用の第11期短現からは、それまでの短現固有の期別をやめ、永久服役士官と同じ期別となったため、11期短現は「第32期短現」といわれるようになった。続く18年9月採用組は「第33期短現」、そして最終20年2月採用組では前記のとおり短現、永久の別もなくなった。

話をもとへ戻して昭和17年3月20日、舞機へ着任した第10期短現13名のうちただ1人、二等寝台車でゆうゆうと

（？）赴任してきた士官がいた。平岡正助造機中尉である。
同中尉は工機学校での訓練終了５日前から急性黄疸で入室静養を命ぜられていたが、いよいよ訓練が終わり、舞鶴へ転勤ということになって軍医の再診を受けると「転勤さしつかえなし、ただし寝台車で赴任すべし」という診断が下った。すると平岡中尉のいる病室の従兵が間髪をいれず汽車の切符と二等寝台券を用意してきたので、同中尉はその手回しの早さに驚きつつも、二等寝台でまずは悠然と赴任してきたのである。
さて、舞鶴で同期生と落ち合い、ともに造機部長・青木正雄機関大佐に着任の挨拶をした平岡中尉は、部長の指示に従って工廠診療所で再度軍医官の診察を受けた。すると「なお数日の静養を要す。ただし入院の要はなく、食事療法を続けるべし」といわれたので、ただちに東舞鶴の水交社分社の洋室に入った。この水交社は、これより少し前に五条桟橋近くにできたもので、中舞鶴の従来の水交社に対して「東舞鶴分社」とか「五条分社」とかいわれていた。
その水交社分社でふたたび玉子、カユ、牛乳、梅干しの３食に戻った平岡中尉はほとほと閉口した。黄疸には食事療法が一番と知ってはいるものの、毎日同じ低カロリーの食事では若い身に応えたのである。だが、自分のような書生ッポ士官に対しても、このように細かな配慮をしてくれる海軍の気くばりとシステムに感謝しつつ、同中尉はおとなしく静養につとめた。
入室３日目、平岡中尉がベッドでウトウトしていると、ノックの音がして設計主任の浅沼保機関少佐（海機34期—大正14年卒）が顔を見せた。びっくりして起き上がると、浅沼主任は「造機部長も平岡中尉の気分はどうかと心配されているので……」という。「もう大丈夫です」と答えると「中尉、そうムリせんでもよい。まあ、ゆっくりやれ」といって同主任は帰り、その翌々日、軍医官の許可が出て平岡中尉はようやくみんなと一緒の実習に入れた。

そのころ、工廠岸壁には引渡しを急ぐ新鋭駆逐艦の秋月や巻波、勝利の海戦から帰投した軽巡那珂、駆逐艦大潮、薄雲などがズラリと雄姿を並べていて工廠各員の士気もすこぶる高く、実習士官の指導に当たる造機の各部員も「造機に不可能はない。弱音を吐くな。何でもやってのけるのだ」と鼻息はなかなか荒かった。

その第10期短現の造機部各工場における4ヵ月の基本実習は、多人数のため従来とは大分趣を異にしていた。すなわち従来は永久、短現の双方を合わせても新規に造機部へ着任する士官は1回に1～2名、多くて3名ほどだったので、基本実習もいわばマン・ツー・マン的方式であったのに対し、第10期短現の場合は多人数のため3～4名ずつ3班ないし4班に分かれての実習となったのである（これ以後の期も同じ)。

さらにまた、この第10期短現士官から作業服はそれまでのカーキー色の詰襟服に代わって第三種軍装のような草色の折襟服となり、作業帽も従来の軍帽に白の覆いといったものから黒ラシャに白線二本のいわゆる「艦内帽」に変わった。そのため第10期短現士官は現場で一目でそれと分かり、人数も多かったので何かと人々の注目の的となって実習指導補佐官・高杉達雄造機中尉から苦言を呈せられることが間々あった。

なお、永久服役士官に対する基本実習は、この前もこのあとも横須賀、呉、広などの工廠で行なわれ、応用実習は各工廠に配属されたのちその工廠で行なわれた。

空母直衛駆逐艦秋月

第10期短現士官が着任して10日ほど経った昭和17年4月3日、舞廠では秋月型空母直衛駆逐艦の同廠第2艦（全国第4艦）初月の進水式があった。その日は神武天皇祭の祝日で、舞廠は2日後の第1日曜日（4月5日）の休日（このころの工廠の休日は、第1と第3の日曜日）を繰り上げてこの日を休業日とし、進水式を挙行したのである。

「初月」は別項の「帝国海軍駆逐艦・水雷艇建造小史⑯」にあるとおり大型の秋月型空母直衛駆逐艦で、わが海軍で初めて1本煙突となった駆逐艦である。第10期短現の平岡正助造機中尉は舞鶴へきて初めて本艦型を見たとき、その大きさと1本煙突という外観から軽巡夕張（3,100トン）ではないかと思ったそうだが、その平岡中尉は「初月」の進水式に際し、ときの舞鎮司令長官・小林宗之助中将から招待状をもらってまたも大感激に浸った。「海軍へ入って日なお浅く、舞鶴へ着任したばかりの身でありながら、このような立派な招待状をいただくとは……」と。

その「初月」の進水も無事に終わった2日後の4月5日（休日となる第1日曜日だが4月3日の神武天皇祭との振替で出勤日）、秋月型駆逐艦の第1艦秋月（第104号艦）の第1回予行運転が行なわれた。造機の担当部員は山下多賀雄外業先任部員（造機大尉）であり、運転指揮官たる造機外業主任は山口操機関中佐であった。

拝啓来四月三日(金)午後三時舞鶴海軍工
廠ニ於テ進水式挙行相成候ニ付御来臨
被下度此段御案内申上候　敬具
昭和十七年三月十五日
舞鶴鎮守府司令長官　小林宗之助
370

平岡正助造機中尉がもらった駆逐艦初月の進水式招待状（左）
および進水記念絵葉書（右）

「秋月」は同型の全国第１艦とあって、このときから引渡しの６月13日まで約２ヵ月半の間に前後10回海上試運転に出動、あたかも実習中だった第10期短現士官も何組かに分かれて運転見学のため乗艦した。その１人である岡本孝太郎造機少尉候補生も一番手としてこの４月５日の予行運転に乗ったが、４月初めのこととて煖機は冬期の４時間煖機で、実習士官の一行も午前２時ころから艦内に入った。

煖機が終わった午前６時半ころ、計測にたずさわる設計係の連中がどやどやとエンジン・ルームへ入ってきたが、そのなかに岡本候補生と金沢高工機械科の同級生である森下礼三という設計の工長がいた。彼は舞廠の工員養成所を優秀な成績で卒業後、技養へ行く代わりに金沢高工へ選科生として舞廠から派遣された男で、同級生の気安さから機械室の片隅で岡本候補生にひそかにささやいたものである。

「煖機直とはご苦労だったが、君はどう思う？　やれ新鋭駆逐艦だ、世界初の空母直衛艦だなどと威張っても、３時間も４時間も煖機しなきゃ動けんようなフネじゃなあ……」と。

彼は頭の切れる男だけに世の中をやや斜めに見る嫌いがな

中列左から　排球班長・山下多賀雄造機大尉、作業主任・浅香武治機関大佐、造機部長・青木正雄機関大佐、体育主任・山口操機関中佐、排球班幹事・新谷正一造機少尉
後列右端が谷沢要兵衛器具工場技手、その隣が森下礼三設計係工長

四、茶菓場（水交社）
進水式終了後直ニ茶菓場ニ向ハレ度

五、茶菓場次第
(イ) 来賓着席（振鈴）　午後三時四十五分
(ロ) 君が代
(ハ) 天皇陛下萬歳三唱
(ニ) 司令長官挨拶
(ホ) 来賓祝辞
(ヘ) 茶菓開始

六、御注意
(イ) 服装　一　武官　軍装（勲一等以上ハ最高勲章一個　勲二等以下ハ勲章記章全部佩用）
　　　　二　文官　「フロックコート」、「モーニングコート」
(ロ) 式場入場ノ際案内状ヲ受附係員（進水式場入口）ニ御示シノ上係員ヨリ徽章及茶菓場食卓圖ヲ受取ラレ
　(一) 徽章ハ入場ヨリ茶菓場退場迄胸部ニ装着セラレ度
　(二) 食卓着席ハ食卓圖〇印ノ卓（指定卓ノ方ヲ除ク）ニ着席ノコト
(ハ) 御招待ハ記名本人ノミトシ代人ハ御断リス
(ニ) 携帯品預所ノ設備ナキコト
(ホ) 通路以外ニ立入ラザルコト
(ヘ) 撮影模寫セザルコト
(ト) 進水式場指定ノ場所以外ニ於テハ喫煙セラレザルコト

案内書

いではなかったが、それにしても「3時間も4時間も煖機しなきゃ動けんようなフネでは……」という彼の言葉は、海軍へ入って間もない岡本候補生には衝撃的だった。そして後日、外業工場の部員として煖機の実務に就くたび、同候補生はいつも彼のこの言葉を思い返していた。

それはとにかく、第1回予行運転に出た「秋月」がやがて後進試験に入ろうとするとき、運転主任官・山口外業主任が乗艦中の実習士官を機関科指揮所に集めて次のように教えてくれた。

「これから入る後進試験というのは、前進全力航走状態から数分間で後進全力にする一種のブレーキ・テストで、後進に

◎進水式案内

一、進水式場　舞鶴海軍工廠

二、式場ヘノ便船

東舞鶴五條海軍棧橋、工廠間左ノ汽艇便アリ

行先	発	便乗者範囲
式場（工廠）	東舞鶴五條海軍棧橋　自午後一時十五分（初発）至午後二時十五分（最終）数回	招待券又ハ
東舞鶴五條海軍棧橋	工廠　自午後三時二十分（初発）至午後四時（最終）数回	白、事務所持者

三、進水次第

(イ)　午後二時四十五分迄ニ来賓及進水観覧者着席

(ロ)　同　三時司令長官臨場（奏楽）

(ハ)　司令長官進水命令伝達

(ニ)　進水作業開始

第一號笛　用　意

第二號笛　楔　捨　方

第三號笛　砂盤木取外シ方

第四號笛　後部行止取外シ方

第五號笛　「トリッガー」安全装置取外シ方

(ホ)　工廠長進水支索切断、進水（奏楽）

(ヘ)　式　終　了

入ると艦尾から物凄い水柱が立つ。本艦は普通の駆逐艦よりひとまわり大きい2,700トンなのに、馬力は従来と同じ52,000馬力だから後進スピードも少し落ち、後進時の水柱もそんなに高く上がらないかも知れない。けれども見ものであることには変わりないから後甲板へ行ってそれを見ておき給え。君らも担当部員や補佐官になったら見たくても見れなくなるから実習中のいまのうちに見ておくことだ」と。

言われて実習士官一同は後甲板へ行き、後進に移ってその速力が増すにつれ、人の背丈の2～3倍はあろうかと思われる水柱が艦尾から奔騰するのに眼を見張った。後日、外業工場係官となった岡本候補生は何十回となく海上試運転に出たが、後進試験時の水柱を見たのはこのときと、のちの高速駆逐艦島風のときの2回だけであった。

ところで前出の平岡正助造機中尉も本艦の何回目かの海上運転時に乗艦実習し、そのときの模様を次のようにノートにしたためた。

「4月12日（月）――昨朝は0030起床で駆逐艦秋月の煖機直から公試運転の実習乗艦をやった。実習士官として初めて乗入った日本海の荒海、初体験の全力一杯でのブッ飛ばし、駆逐艦の動揺、高速度で乗切る圧倒感に全く酔って今日も未だ二日船酔ひである。海軍生活も悩みあり。外業は願ひ下げか？　なれど月月火水木金金で励むべし」

なお、平岡氏の記憶によると、このとき氏とともに乗艦した同期の吉村常雄、田淵昇、斎藤俊夫の各造機中尉も、みな荒天のガブリで平岡中尉同様、ゲロを吐きつつ煙突の付近で青い顔してへばっていたという。

また、平岡氏は後日「私はフネに弱い海軍士官であったこ

駆逐艦秋月引渡し記念（昭和17年6月13日、同艦にて）
前列中央が舞鎮司令長官・小林宗之助中将、その向かって右は舞廠長・小沢仙吉少将、3列目右端が造機担当部員・山下多賀雄大尉、同列左から2人目が造機担当補佐官・片山喬平中尉、4列目左から2人目が同新谷正一少尉

とをいまでも率直に認めざるを得ない」と『舞機の記録』で述べ、「それゆえ実習終了後、組立工場の蒸気班（タービン担当）の配置となったのは幸いであった。しかし永久服役に切り替えられたとき（昭和18年末）、甘利義之造機部長の指示で外業係官兼務となって松型駆逐艦槇の担当部員をやったが、そのときもガブるときは大いに閉口した」といっている。

それはさておき、この「秋月」は全力公試終了後の機関解放検査で主減速装置の大歯車と高圧児歯車の噛み合い面に強い当たりとピッチングが発見された（前・後機とも）。原因は据付け不良による減速車室の捻れとされ、同車室の据付け直しを行なった結果その後の確認運転も異状なく、同艦は昭和17年6月13日、無事に竣工引渡しとなった。

帝国海軍駆逐艦・水雷艇建造小史⑯

空母直衛駆逐艦—秋月型（乙型）

航空機と航空母艦の発達で、航空戦隊は主力部隊と分離して行動するようになったことから、母艦随伴駆逐艦の対空・対潜能力と航続力の向上が要求されるに至った。ところが従来の一等駆逐艦ではその点不十分ということで、空母直衛を本務とする駆逐艦、つまり対空・対潜兵装の十分な新型式の駆逐艦秋月型がここに誕生し、陽炎型、夕雲型の「甲型」に対し「乙型」といわれることになった。

この直衛艦に対する軍令部の当初の要求は、速力35.0ノット、航続力は18ノットで10,000海里、長10㎝高角砲×８ということで、これにより試算してみると、公試排水量は4,000トン近い大型艦となった。そこで協議のすえ、速力を33.0ノットに切り下げ、航続力も18ノットで8,000海里、機関は甲型駆逐艦と同じ出力52,000馬力のタービンとして在来の駆逐艦より約1,000トン大きい公試排水量3,470トン（基準排水量2,701トン）の計画が成立した。

本艦型の特徴は、従来の駆逐艦の慣例を破って機械室を各独立の前機室（左舷機）と後機室（右舷機）に分け、被害の極限化を図るとともに、３基のボイラは第１缶室に２基、第２缶室に１基とし、駆逐艦として初めて１本煙突のフネとしたことである。また、兵装の方では初めて制式化された長10㎝連装高角砲塔４基を10,000トン重巡と同じように前部、後部に２基ずつ背負式に配置したことである。

秋月型は諸性能すべて期待どおりの空母直衛大型駆逐艦で

あって、初見の米軍パイロットに巡洋艦と間違えられ、特に優秀なその長10cm高角砲は、米軍パイロットから“アンタッチャブル”（接触不可能）と恐れられたという。

本艦型は昭和14年度計画で６隻、16年度戦時急造計画で10隻が造られ、終戦までに次の12隻が竣工している（アンダーラインは舞鶴建造艦）。

秋月型12隻―秋月、照月、涼月、初月、新月（にいづき）、若月、霜月、冬月、春月、宵月、夏月、花月（はなづき）

舞廠建造の秋月型駆逐艦全国第１艦秋月
昭和17年５月17日、宮津湾外で公試運転中のもの

造機が主役の駆逐艦公試（海上試運転――その１）

駆逐艦秋月の海上試運転のことが出たので、ここで海上試運転について、さきのＣ章の「冬場の海上試運転」で述べた以外のことをいま少し書いておきたい。

かっての海軍工廠でも民間造船所でも、フネの海上試運転のことを単に「運転」と呼ぶ習慣があり、現在でも各造船所ではそれがならわしのようである。だが艦艇の場合、厳密にいえば機関を動かすこと、つまり機関のテストだけが「運転」であって、海上試運転ではこのほかに大砲や魚雷のテスト、航空母艦なら飛行機の発着テストなど、ありとあらゆるテストが含まれるから、そういう各種試験のための艦艇の出動を一口に「運転」といってしまうのはおかしいといえばおかしい。けれども、習慣的に「運転」イコール「海上試運転」ないし「出動試験」の意味で常用されていたし、現在もまたそのようである。もっともどのテストが目的でも、そのためにフネが出動する以上、機関を「運転」しなければならないことは当然だが……。

ところで、一口に「海上試運転」といっても、それには次のような種類があった。

1．予行運転――公試運転に先立ってその参考に供するため、フネの各部の状態・性能・諸元等を予め確認する予備的試運転。

2．公試運転――「公式試運転」の略で、フネの信頼性・性能・機関出力・速力等を公式に調査確認する試運転のほか砲熕公試、魚雷発射公試、爆雷投下試験、航空機発着公試などがあり、第1回公試に始まって最終は「終末公試」と称した。

3．確認運転――予行運転や公試運転で生じた不良箇所の修理や機関の開放検査後にその成果を確認するための運転で、修理艦艇の工事完了後もこの運転を行なった。

さらに造機関係に限っていえば主機の調子を見るため、フネを強力なワイヤー等で岸壁などに係留したまま行なう「係留運転」や、機関の各摺動部を馴染ませるため低力度で運転する「摺り合わせ運転」などがあり、摺り合わせ運転は係留運転や予行運転と兼ねて行なう場合が多かった。

新造艦艇の場合、予行運転、公試運転ともそれぞれ各何回といった規定は特になく、新型式の第1艦では運転出動回数が多く（駆逐艦で10回から12回）、同型２艦目以降は少なくなるのは当然である。また、太平洋戦争後期の燃料逼迫時代には、松型駆逐艦のように予行運転を省略していきなり公試運転、それも２～３回ですますというようなこともあった（現在の海上自衛艦で、往時の駆逐艦に相当する艦艇では、搭載兵器の種類も多いところから運転出動回数は20回から30回にもなっている由である）。

さて、舞鶴が専門とする駆逐艦や水雷艇は巨砲を持たず、専ら魚雷を高速で運搬するのが使命ともいうべき艦種であったから、海上試運転も高速発揮のための高出力機関の性能確認が大きな眼目とされた。したがってその海上試運転では、他の艦種の試運転に比して造機部門の役割が非常に大きく、まさに「造機が主役」といっても過言でなかった。運転従事者も造機関係者が一番多かった。

新造艦艇は引渡し式が終わって軍艦旗を掲げるまでは単なる鉄鋼構造物に過ぎず、その管轄権は建造所（工廠）側にあることはいうまでもない。したがって試運転も建造所の責任においてなされ、当該艦の乗組予定者である艤装員は、試運転時には工廠要員の補助員ないしはオブザーバー的存在でしかない。だから試運転出動艦の総指揮官は艦長予定者たる艤装員長であっても、機関の運転主任官は機関長予定者ではなく、造機部の外業主任かまたは当該艦の担当部員がこれに当たった（次ページ表参照）。もっとも主機の操縦ハンドル取扱者などは、それに早く馴れさせたいという艤装員側の要望で初めから機関科の先任下士官がこれに当たることが多く、また、艦内の電話、伝声管の係も本艦の伝令兵が務めた。

ここで「担当部員」という言葉が出たが、これは造機関係

分担事項	主務	補佐	関聯
運転準備	機	艤	兵、船
機関指揮	艤装員長	—	—
運転指揮	運転主任官	艤	—
機関操縦	機	艤	兵
機関部諸計測	機	艤	—
速力計速	艤、船	—	—
報告及成績調整	機、船	艤	—
広急処置	機、船	艤	—
通信伝令	艤、船	機	—

備考　本表中機、兵、船及艤ハ夫々造機部、造兵部、造船部及本艦ヲ示ス

海上試運転配置表

でいえば新造・修理を問わず、当該艦艇の造機工事全体に責任を持つ外業工場の部員のことである。1艦の新造・修理の造機工事は、鋳造から機械・組立に至る内業の各工場がかかわってくる一大プロジェクトであり、担当部員はそれを取りまとめるいわばマネジャー的存在であった。したがってその責務は重かつ大であり、それなりの権限——たとえば自己の担当するフネの工事に関する限り、直属上官たる外業主任を跳び越して直接他の工場主任や造機部長にモノを言ってもよいとされていたなど——が与えられていた。実際にはそのような無茶をする人もなかったが、ともあれスジとして担当部員にはそれだけの権限あり、とされていたのである。

ところで新造、修理の別なく、蒸気タービンを主機とする艦艇では試運転出動に際しては、まずもってその蒸気タービンを暖めてやらねばならなかった。これを「煖機煖管」略して「煖機」といい、その正味所要時間は冬で4時間、夏は3時間と規定されていた。

舞鶴の新造駆逐艦の試運転出動は夏冬を問わず大てい工廠の始業1時間後、つまり朝の8時出港と決まっていたから、それに間に合わすには煖機にたずさわる者（煖機直要員）は午前2時ころから艦内作業にとりかからねばならなかった。なお、煖機の前には当然その煖機蒸気を供給するボイラを1缶焚き、適当な温度・圧力まで上げておかねばならないが、このボイラは前日から焚いておくのが通例であった。

さて、予め指名された煖機指揮官（当該艦の担当部員かそれを補佐する外業の部員または係員）は、当日の煖機直要員を艦内で配置に就かせ、「煖機煖管用意」以下、所要の命令を次々と下していく。その詳細は『煖機直入港直必携』なるポケット・ブックに記載されており、馴れないうちはこれと首っ引きだが馴れてくるとそんな必要もなくなる。

「煖機用意」発令後30分ほどで所要の準備を終え、「煖機煖管始メ」の号令で低圧低温の煖機蒸気を主タービンへ送り始め、ここから3時間ないし4時間の煖機となる。煖機に入ると、あとは30分ごとに各タービンの温度・膨張量を測って煖機元弁の開度少しずつ大とし（つまり次第に高圧高温の蒸気を送り込み）、各タービン・ロータが満遍なく暖まるよう、主軸を5分の1回転ずつ回すことくらいしか用がなくなる。そこでこの間、煖機直要員は、それぞれの持ち場で小刻みながら仮眠をとることができる。

所定の煖機時間が過ぎ、タービン各部の温度・膨張量もよし、となると煖機を止めて「試運転」つまり実際の蒸気でフネに行き足のつかない程度にプロペラ軸を片舷ずつ2〜3回ゆっくり前後進に回してみることをする。この「試運転」が始まるのはちょうど工廠の始業時の午前7時ころに当たり、この前後に運転主任官の外業主任や関係の部員・係員、それに計測員たる設計の面々が大勢機械室へ降りてくる。

かくて「試運転異常なし」となった段階で煖機指揮官は初めて後事を別の人に託し、士官室へ上がってようやく朝食（工廠から運び込まれた折詰め弁当）を摂ることができた。

出港から帰港まで（海上試運転――その2）

さて、煖機が終わり「試運転」もすむと、やがて「タンカタンカターン、タンカタンカターン……」という出港用意のラッパが機械室まで聞こえて来、それと前後して艦橋から「出港用意」の命令が伝声管と艦内電話を通じて機関部へ報される。続いて「両舷前進微速」の発令があり、機関科指揮所の速力指示器の針がカラン、カランと音を立てて回って「前進微速」を示す黒文字の「微速」のところで止まる（後進の「微速」「半速」等は赤文字）。運転主任官（外業工場主任）は「前進微速」を令し、運転下士官が操縦弁のハンドルを静かに回す。主蒸気管から巡航タービン（ときには主高圧タービン）へ流れる蒸気のシューッという音とともに主軸がおもむろに回り出す。関係者はさきの「試運転」のときと同様、聴音棒で各タービンの内部異常を聞き分ける。

やがて「前進微速回転整定、機関部異常ナシ」と艦橋へ報告すると、艦橋では待っていたかのように「両舷前進半速」に続いて「両舷前進原速」といってくる。艦はたちまち軍港内の烏島と蛇島の間に到着、そこで一旦停止して浅海投揚錨公試を行なう。この投揚錨公試は大てい初回出動時の往路か帰路に行なわれ、場所としては同テストに適合した水深20メートル前後の烏島――蛇島が選ばれた。

浅海投揚錨公試が終わると艦はふたたび原速（12ノット）で港内を西進、戸島のところで右へ大きく90度転舵してほぼ真北に向かい、スピードを強速（18ノット）にあげる。外海の荒れている日はこの辺からウネリを感じ始め、フネに弱い人の顔色は冴えないものになってくる。

湾口西側の金ヶ岬から対岸への海中に張られた防潜網（ただし戦時中のこと）の中央を通り抜け、ほぼそのまま直進すると左手遙かに宮津湾と天の橋立が見えてくる。やがて左前方に伊根の漁港を望む辺りで艦は進路を北北西に向ける。丹後半島にあるマイル・ポストつまり「宮津湾外公認船舶速力試験標柱」（詳細はC章の「冬場の海上試運転」参照）で速力試験を行なうためである。

ところで最近の海上自衛艦で、かっての駆逐艦に相当する艦種の推進機関は、主機、巡航機ともほとんどがガスタービンで煖機不用であり、冷態から最大出力（1基20,000～25,000馬力）に到達するのにもせいぜい3～5分で十分といわれているが、旧海軍艦艇の蒸気タービンではそうはいかなかった。前記のように運転前に長時間の煖機を必要とした上、増減速するにもボイラの蒸発力の関係やタービンへのドレーン侵入の心配などのため、かなりの時間を要した。ちなみに秋月型駆逐艦（タービン主機2基2軸で52,000馬力、33.0ノット）の場合、停止状態から前進一杯（過負荷全力）に到達するまで、実に30分余りを要したのである（次ページ表参照）。

このように時間をかけて増速し、前進全力（最大戦速）となった状態での2時間ないし4時間の続航試験が造機にとって運転中のヤマ場の一つとされていたことはすでに述べた

速力区分		停止	微速	半速	原速	強速	第1戦速	第2戦速	第3戦速	第4戦速	第5戦速	最大戦速	一杯
航走種類（ノット）		0	6.0	9.0	12.0	18.0（基準速力）	22.0（巡航全力）	全力2/10	全力4/10	全力6/10	全力8/10	33.0（公試全力）	過負荷全力
推進軸毎分回転数		0	54	80	105	159	189	207	255	287	316	343	348
増速	所要時間（分ー秒）		0-30	0-30	0-30	1-30	1-30	2-0	5-0	5-0	5-0	5-0	5-0
	累計時間（分ー秒）		0-30	1-0	1-30	3-0	4-30	6-30	11-30	16-30	21-30	26-30	31-30
減速	所要時間（分ー秒）		0-20	0-20	0-20	1-30	1-30	2-0	5-0	5-0	5-0	5-0	5-0
	累計時間（分ー秒）		31-0	30-40	30-20	30-0	28-30	27-0	25-0	20-0	15-0	10-0	5-0

備考
1. 本時間ハ指定速力ニ対スル回転数ニ到達スル迄ノ所要時間（分ー秒）トス
2. 増減速要領ハ缶燃焼度ノ変化率ガ時間ニ対シ略等率トナル如ク実施スルモノトス
3. 必要ト認メタル場合ハ階段増減速ヲ行フコトヲ得
4. 本標準時間ハ取扱者ノ練度ニ応ジ要スレバ適宜延長スルコトヲ得

秋月型駆逐艦（52,000馬力、33.0ノット）の増減速標準

が、そのときは旋回力試験、操舵試験なども併せ行なわれるので艦は若狭湾も狭しと走り回る。造機関係者も機械の調子を見極めた上で代わるがわる上甲板へ上がってひと息入れることができる。

いまひとつ造機にとってのヤマ場は、後進力・惰力試験である。これはさきにも触れたように一種のブレーキ・テストであって、最大戦速航走時に発令される「後進一杯」の号令で開始される。

機関部では発令と同時に全ボイラの火を急いで消し、タービンの前進操縦弁を１分間で全閉とする。同時に途中から後進弁を開け始め、前進弁全閉後２分間で後進弁を全開にする。ボイラもこれに追随してふたたび全缶全力汽醸とすることはいうまでもない。

艦は急激に行き足を落として止まり、後進に移る。後進一

杯の回転が整定し、所定の諸計測が終わると艦橋から再度「最大戦速」の発令があり、今度は前と逆にタービンの後進弁を急閉（１分間で全閉）し、前進弁を急開する（２分間で全開）。艦は短時間でふたたびもとの前進最大戦速に戻る。

この苛酷なブレーキ・テストではボイラが一番の問題であった。というのは主機の操縦弁を急閉するとボイラの圧力が急上昇して安全弁が吹きやすく、逆に急閉すると蒸気圧が急低下して主機の運転に支障を生じるからである。したがってこのテストでは機械を操縦する側とボイラを焚く側との意気が合っていないと失敗しやすく、それだけに造機関係者はひとしお緊張させられたのであった。

しかしそんな缶室・機械室の緊張をよそに、後甲板では手空きの造船部・造兵部の連中が全力後進中の艦尾から盛り上がる海水の噴流に驚異の眼を見張っていた。それは既述のとおり「後進一杯」で進む艦尾から４～５メートルもの高さに盛り上がった海水が後甲板へ滝のようになだれ落ちる壮大な景観で、まさに駆逐艦ならではの見ものであった。

ともあれこの後進力・惰力試験は前後15分足らずの短いものではあったが、造機関係者にとってはまさに身も心も細る思いをさせられるテストであった。それだけにもとの最大戦速に戻し、「最大戦速回転整定」と艦橋へ報告して初めて機械室・缶室の面々はホッとすることができた。「缶の安全弁は吹かなかったし、機械も機嫌よく回ってくれてやれやれだ」といいながら……。

このようにして当日予定のテストを終えて帰港するわけだが、帰港したらしたで造機にはまた「入港直」という機械の後始末があった。大砲や魚雷などは沖でテストをしたあと、関係機器の保守整備は入港までの１～２時間の間にやってしまえるが、機関だけは入港後といえどもモヤイをとるまでは運転し続けなければならない。モヤイをとった艦橋から、「機械宜シ」の令があるまで手をつけることができないのである。

その「機械宜シ」の令があると、指定された入港直指揮官は缶の火を消し、補機を航海用から停泊用のものに切り替え、主機・主管のドレン弁を開くなどの作業に入るが、この入港直も30分から１時間を要し、上陸できるのも一般の人よりそれだけ遅くなった。「運転では造機が主役」とはいえ、見方によっては縁の下の力持ち、損な役回り、といえないこともなかった。

なお、呉工廠などでは速力試験をやる場所が軍港から遠い四国沖であることや、足の遅い大艦であるなどの理由で、試運転出動のときは別府温泉などでの泊りがけとなった。けれども舞鶴の場合、標柱が比較的近間にあり、フネも足の速い駆逐艦とあって泊りがけの運転ということはまずなく、大ていは日帰りであった。

米軍機の本土初空襲

舞鶴で空母直衛駆逐艦の全国第１艦秋月が海上試運転に入った昭和17年の４月上旬、外地ではわが海軍機動部隊が印度洋を制覇し、同月11日には日本軍のバターン半島（比島）攻略が開始された。国民の戦勝気分がまた一段と高まったことはいうまでもないがちょうどそのころ、この戦勝気分に冷水を浴びせかけるようなことが起こった。４月18日の米軍機によるわが本土初空襲である。

それは米海軍のウィリアム・ハルゼー中将率いる空母２を中心とした機動部隊の空母ホーネットとエンタープライズから飛び立ったＢ25が16機、東京を始め川崎、横須賀、名古屋、四日市、神戸などの諸都市を空襲したものである。Ｂ25は米陸軍の双発中型爆撃機で、空母からは辛うじて発艦できるものの着艦はできない。そこで日本爆撃後は長駆中国大陸へ逃れ、蒋介石軍の手中にある飛行場へ降りることになっていた。そのため爆撃はいわば及び腰のものとなり、わが方の損害もほとんどなく、人によっては爆撃隊指揮官ジェームス・ドゥーリットル米陸軍中佐の名前をもじって「“ドゥーリットル”でなく、“ドゥ・ナッシング”だ」などとヤユったりした。

しかしこの本土空襲は、それまで押され っ放しだった米国がわが国に報いた最初の反撃であり、完全にわが意表を衝いたものであった。被害がなかったとはいえ、わが方もかなり慌てふためき、人々の受けた心理的影響は小さくなく、山本連合艦隊司令長官がミッドウェーを叩く決意を固めたのも、これが原因だといわれているほどである。

この空襲は太平洋側の主要都市を狙ったもので舞鶴などは圏外にあったが、その舞鶴でも空襲警報の発令があり、翌19日（第３日曜日で工廠は休日）にも警報が出た。なお、この19日の警報は誤報らしいといわれるけれども、ともあれ工場実習中の平岡正助造機中尉はこの両日の模様を次のようにノートに書き留めた。

「４月18日（土）――1600退庁時、警戒警報発令される。小官はその時、水交社（東舞鶴の水交社分社）に帰り着きたれども、海兵団にて緊急呼集発令の報を聞き、武士は鎌倉、後れは取らじと取って返し、工廠に待機す。
4月19日（日）——1200水交社分社にて昼食中、再び警報発令されたり。直ちに往来に跳び出し、トラックを止め、これに乗りて登庁せり。
1430警報は解除。第二警戒配備発令に伴ひ我等実習士官は特別の配置なく退庁す。新聞の報ずる所によれば、昨日は東京、名古屋、神戸に、本日は大阪方面に敵機来襲せりと。被害は小なれど神国八州に夷の来襲を許すは残念なり。なれど無限の大空、広漠たる太平洋を守ることは困難ならん。網の目は漏るるものなり。これ、ルーズベルトの好宣伝材料とならん。米航空母艦は必滅せざるべからず。
一方、空襲の被害小なりしは幸ひなり。又、日本国民に対しては、正に非常時の心構へを肝銘せしむるに良き薬なりと一考す。現今は戦争且つ長期戦なれば、全国民の益々団結強固を要す」

「見習尉官」という階級名

昭和17年4月18日の米軍機の本土初空襲で一瞬緊張した舞鶴ではあったが、何といってもそのころの舞鶴はまだ平穏無事で、どこで戦争が行なわれているのか、といった感じがしないでもなかった。したがって前記の平岡中尉ら実習中の第10期短現士官も実習の合間を見ては「体技」と称するスポーツに興じたり、余部の水交社や機関学校における著名人の講演を聴くなどして、まずは闊達な日々を送ることができた。
何しろ実習士官は仕事上の責任がない上に毎日が午後4時半の定時退庁であり、土曜日はもちろん半ドンである。晩春初夏の午後4時半といえばまだ日が高く、それからゆっくり集団でスポーツに打ち興じることができたし、街へもよく遊びに行けた。

定時退庁後、東舞鶴へ遊びに行くときは、造機部の内火工場前にあった工廠桟橋から東舞鶴の五条桟橋へ向かう判任官用ランチによく便乗させてもらった。このランチは天の橋立の遊覧船を徴用したものといわれるだけに客室は広く、まわりの窓も大きかった。そしてその窓から見える工廠の岸壁やドックには、新造の駆逐艦秋月、初月、巻波、修理中の軽巡那珂、長良、名取それに駆逐艦薄雲、大潮などの威容が見渡せた。なお、軽巡那珂はこのときの修理で缶室の一部が改造され、4本の煙突のうち1本だけ長かった艦橋直後の第1煙突が他の3本と同じ高さに切り揃えられた。

ところで第10期短現士官は着任当初、中尉、候補生とも余部の水交社本社裏のいわゆる「候補生部屋」に収容された（この状況は続く第32期短現以下の場合も同じ）。この「候補生部屋」なる木造二階建ての建物は、前記のごとく昭和15年秋に建てられたものだけに新しいには新しいが、何しろ各室4畳半という狭さである。そこへ大の男の士官連中2〜3人ずつが詰め込まれたのだから窮屈さはいわんかたなく、やがて中尉クラスは下宿を見つけて早々に退散していった。

かくして下宿を許されない候補生だけが1人1部屋を占める恰好で残ったが、その候補生たちは同じ水交社の住人である機関学校の文官教授・長内氏の弾くピアノの音をよく聞かされた。そのピアノは候補生部屋の向かい側の本館ホールにある古ぼけたもので、長内教授の弾く曲といえばベートーベンの「エリーゼのために」が圧倒的であり、候補生連中は「同じ曲をよくもまぁ飽きずに……」といささか辟易気味にそれを聞いていた。

さてその10期短現の各科少尉候補生は、舞鶴着任後1ヵ月ほどして「造機（造船、造兵）見習尉官」と呼ばれるようになり、その直後の5月に着用の紺の合服から、上衣は従来の短いものに代わって普通の士官と同じ長い裾のものとなった（同年4月22日付の勅令第445号による措置）。ところが兵科・機関科の少尉候補生は依然として従来のままの呼称であり、服装であったので、見習尉官と改称された工廠の連中はつまらぬカンぐりをした。

「われわれをこのまま“候補生”としておくと、少尉になったら使えない短い上衣と長いズボンを合服用、夏服用と次々支給しなければならないからその不経済性を考え、われわれ技術官などを“見習尉官”と呼称替えしたのではないか」と。そして「“見習尉官”なんて陸式みたいでいやだなぁ。それに上衣が長くなっても、襟章は金筋1本で桜が一つもないんじゃあ准士官と見分けがつかないぞ」などとグチリ合った。

上級者もまた「陸軍の“見習士官”ならぬ“見習尉官”なんて変てこな階級名は初耳だ。海軍らしくもないアカ抜けしない名称だなぁ」といぶかり、当の本人たちも上級者もともに「見習尉官」という新呼称になかなか馴染めぬまま、その後もしばらくは「オイ、○○候補生」式の呼び方を多く使っていた。

岩下登氏ら第9期短現までの高専出身者は永久服役、二年現役を問わず少尉任官までずっと「造機（造船、造兵）少尉候補生」であった。反対に第32期（青島1期）以降は永久、短現の別なく大学卒も高専卒もともに始めから「技術見習尉官」であったから、この人たちは「見習尉官」という呼称には別に抵抗を感じていない様子である。しかしその中間の第10期短現の高専出身者の多くは、聞きなれぬ「造機（造船、造兵）見習尉官」という階級名に違和感というよりは一種の不快感を覚え、「海軍ならあくまでも“候補生”ではないか」と息巻いていた。だが、若手士官がこんなゴタクを並べ立てておれたのも、昭和17年の晩春初夏の舞鶴はまだそれだけノンビリムードに包まれていたからともいえよう。

ところでこのころ、鎮守府の年中行事の一つに防諜訓練というのがあった。何人かの若手士官がスパイに指名され、海軍施設に潜入してそれらしき行動をとるのだが、前記の岩下氏はこのスパイ役を2度やったという。1度目は海軍病院に時限爆弾を仕掛け、2度目は浄水池に毒物を投入する役でいずれも成功したとのことだが、警備の役を仰せつかった下士官兵にしてみればそれだけ点数を下げたわけで、成功したとはいえ後味の悪い思いをした、と岩下氏は『舞機の記録』で告白している。

ミッドウェー海戦の前後

米軍機の日本本土初空襲から少し後の4月20日過ぎ、舞鎮籍のピカ一重巡である「利根」と「筑摩」が舞鶴へ入港してきた。両艦だけで第8戦隊を構成するこの姉妹艦はハワイを叩き、印度洋を制覇した南雲機動部隊の最前線を行く索敵巡洋艦として樹てた赫々たる武勲を誇るかのように威風堂々、開戦後初めて母港へ帰ってきたのである。

そのころ、舞鶴海兵団ではアリューシャン列島キスカ島の攻略部隊となる舞鎮第3特別陸戦隊（略称「舞3特」）の編成が急がれていた。そして5月18日、この「舞3特」部隊は白山丸（約10,000総トン、日本郵船所属）に乗り、同部隊に随伴する兵装隊（舞廠従業員で構成）と設営隊（舞鶴施設部従業員で構成）も球磨川丸（約7,500総トン、東洋汽船所属）に乗船してともに舞鶴軍港を後にした。

「利根」「筑摩」の2重巡もこの「舞3特」の出港と相前後して内海西部へ向け舞鶴を後にしたが、そのとき実習士官（第10期短現）の何人かが港外まで両艦に便乗させてもらい、湾外で前記の艦載機収容作業、つまり栗田の航空隊から飛来した偵察機を艦に収容する作業を見ることができた。

さて、月が替わって6月の5日は太平洋戦争の天王山といわれたミッドウェー海戦の日である。この海戦では参加したわが空母4隻（赤城、加賀、蒼龍、飛龍）が全部沈み、重巡鈴谷も沈没、同最上が大破、という惨憺たる結果に終わり、これ以後戦局が思わしくなくなったことはよく知られるところである。

舞鶴海兵団

しかし6月10日の大本営発表は「去る6月5日、太平洋心の敵根拠地ミッドウェーに対しわが海軍部隊は猛烈なる強襲を敢行し、敵空母2隻沈没のほか、相手にしかじかの損害を与う。わが方の損害、空母1隻沈没、1隻大破、大巡1隻沈没、未帰還機35機」といい「まさに肉を切らして骨を切るである」と報道したが、このときから大本営発表には嘘がまじるようになったといわれる。

それはとにかく、さきに舞鶴を出て行った白山丸、球磨川丸両船の陸戦隊とその随伴部隊は、ミッドウェー海戦直後の6月7日、キスカ島への無血上陸に成功し、その翌日、旭川第7師団の歩兵1個大隊を主軸とする陸軍の北方部隊（部隊長は山崎保代陸軍大佐）がアッツ島に上陸して同島を占領した。

一方、「利根」「筑摩」の両艦はミッドウェー作戦でも南雲機動部隊の最前線で活躍し、同海戦惨敗ののちは命により北上してアリューシャン攻略作戦を支援、7月中旬にふたたび相携えて舞鶴へ帰ってきた。

入港した艦船へ工廠から仕立てられる最初の便は、各部の検査官を乗せた「検査官便」である。当時の造機部第一検査官（艦船担当）は、のちに戦艦武蔵の機関長となる中村泉三機関中佐（海機31期—大正11年卒）だったが、関係者の大勢乗ったその検査官便になぜか外業工場で実習中の岡本孝太郎造機少尉候補生も乗っていた。「利根」「筑摩」は工廠桟橋から最も遠い海兵団近くの13番、14番のブイに係留されており、たどり着くまでに小1時間かかった。

まず戦隊旗艦である「利根」に上がったところ、驚いたことに裸足の甲板士官はもとより、舷門近くにいる下士官も兵もヤケに殺気立っているのだ。検査官便の到着と聞けば、修理工事の査定を厳しくされないよう艦長・機関長が舷門で鞠躬如として検査官を迎えるのが常なのに、「利根」では甲板士官がその中村検査官をつかまえて「官姓名を名乗って下さい」と語気荒くいう始末である。

これまでの入港艦船で聞いたこともない言葉に中村検査官もムッとして「工廠の検査官だ。貴様なんかにゃ用はない。機関長を呼べ」とこれまた語気荒くいうと「機関長はいま艦長とともに鎮守府へ行っておられて留守です」と甲板士官が答える。何やかや押し問答をしているところへ折よく中村検査官と顔見知りの機関科士官が通りかかり、工廠の一行はようやく士官室へ案内されたのだが、それにしてもなぜ「利根」の面々がこんなに殺気立っているのか、岡本候補生には不思議に思えた。「利根」「筑摩」の８戦隊がわが機動部隊の前衛艦としてミッドウェー海戦に加わっていたことは薄々知っていたが、そのミッドウェーが大本営発表と全然違う大惨敗だったことは露知らぬ岡本候補生にとって「利根」のただならぬ空気は不思議としかいいようがなかったのである。

その謎が解けたのは数日後、「筑摩」に乗っていた同候補生の同郷者からミッドウェー敗戦の真相を聞いたときであった。それまで連戦連勝の南雲機動部隊の先頭を切り、負け知らずだった「利根」「筑摩」にとって初めての負け戦、しかも目もあてられぬ惨敗だったミッドウェーはよほど応えたらしく、それだけに機密保持その他で母港へ帰ってきてもみなギスギスしていたのであろう。とりわけ「利根」は戦隊旗艦であるだけにそれが一層激しかったのだろうと岡本候補生には察しがついた。

ところでこのとき「利根」の右舷前機中圧タービンに故障が発見された。同タービン第2段落の動翼に切断しているもの1本、亀裂のあるものが5本あったのである。これはさきの朝潮型主タービン事故のところでも述べた翼の2節振動に起因するもので、抜本的対策が必要とされたが、同艦の行動予定上それは許されぬとあって、艦内の現場で応急処置、つまり同段落の動翼全部を根元から削除する（これを「坊主にする」といった）工事が施された。これにより同右舷機の出力38,000馬力が34,500馬力に制限され、同艦の4軸合計出力152,000馬力も148,500馬力に抑えられた。そして8月上旬、「利根」「筑摩」の両艦はふたたび舳艫相ふくんで母港を出て行った。

甘利義之部長着任す

第10期短現士官が各配属工場で応用実習をやっている最中の昭和17年8月30日、造機部長が青木正雄機関大佐から甘利義之造機大佐に替わった。甘利大佐は艦本五部から転出してきたもので、同大佐にとってこれが実に3度目の舞鶴勤務であった。

甘利さんの初回の舞鶴勤務は、前記のように大正11年から12年にかけ造機中尉として組立外業部員を務めたときで、当時、舞鶴はワシントン軍縮条約によって工作部に格下げとなり、大量の職工整理が行なわれている最中であった。2度目は昭和12～13年ころ、造機中佐で朝永研一郎部長の下での作業主任だったが、このときも日中戦争開始前後とあってかなりの激務が課せられたようである。そして3度目が今回の造機部長就任で、今度もまた太平洋戦争の戦局が悪化しかけていたときだけに、甘利大佐は上下の大きな期待を一身に背負う形となった。

甘利大佐はこのときから翌昭和19年1月までの1年と5ヵ月を舞廠の造機部長として務めるのだが、同大佐はわが海軍におけるタービンのオーソリティーとして聞こえた人である。それまで高・中圧の2タービンかまたは高・中・単式の3タービンであった日本海軍の蒸気タービン・システムを高・中・低圧の3タービン方式に切り替え、補機の旋転化を図るなど、海軍造機技術への貢献度は並々ならぬものがあった。1期上の近藤市郎氏が内燃機関の権威であったのと好一対をなす。

といって甘利さんは決して技術一点張りのガチガチ・マンではなかった。なかなか茶目っ気があり、親分肌のところもあって、戦後甘利さんと親交のあった元造船官の福井静夫氏によれば「甘利さんは実に堂々とした偉丈夫であり、秀才であられたがヒゲに愛嬌があって一見童顔、怖くなく親しみや

前列左から7人目が前部長の青木正雄機関大佐、次が新部長の甘利義之造機大佐

すい、いうなればアニキ的存在でした」ということになる。まさにそのとおりで、ここに掲げた昭和13年ころ、つまり甘利さん２度目の舞鶴勤務（舞機作業主任）中の松茸狩りの写真を見ても、氏の顔はどこか人なつっこく、茶目っ気ぶりさえうかがえるのである。

短現10期の斎藤俊夫造機中尉（当時）は、舞機の鍛錬工場兼工務係係官として甘利部長の副官的役割を務めていたが、その斎藤氏によると、甘利さんは仕事に熟達している反面、多くの余技の持主であったという。カードのブリッジの名手だったことは有名だが麻雀も大好きで、斎藤中尉や機械工場係官の武岡（現姓、村田）三佐男造機中尉（短現４期）などはよくそのお相手をさせられたとのことである。

そんなとき２人の尉官が部長公用車に便乗を許されて北吸の造機部長官舎へ行くと、隣の造兵部長官舎にいる江本伝三郎少将もやってきて一緒に麻雀卓を囲むのが常であった。当時、甘利造機部長も江本造兵部長もともに舞鶴では単身赴任だったのである。

また、甘利さんは卓球もうまく、それもなかなか豪快な戦法だったという。斎藤氏のいた造機部工務係の部屋とその隣の部長室の２階は造機の部員会議室になっていて、昼

造機部員とその家族の松茸狩り（昭和13年ころ）
立っている人の列の左端が甘利義之作業主任で、そのほかに団野八郎、山崎浅吉、永田重穂、三好正直ら各部員の顔も見える

休みには腕自慢の面々がそこで卓球に興じていたが、甘利さんはときどきそこへ顔を見せていた。

ある日曜日、行永の小学校で開かれた舞鶴市の卓球会に斎藤氏は甘利さんとともに出場、２人とも２回戦まで好調に勝ち進み、３回戦で両者対戦となった。辛うじて斎藤氏が勝ったが、その晩、例のとおり甘利さんと麻雀卓を囲んだという。

この斎藤氏ら第10期短現の造機中尉は昭和18年11月１日、揃って技術大尉に進級したがそのとき、前出の平岡正助技術大尉と嶋井澄技術大尉が進級挨拶のため甘利部長の許へ伺った。両大尉とも同じ日立製作所からきていたので、甘利部長は「君たちは２人ともまたぞろ同じ日立へ帰らなくてもよかろう。海軍では君たちのような若い働き手の造機官が足りないのだから、どちらか１人海軍に残ってご奉公を続けてくれないか」といった。

そこで平岡・嶋井の両大尉は甘利部長の前でジャンケンをしてそれを決めることになり、どちらが勝ったか、とにかく平岡大尉が永久服役として海軍に残ることになった。「自分のこれからの一生をジャンケンで決めるなんて……」と、そのころ周りの連中からヤジられはしたが、両大尉は「名部長の誉れ高く、尊敬措くあたわざる」（平岡氏の言）甘利義之技術大佐の言葉であったればこそ、まずは真剣にジャンケンをしたのであろう。

なお、平岡大尉の永久服役の発令は「海軍武官服役令第八条ノ規定ニ依ル現役服務」によるもので、日付は昭和18年12月27日であり、同じこの規定で短期現役から永久服役に切り替わった造機部士官には、ほかに岩下登中尉（短現９

期)、岡本孝太郎中尉（短現10期）などがいた。

これよりさき、鍛錬工場の高田良一技師に東京監督官への転出話があった。だが、同技師は老母を抱えていたので「母親に万一のことがあると東京では遠くて困るから大阪にしてほしい。それが駄目なら技手に格下げにしてほしい」と甘利部長に願い出た。部長は「技手への格下げなどはできない」といって高田技師の希望どおり大阪監督官への転出という手を打ってくれ、愁眉を開いた高田技師は技師任官３ヵ月目の昭和18年３月25日、大阪へ出発した。

その少しあとに今度は組立工場の吉野守正技手（前出）がアッツ島行きの内命を受けた。陸軍部隊が主力のアッツ島へ50人ほどの工員を連れて行き、諸種の機械の据付けを行なうべし、とのことだったがその少し前に同技手は長男を病気で失い、自身も軽い糖尿病にかかっていた。それを知った同技手の技養先輩であり、媒酌人でもあった工務主任の稲垣伊太郎技師（技養２期―大正12年卒）が大変心配し「吉野はいま息子に死なれて気落ちしている上、本人自身も病気で通院しているありさまです。アッツ島へ派遣すると死んでしまうかも知れません」と甘利部長に相談を持ちかけた。

そこで甘利部長は吉野技手の代わりに造兵部の若い技手をアッツ島へ派遣するよう段取りをつけてくれ、それにより命拾いをした吉野技手は同年５月、技師任官と同時に神戸監督官事務所勤務を命ぜられ、甘利部長と稲垣先輩に感謝しつつ６年間住み馴れた舞鶴を後にした。

甘利さんは戦後、鐘ヶ淵ディーゼル㈱に迎えられ、昭和25～26年ころには大洋製作所という同社の関連会社の社長になった。その会社にはさきの吉野守正氏も工作課長として務めたそうだが、ともあれそれは千葉県の市川市にあり、当時同市に住んでいた編者・岡本もある日そこへ伺ってみた。

木造平屋建て２棟ほどの工場の片隅にある板敷きの応接間のようなところで待っていると、作業服姿の甘利さんが現われ「おう、君か。よくきてくれたなぁ。俺もとうとう町工場のオヤジに成り下がったよ」と寂しそうに笑った。鼻下のヒゲとギョロリとした目玉は昔のままだったが、体格はかっての偉丈夫さが失われ、頬も少しこけているように見えた。何か痛々しい感じがしたので岡本は早々に引きあげた。

ところで甘利さんには、全海軍を通じて軍艦好きのナンバー・ワンだった、というかくれた一面がある。「なぜ造船官にならず造機官になられたか、不思議なほどだった」という福井静夫氏によると、同氏が初めて甘利さんを埼玉県鳩ヶ谷の自宅に訪ねたとき、よく整理保存されたすばらしい艦艇写真を見て驚き、後日病篤き甘利さんから「俺が死んだら福井君、頼むよ」といわれてその艦艇写真全部を託されたということである。

そして甘利さんは亡くなったのだが、海軍造機の大立物だった人物でありながら鶴桜会名簿でも「逝去」とあるのみで遺族の名前・住所すら分からないのが残念である。編者・岡本も八方手を尽して調べたが、「甘利さんは昭和29年ころに亡くなったらしい」ということが分かっただけであとは一切不明であった。

特異な工場主任

さて、昭和17年９月20日に各工場の係官となった第10期短現士官の1人、吉村常雄造機中尉（現、鶴桜会永久幹事）は、永田重穂造機少佐が主任である鋳造工場の係官となった。

16年3月に京大の理学部化学科を出、海軍を志願したときから造機の鋳造部門を望んでいた吉村中尉として、その鋳造工場の係官という配置は希望が叶えられたわけで、まずは「めでたし」だったが、同工場でいきなり先任係官を命ぜられたのには、いささか面喰らった。それはかねて先任を務めていた高橋悦郎造機中尉（短現4期）より吉村中尉の方が一足早く中尉になったためだが、何といっても大学を出て1年余り、しかも海軍へ入ったばかりのわずか24歳の身である。工場主任の代理たる先任係官としての重責は、吉村中尉にとって緊張せざるをえないものがあった。

そのころの鋳造工場は鉄骨3棟の工場と1,000名近い工員を容し、大型の秋月型駆逐艦や高速駆逐艦島風（2代目）の推進器、タービン車室などの大型鋳物のほか、神戸製鋼所から溶接棒の研究・生産に懸命な舞機製缶工場へ納入される膨大な溶接棒芯線の分析作業など、さまざまな工事を抱えていた。

駆逐艦の推進器は直径約4メートル、鋳込重量約15トン（仕上がり重量は約9トン）の3翼1体型のマンガン青銅製で、毎月2個ほど鋳込んでいた。高速駆逐艦島風の低圧タービン車室は高圧高温蒸気採用のため、従来の鋳鉄製から鋳鋼製になったほか、同艦用の鋳鋼弁も非常に多かった。吉村部員はこういった仕事を部下の優秀な係員の協力を得ながら遂行していったが、当時の鋳造工場の係官は明治36年の入業以来勤続40年という超ベテランの飯田技手を始め渡辺、酒井、牛島らの各技手、さらにその下にいる工長、工手ら現場第一線の管理者もそれぞれにみな優秀な人々であった。

こういう判任官以下の優れた人々が工廠の技術を支えていたわけで、「陸海軍とも軍隊は下士官でもっているといわれるが、海軍工廠はこれら係員、特に高い技能者たる技手養成所出身者でもっているといっても過言ではない」と吉村中尉は痛感した。

ところでこの鋳造工場の主任・永田重穂造機少佐は、異色の工場主任といってよい人であった。大阪高等工業の採鉱冶金科を出て舞機で長らく技手を務めたのち技師となって広廠の鋳造工場へ転出、昭和７年に舞機鋳造主任となって返り咲き、同15年６月に武官（造機少佐）に転官した人である。鋳造技術に満々たる自信を有するなかなかの勉強家で、その風貌、語り口とも、いまでいう教祖めいたところすらあった。

実習士官などに講義をするときは『常識講座　鋳造術の大要』といった自著のパンフレットを配り、「人間の理想は天

前列左から３人目が星野賢二技中尉、次いで吉村常雄技中尉、永田重穂技少佐（前主任）、中坂礼吉技師（新主任）、高橋悦郎技中尉

国か極楽である。しかし地上には生と死のみで天国や極楽はない。ゆえに考える必要が生じる。考える人は偉いのだ」といった技術者らしからぬ講義をして聴く者の目を白黒させた。「わしのいう哲学の『哲』は徹底の『徹』に通じている」ともいう永田少佐は、こと鋳造に関する限り、たしかに一種の哲学を持っている人であり、吉村先任係官はこの人から海軍の技術者としての心構えを叩き込まれたという。だが、この永田主任は昭和17年12月、中坂礼吉技師（技養２期―大正12年卒）にあとを譲り、再度の広工廠勤務に向けて舞鶴を後にした。

「特異な工場主任」といえば、昭和17年７月からの外業主任・井上荘之助機関中佐もそうであった。井上主任は外業主任から設計主任に横すべりした山口操機関中佐の後任で、山口中佐の機関学校１期後輩の33期（大正13年卒）だが、機校へ入る前は呉工廠の工員から海軍の工作兵、という普通の人とは大分違うコースをたどっただけに下情によく通じ、酸いも甘いも噛み分けた人であった。

パイプ愛用の大変なヘビー・スモーカーでやや斜視、一見「百姓爺さん」風に見える井上中佐は、性温厚にして口調も穏やかな反面、ニコリともせずにヘル談（ワイ談）を一席やってのけるという面白い一面もあった。ユダヤ問題もかなり研究しており、工員給料日の主任訓話のときにはよくその話をしていた。

この井上主任は荒巻誠吾、岡本孝太郎の両見習尉官が外業工場で応用実習に入ったとき「運搬とボイラの煉瓦積み作業をよく研究しておくように」といった。外業では運搬とボイラの煉瓦積み作業が基本だが、これに関心を払う人は少なく、現場任せになっている観があるから、実習中のいまのうちにそれを研究しておくように、ということで、これなども現場に明るい井上主任なればこそのアドバイスといえよう。

またあるとき、岡本造機見習尉官がフネの煖機に関するかねてからの疑問を井上主任にぶつけたことがある。「煖機のための早起きがシンドイから言うわけではありませんが、煖機せずには動けないようなフネでは、エンジンを冷態にしているとき、いきなり空襲でもあったら困ることになりはしませんか」と。すると井上主任は「そんなことをいうもんじゃありませんよ」と、温厚な人柄そのままにやんわりと岡本尉官をたしなめ、「そんなら君は煖機せずにすぐさま高出力を出せる機関を造れるか——といわれたらあなたどうします」といった。いわれて岡本尉官は頭が上がらなかったのはいうまでもない。

この井上荘之助中佐は昭和19年の春ころ、因島監督官となって舞鶴を去った。それは当時の因島監督官・鈴木文夫中佐（海機35期—大正15年卒、少佐時代に舞機の第二検査官）が余りにも熱血漢で奇行が多く、日立・因島造船所が持て余した結果、井上中佐の温厚な性格が買われたからであった。

「造機大尉」から「技術大尉」へ

米軍が本格的な反撃を開始した昭和17年の夏以降、南方ニューギニア島の東方にひろがるソロモン海域では、数次にわたるソロモン海戦や航空戦、ガダルカナル島へのわが補給作戦など、日米両軍の死闘が熾烈を極めていた。10月3日には「国宝師団」といわれた仙台の第2師団主力がガ島へ上陸し、やがて南太平洋海戦（10月26日）、第三次ソロモン海戦（11月12日）、ルンガ沖夜戦（11月30日）とあってソロモンの海面は血で染まり、海底には鉄の山が築かれた。同地域の海底がいまもって「アイアン・ボットム（鉄の海底）」と呼ばれているゆえんである。

一方、北方戦線も苦しく、10月下旬に舞鶴へ入港してきた駆逐艦初春は、キスカ島北方で敵機の爆撃を受けた由で第３砲塔から後部を失っていた。その痛々しい艦影に人々はまたも心打たれたが、同艦は他所で修理を受けることになったらしく、数日で姿を消してしまった。

このように第一線も苦闘続きなら、そのころの銃後の各海軍工廠もとみに忙しく、深夜業や徹夜は日常茶飯事となっていた。工員の大部分は４時間残業だから、残業を終えて帰宅すれば子どもたちはすでに寝ており、翌朝はまた子どもの寝ているうちに家を出る。だから子どもの起きている顔は何日も見られず、子どもの方も父親の顔を忘れるほどだといわれるようになった。また、深夜業や徹夜で給料袋は膨らむが、買うべき物が次第に欠乏してカネの使い途がなく、貯金ばかりが増えていく、といった嬉しいような悲しいような話も聞かれ出した。

そんな忙しい時期の17年10月下旬、山下多賀雄造機大尉は２ヵ年に亘る舞機外業工場の先任部員としての重責を全うし、１期下の金森久良造機大尉と交替してトラック島の第四工作部へ転出して行った。

金森大尉は昭和13年の北大機械卒で、第27期の永久服役士官だが、北大へ入る前は札幌の商業学校にいたという変わった経歴の持主である。色浅黒く目はギョロリ、顎が張っていてまさに「張り切りボーイ」そのものといった感じで、事実、舞鶴では大いに奮闘したけれども、戦後ほどなく、帰郷先の北海道の鉱山で惜しくも不慮の死を遂げてしまった。

この外業先任部員の交替に続いて10月31日には組立工場の内山貞亮造機中尉（短現３期）と製缶工場の柴田竜男造機中尉（短現４期）が退庁し、短現７期の藪田東三造機大尉と新谷正一造機中尉がともに二年現役満期となって予備役に編入された。だが、藪田・新谷の両部員は予備役編入と同時に即日充員召集を受け、舞機で満期即召集となったのはあとにもさきにもこの両氏だけだろうといわれることになった。

月が替わって11月の１日には外業の片山喬平造機中尉（永久服役30期）が大尉に進級し、荒巻誠吾造機見習尉官（永久服役31期）およびそれとコレスポンデント（通信員）の岡本孝太郎尉官ら短現10期の造機見習尉官４名が揃って少尉に任官した。しかしこのときから技術科士官は造船、造機、造兵、水路の別なくすべて「技術大尉」「技術少尉」などと呼ばれるようになり、片山造機中尉は片山技術大尉に、また荒巻造機見習尉官らは技術少尉になった。

充員召集令状
新谷正一
右充員召集ヲ令ス
左記ニ依リ参着スベシ
海軍大臣
海軍省人事局

新谷正一氏のもらった充員召集令状
（実物は紅の地に黒文字）

それは勅令第610号「海軍武官官階ノ件改正」（昭和17年７月15日公布、11月１日施行）による措置で、この改正による最大の稔りは海軍長年の懸案だった兵科・機関科の統合が実現したことだといわれている。すなわちこれにより機関科士官も晴れて兵科将校となって階級名から「機関」の文字が消え、同時に飛行、整備、機関、工作の各科特務士官も兵科士官となって階級名から「特務」の文字が取去られた。

だがこのとき、技術少尉に任官したある士官がボヤいた。「みな技術者だからまとめて“技術少尉”ということなんだろうが、できうれば“造船少尉”、“造機少尉”という名称は残しておいてほしかったなぁ」と。すると上級者の誰かが「それじゃ兵科将校も砲術大尉、水雷中尉、航海少尉とし、軍医官も外科大尉、内科中尉としなきゃならんだろう」と野次って大笑いとなった。

それはとにかく造機のガンルームでは、片山技術大尉以下の進級・任官者を祝って11月2日、料亭白糸で盛大な祝賀会を開いた。そして組立工場の平岡正助技術中尉は当日の日誌にそのことを次のように書いた。

「11月2日――（片山中尉の大尉進級と荒巻見習尉官ほか4名の少尉任官を祝して）ここに11月2日、『白糸』においてガンルーム会を画し、一夕の宴を催す。

ガンルーム士官は明朗、活力の源泉。加ふるに去日の南太平洋海戦の快勝あり。共に飲むべし、談ずべし。然れども分を忘るべからず。己を逸しては何を以てガンルーム会の意義あらん」

ここに「南太平洋海戦の快勝あり」とあるが、これはミッドウェー海戦以来、真相を伏せるようになった大本営が、まずは互角の勝負であったこの南太平洋海戦をも「快勝」と発表したからで、これを書いた平岡中尉の錯覚でもなければホ

料亭白糸における造機ガンルーム士官の宴会（昭和18年春）

ラでもない。

すなわち昭和17年10月26日の同海戦は、敵味方ともほぼ互角の艦艇、航空機で戦い、わが方は本土初空襲の敵空母“ホーネット”を屠って「これで帝都空襲の仇は討てた」と大いに気勢を上げた。しかし空母翔鶴や舞鎮所属の重巡筑摩が大破するなどの損害を受け、まずは「痛み分け」の勝負であって、お義理にも「快勝」とはいえぬ海戦だったのである。

商人マーク

さて、昭和17年10月31日に二年現役満期となった舞機組立工場の内山貞亮造機中尉は、退庁に先立って後任の岩下登造機少尉に、組立内火班の先任係官交替の印として自分の作業帽を手渡した。それは油でベトベトの白の日覆いのついた軍帽で、もらった岩下少尉はそれを順送りに後輩に引き継ぐつもりでいた。ところが作業帽が白の覆いのついた軍帽だったのは岩下少尉ら第9期短現までで、次の第10期短現から

組立工場部員・内山貞亮造機中尉退庁記念（昭和17年10月31日）
前列左から2人目が福間武美組立主任、次が内山貞亮造機中尉

駆逐艦早波の進水記念絵葉書
（昭和17年12月19日）

は前記のように黒の艦内帽に変わったのでそれは叶わぬこととなり、岩下少尉は少々ガッカリした。

この内山中尉と同日付で民間会社へ帰った柴田竜夫造機中尉は、それから1ヵ月ほどのち、背広の胸に例の“商人マーク”をつけてひょっこり工廠へ姿を見せた。そして駈けつけた造機の若い士官連中にしみじみと語ったものである。

「民間会社の平社員、平技師になると走り使い同然で全くつまらん。工廠の部員のように何百人、何千人の工員を号令一下動かすなんてことは夢のまた夢だ。民間へ帰って初めて海軍のよさが分かったよ。君らもできるだけ長く海軍にいることを考えるべきだ」と。

この柴田氏が胸につけたいわゆる“商人マーク”は、直径20センチほどの大きな丸型のマークに「商人」と大書してあるもので、工廠へ入る部外者は誰もがこれを胸につけるきまりになっていた。あるとき、某大学の教授もこの“商人マーク”をつけて来廠し、作業係の部外者待合室の硬い長椅子に腰をかけて、一般業者と同じように面会の順番を待っていたことがあった。それを見た同教授の教え子である外業のさる若手部員が腹を立て、造機部の工務係へ怒鳴り込んだ。「大学教授といえば奏任官のはずだ。よし、そうでなくとも“商人”でないことだけは確かだから、“商人マーク”をつけさすことだけは止めるべきではないか。総務部とかけ合って何とかしろ」と。

だが結局ラチが明かず、その夜「白糸」で催された同教授歓迎会の席上で集まった有志一同、みな平身低頭して大いに詫びを入れたということである。

このようなさまざまなできごとのうちに太平洋戦争1年目である昭和17年も暮れんとしていた12月26日、設計の大前康彦、機械の稲場貞良そして鍛錬の高田良一の技手3氏が揃って技師に任官した。

晴れて技師となった高田良一氏は高等官食堂で食事を摂りながら、遙かに工廠長、部長らの席を見やり、「俺もようやく高等官の仲間に入ったのかなぁ」と、胸が熱くなった。と同時に大正5年の組立見習職工から26年余をかけ、はるばるこの高等官食堂にたどり着いた自分自身がいとおしくもなった。

これより少し前の昭和17年12月19日、舞廠では夕雲型駆逐艦の舞廠第3艦（全国第13艦）早波を進水させ、年末ぎりぎりの12月29日に秋月型の第2艦（全国第4艦）初月を無事に引渡した。

F章　勇戦期

——昭和18年（太平洋戦争の2年目）——

さらに大量採用の青島1期組

明くれば昭和18年である。この18年の年明けは前年の景気のよい年明けと違って「1月2日、ブナ（ニューギニア）のわが守備隊全滅」という悲報に始まり、マスコミの報道にも「鬼畜米英」だの「撃ちてし止まん」といった論調が見られるようになった。

明けてほどなく、外業工場の岡本孝太郎技術少尉は回覧されてきた「軍極秘」の木箱の中に妙な書類を発見して首をひねった。それは舞鎮籍の軽巡天龍（姉妹艦龍田とともに第18戦隊を編成）から舞鎮の参謀長か何かに宛てた公文書の写しで「本艦は某月某日、南緯何度何分、東経何度何分の地点において予備の缶管何本、同復水器細管何本を喪失せり」とあったのだ。

「なぜ予備品だけを失ったのだろうか」と不思議に思っていると、2～3日して同じ回覧の軍極秘書類のなかにやはり「天龍」からの文書があり、「本艦は某月某日某地点（さきの文書と同一日時、同一地点）において船体・機関・兵器および機密書類を喪失せり。ただし同地点は水深何百メートルであり、機密書類は鉛の表紙であるから浮上して敵に発見される心配はないと思う」というようなことで、つまりは自艦の沈没を報せているのである。これで初めて岡本少尉は「天龍」の沈没を知ったわけだが、それにしても何でこんな遠回しないい方をするのだろうかといぶかった。なお、同艦の沈没は敵潜の魚雷によるもので、正確な沈没日時は昭和17年

軽巡天龍

12月18日、場所はニューギニア東部のマダン沖であった。

「天龍」は戦前の昭和15年に大原信義造機少尉候補生（当時）らが乗艦実習をしたフネであり、また、軍事思想普及のためときどき舞鎮管内の日本海側諸港を回っていたフネである。日本海側育ちの岡本少尉も郷里近くの直江津港や金沢の金石（かないわ）港で乗艦見学したことがあるだけに懐かしく、その沈没はことのほか惜しく感じられた。

さてその昭和18年の1月、中国は山東半島の青島で訓練を受けたいわゆる「青島第1期」の短現士官約20名が舞機へ着任した。この短現士官は就学年限の短縮により17年9月に大学・高専を卒業した面々で、従来からの通算でいえば第11期短現というわけだが、すでに記したようにこの期から永久服役と同じ期別となり、第32期短現といわれるようになっていた。しかもこの組は、大量採用のハシリである1期前の第10期短現よりさらに7割方多い1,152名の採用となったため、内地では適当な訓練場所がなく、中国の青島で訓練を受けたところから「青島第1期」ともいわれていたのである。

組立工場の機器量産

青島1期の短現士官が着任した昭和18年の1月ころ、組立工場係官・平岡正助技術中尉は命により工程分析の講習を受け、その手法を活用して主機・補機の生産増強に取りかかっていた。すなわち同工場の係官・係員の支援のもと、生産ボトルネックを解明してそれを排除し、主要部品の移動経路を短縮し、組立運転設備の拡張等を行なったのである。

その結果、昭和17年には2ヵ月に1基しかできなかった主機タービンが、2年後の昭和19年には1ヵ月に3基と6倍にハネ上がり、旋転式補機も同じく1ヵ月15基から80基へと5倍強の生産量になった。

ここで舞機組立工場の旋転式補機について少し述べるならば、同工場の補機班では全海軍の旋転式補機用小型タービンの120型（タービン翼ピッチ円の直径120ミリのもの）と、180型（同180ミリのもの）を一手に生産しており、前者の120型は舞機で製造する潤滑油ポンプ・重油ポンプに用いられるに対し、後者の180型は川崎重工で製造するネジ式重油噴燃ポンプに用いられた。いずれにしても補機生産は当時のちょっとした量産方式で、平岡中尉にとっては興味津々たるものがあり、同中尉はこの工場に配属されたことを大変嬉しく思ったという。

一方、同じ組立工場の内火班ではそのころ、駆潜艇の主機となる艦本式23号乙8型内火機械の組立てを行なっていた。それは戦局の激化に伴い、艦本式複動内火機械（舞鶴でも2基造った1号乙8型機械等）の製造は、造機能力上はなはだ不利となったのでこれを取止め、代わりに単動中型の艦本式23号および22号内火機械を官民メーカーが協力して大量生産することになったからである。

艦本式23号内火機械は三菱・横浜の設計を海軍が採用し

たもので、甲型（850馬力）と乙型（950馬力）があり、両者はシリンダの中心間距離が違うだけであった。舞鶴が造ったのは乙８型（８シリンダ）の方で、そのころこの型はすでにもとの950馬力から1,000馬力にパワー・アップされていた（『昭和造船史』）。

この機械は操縦が楽な上に、架構が鋳物で構造も割合簡単だったので、舞機内火班でも１号機は難なく組立てを終えた。ところが２号機では２回もピストンを焼き付かせたので、担当の岩下登部員はその原因探究に苦労していた折も折、コネクティング・ロッドとシリンダ・ライナの間に右手を挟まれ、危うくその手を切断するという事故に遭って海軍病院に入院した。

負傷の原因は、岩下部員が停止中の機械を点検中に誰かが誤ってモータリングしたためであり、ピストン焼損の原因は、ピストンの嵌合摺り合わせを慣れない新米工員がやったためであった。つまりいかに組長や工手がベテランでも、一般の作業員は経験の少ない徴用工が増えていたところからくる事故であって、それに気付いた岩下部員は退院後、自身で教本を作って徹底的に内火機械の教育をやり直し、かなりの成果をあげた。

この23号乙８型機械は、このあと出力がさらに１割アップされて1,100馬力となり、昭和19年には大増産することになった。内火班では総力を挙げてこれに当たり、昭和17年ころは１基組立てるのに４ヵ月かかっていたものが19年にはその６倍、つまり２ヵ月に３基組立てる、という驚異的な成績を挙げて見事にその目標を達成したが、これには前記の全組立工場的な生産増強運動の効果も手伝っていたことはいうまでもない。

ところがこの23号乙８型機械、架構の鋳物に欠肉が続き、そのころすでに設計が主務で組立が兼務となっていた岩下部員として、今度は設計の立場から対策や特採に苦心しなければならなくなったという。

帝国海軍駆逐艦・水雷艇建造小史⒄

40ノット艦—島風〔Ⅱ〕(丙型)

前記の白露型改（海風型）以降の駆逐艦は、友鶴事件や第四艦隊事件の影響で船体強度や復原性能が重視される余り、肝心の速力の方が犠牲となり、「結論的艦隊駆逐艦」といわれた陽炎型、夕雲型でも速力は35.0～35.5ノット程度であった。これに対して米国の新造駆逐艦は37ノット前後の高速艦であり、駆逐艦の襲撃目標たる主力艦も、無条約時代に入ってから列強各国は、30ノット前後の高速艦を建造または計画していた。

そんなところからわが海軍部内には「将来の艦隊駆逐艦は40ノットたるべし」という声が次第に高まり、かくて昭和14年、軍令部は速力40.0ノットの駆逐艦を正式に要求、これにより同年度の軍備充実計画（㊃計画）による夕雲型駆逐艦の１隻を40ノット艦として建造することになった。これが丙型駆逐艦の島風（２代目）で、艦名のよってきたるところは大正９年に舞鶴で建造した初代「島風」（峯風型駆逐艦）が計画39.0ノットに対し、40.7ノットの高速を出した実績にあやかってのものである。

ところで駆逐艦はその使命上、艦型はできるだけ小型で運動性能もよいものでなければならないが、このような小型艦に高速を与える軽量大出力の機関といえば、当時としては高圧高温の蒸気タービンしかなく、わが造機陣では昭和15年、舞鶴建造の陽炎型の1艦天津風（2代目）に、従来の30kg /cm^2、350℃に代わる40kg /cm^2、400℃の高圧高温機関を試験的に採用し、優秀な成績を得てこの種機関に関する自信を深めた。これにより夕雲型なみの艦型で40ノットを出す駆逐艦ができるメドがつき、ここに丙型駆逐艦島風（2代目）が誕生するに至った。

「島風」は水線長126メートル（夕雲型より9メートル長いが秋月型より6メートル短い）、公試排水量3,048トン（夕雲型2,520トン、秋月型3,470トン）、主機出力は2軸合計で75,000馬力（夕雲型、秋月型ともに52,000馬力）で速力は計画39.0ノットとし、公試で40ノット以上を期待する、という艦型にまとめられ、第125号艦として昭和16年8月8日、舞廠で起工された。そして翌17年7月18日に進水、18年4月7日の第3回海上公試運転において10／10全力で40.37ノット（排水量2,924トン、出力75,890馬力）、10.5／10過負荷全力で40.90ノットの高速（排水量2,894トン、出力79,240馬力）を記録したのである。

「島風」には数々の特徴があるが、そのひとつは艦型増大抑止策の一環として、公試排水量を通常の燃料2／3満載状態から本艦に限り1／2満載状態をもってする、とされたことである。これにより「島風」は公試排水量2,900トン前後におさめられ、40ノット以上の高速もこの公試排水量の軽減により得られた、といえなくもないことになった。

だが、それにもまさる特徴は、何といってもこの高速を発揮させた40kg /cm^2、400℃という高圧高温蒸気推進機関の採用である。高圧高温の蒸気を作るボイラ３基（舞機製）は、１基25,000馬力というわが海軍最大の出力で、被害極限のため１室１缶の配置とし、要求の航続力（18ノット―6,000海里）に対する燃料搭載量は635トンであった。

一方、主タービン２基の各基の出力37,500馬力は翔鶴型空母の１基40,000馬力に次ぐ大出力であり、高圧高温蒸気のため各基タービンは初めて高圧、第１中圧、第２中圧、低圧の４タービン編成となった。そしてその大スペースの処理と被害極限のため配置は秋月型と同じく左舷機を前機室に、右舷機を後機室に置いた。

次に本艦の兵装の最大の特徴は発射管を初めて61cm５連装のもの３基とし、魚雷数は現装の15本のみで予備魚雷を持たないことにした点である。

いずれにしても昭和18年５月10日に竣工した本艦は、諸性能すべて優秀であり、魚雷艇を除く帝国海軍最高速の艦として大いにその存在を誇示した。

本艦は一般に「試験艦」とか「試作艦」とかいわれるが、実際には他の艦型同様、１個駆逐隊の編成に必要な４隻が計画された。しかし、高出力機関の製造は容易でなく、戦時中で資材の調達も困難なため結局、丙型駆逐艦はこの「島風」（２代目）ただ１隻のみとなった。

40ノット艦　島風（２代目）

昭和18年２月１日、日本軍はガダルカナル島から撤退を始め、翌2日にはヨーロッパでスターリングラードのドイツ軍が降伏した。

日本軍のガ島撤退作戦は、18年2月1日の開始から同月7日までの1週間に1万1,000名の撤退を完了したが、それは撤退者に倍する2万5,000名という戦死者を出してのものであって、大本営はこれを「転進」と強弁したものの、とにかく惨憺たる結果に終わった撤退作戦ではあった。

3月になると27日に北方戦線のアッツ島沖で海戦があり、アッツ、キスカ両島の確保もむずかしいのでは——という悲観的雲行きが濃厚となってきた。

だがそのころ、舞鶴では東舞鶴の東端、浮島地区に舞鶴海軍記念館が落成し、4月3日の神武天皇祭の佳節を卜して開館式が行なわれた。同館は海洋美術家の手になる海軍名画や数々の記念品を陳列するところだが開館後ほどなく、同館の前で、国民の献金による海軍機「報国号」10機の命名式があった。そして同じころ、舞廠では帝国海軍が誇る高速駆逐艦島風（2代目）の海上試運転に入っていた。

「島風」建造の経緯や特徴については別項の「帝国海軍駆逐艦・水雷艇建造小史⒄」を見ていただくとして、同艦は18年の3月下旬から海上試運転に入り、予行運転3回、公試運転6回、ほかに探信儀公試、砲熕公試等で3回、計12回港外へ出動、4月7日の第3回公試において10／10全力で40.37ノット、10.5／10の過負荷全力で40.90ノットの好成績を得たのである。そしてわが造艦技術の粋を集めた艦として、その性能は大型艦の代表たる大和型戦艦に匹敵するといわれ、まさに小型艦の代表的存在となったのである。

本艦の使用蒸気は何しろ40kg /cm^2、400℃という高圧高温蒸気であり、主タービンはこれに対応してわが海軍初採用の高圧、第1中圧、第2中圧および低圧の4タービン編成で、2基合計75,000馬力という大出力のものであった。3基のボイラ（艦本式ロ号缶）もこれまた1基25,000馬力というわが海軍最大力量のもので、舞廠造機部では前年から各工場を挙げてこの「第125号艦」（島風）用のボイラ、タービンその他もろもろの機関部品の製造に注力し、見事にこれを成し遂げたのである。

さて、この「島風」の海上試運転では、魚雷艇を除く日本の艦艇中、ただ1隻40ノットを出したそのスピード感は、乗っていてもさすがと感じられるものがあった。本艦では高速発揮時には両舷のハンドレール（手摺り）は波で壊されぬよう全部内側へ倒され、艦橋から艦尾へかけては上部構造物に添って両舷の甲板上にロープが張られた。このロープ張りは従来の艦では見られなかったことで、ロープはむろんそれに掴まって歩くためのものである。事実40ノット近くになると風圧もさりながら、ロープに掴まってでないと甲板を歩くのは大変危険であり、困難でもあった。40ノットの甲板上を歩くということは、時速74キロで走っている列車の、手摺りも何もない屋根の上を歩くのと同じだからである。

本艦のボイラを製造した舞機製缶工場の嶋井澄技術中尉は、海上試運転のときは缶部担当部員としてボイラの指揮をしていたが、その指揮所から仰ぎ見る空の雲の速さで40ノットの高速を実感した。缶部指揮官である以上、高速発揮中だからといって甲板に出て様子を眺めるなどという呑気なことはできない。狭い缶部指揮所に頑張って、頭上の甲板にあけられた丸いハッチから空の雲を見上げるのがせいぜいだが「島風」の場合、その千切れ雲の速さがそれまでに経験した「秋月」(33ノット) や「巻波」(35ノット) のときとは全然違うスピードだったのである。その速さから「なるほど40ノット艦だけのことはあるわい」と嶋井中尉は感じたという。

ところで「島風」のボイラには自動燃焼装置が付いていた。しかし後進力惰力試験、つまり例のブレーキ・テストのときは缶の火を急に消し、また急に焚かねばならない関係上この装置は役に立たず、それを切り離して人力燃焼とした。ところが相当慎重にやったつもりだったのに嶋井中尉は後進力試験のとき安全弁を吹かしてしまった。

後進力試験は立付け(リハーサル)の利かないぶっつけ本番のテストである。だが、いかなるときでもボイラの安全弁を吹かすことは缶部指揮官の恥とされていたのに、それを吹かしたので、嶋井中尉は「しまったっ!」と思った。果せるかなこの直後、艦橋から「缶の指揮官は何をしとるかっ! すぐ艦橋へ上がってこいっ!」とえらい見幕の声が飛んで

舞廠建造の高速駆逐艦島風(2代目)
昭和18年5月5日、宮津湾外の標柱間を全力航走中のもの。波形としぶきが35ノット艦といちじるしく異なる

来、その日乗艦していた艦本五部員で本艦設計者の1人である工藤清中佐（海機35期—大正15年卒）からこってり油を絞られたという。

しかしこの工藤中佐からこの日、帰港する同艦の機関科指揮所で外業工場の堀口丈夫技術中尉や岡本孝太郎技術少尉らは“将来の駆逐艦像”といった話を聞いて「なるほど」と頷いていた。

工藤中佐がいうには、いま計画中の駆逐艦は資材不足のため、一等駆逐艦とはいえ本艦やさきの陽炎型より一回りも二回りも小さい1,500トンくらいのものになり、被害極限化を図って缶—機械—缶—機械という配置になる予定だという。そしてその配置のため、新しい駆逐艦は外観的には第1煙突と第2煙突が文字どおり「間の抜けた」恰好で突っ立っている、といったフネになろう——ということで、この艦本の駆逐艦設計責任者の言葉どおり、やがてそれは松型一等駆逐艦として誕生したことは知られるとおりである。

それはとにかく、この2代目「島風」は初代「島風」のように主タービンにトラブルを起こすこともなく、至って良好な状態で昭和18年5月10日に引渡しとなった。しかしそれより前の18年3月26日、造船部の本艦艤装担当部員・山中友親技術中尉（第9期短現）が、艦内の1番弾庫昇降口から転落して殉職する、という痛ましい事故が起こったことは忘るべきでなかろう。

また、就役後の「島風」は18年7月のキスカ撤退作戦を初陣として各地に転戦、その間にも例外的高速艦なるがために課されていた各種実験の結果を、毎月艦政本部へ報告していたという。そして昭和19年10月の比島沖海戦に続くレイ

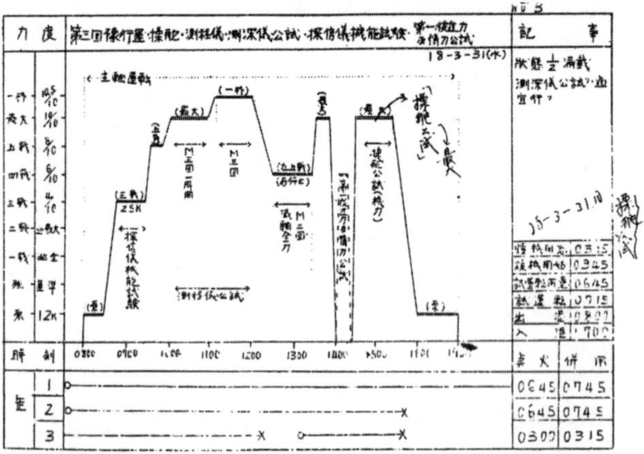

「島風」第3回予行運転時（18.3.31）の「項目―力度線図」

テ島輸送作戦において敵機の波状攻撃を受け、同島オルモック湾で沈没して乗組員の9割方が戦死したが、ときに昭和19年11月11日で、誕生後わずか1年半という短い生涯であった。

なお、本艦は当時、特型駆逐艦より成る第2水雷戦隊の旗艦だったので、乗組員総数は司令部要員を含めて他の駆逐艦の5割増し、450名くらい（戦時中の普通の一等駆逐艦の乗組員は約300名前後）になっており、生き残ったのはわずか46名だったという（以上、「島風」最後の機関長・上村嵐氏編の『帝国海軍駆逐艦「島風」』による）。

なお戦後の話だが、本艦の大出力タービンの製造に当たった舞機組立工場の平岡正助技術大尉が米国の著名なタービン・メーカー、G・E社を訪れたとき、元は米海軍の技術士官だったというそこの技師長にたまたま「島風」のタービンの話をしたところ、「貴殿はあの“島風”のタービン製作に関係したのか」と大変な敬意を表されたとのことである。

公試排水量

フネの大きさをいう場合、商船では総トン数（船の容積100立方フィートが1トン）または載貨重量トン数（その船に積みうる貨物の最大重量）でいうのに対し、艦艇では排水量つまりフネそれ自体の重さでいっている。そして商船の総トン数も艦艇の排水量も、ともにフネを設計するときの基本となる数値であることは、よく知られているところである。

ところで日本の艦艇の排水量は、大正末期まで常備排水量（おおむね弾薬類は3／4、燃料1／4、真水1／2搭載状態の艦艇の重さ）を用いていたが、この常備排水量は、設計者によって若干差が生じるなど不適切な面があったので、その後「公試排水量」を用いることになった。巡洋艦では一等巡洋艦の第1艦古鷹（大正11年12月5日起工）以降、駆逐艦では特型の「吹雪」（大正15年6月19日起工）以降である。

公試排水量というのは、各種搭載物件を満載して根拠地を出撃した艦艇が戦場に到着し、まさに戦闘を開始せんとするときの想定数値で、弾薬類は定量搭載、燃料、真水、糧食等の消耗品は2／3搭載の状態をいった。艦艇が戦場に到着するまでには弾薬類の消耗はないが、燃料等の消耗品はその1／3を消費し、残り2／3は保有しているものと見たのである。

ところが駆逐艦島風（2代目）では戦闘開始時点の排水量は、消耗品の半分程度を消費したときと見るのが適当、という軍司令部の考えにより、その公試排水量は燃料等１／２搭載状態に設定され、その軽減された排水量で40ノット以上の高速を得たもので、もし従来どおり燃料等２／３搭載の排水量では、40ノットは得られなかったのでは……といわれている。

軽巡龍田の舵取装置

わが海軍最新説の駆逐艦島風（２代目）が海上試運転のため、舞鶴軍港を出たり入ったりしていた昭和18年４月、その「島風」とは較べようもない旧式小型の軽巡が１隻、工廠岸壁につながれて修理を行なっていた。前年末に僚艦天龍を失ってどこか孤影悄然たるところが見える舞鎮所属の軽巡龍田で、修理は舵取装置に対するものであった。それは同艦が南方で艦尾に至近弾を受けたとき、舵取装置の芯に狂いが生じたか、それ以来、高速で大転舵をすると舵取機械が発熱するということであった。

この舵取装置はネピヤー式という古い型のもので、その構造は図のようなものであった。すなわち船首側、船尾側それぞれ逆方向に角ネジを切った１本の螺棒が中央にあり、これに噛み合う母螺（ナット）がやはり船首側、船尾側に各１個

軽巡龍田

ずつ配されていて、中央の螺棒が蒸気レシプロ機関によりウォーム・ギヤーを介して一方向に回されると、噛み合っている母螺が船首・船尾の方向にそれぞれ離れたり接近したりの運動をし、その偶力で舵柄を回すようになっていた。

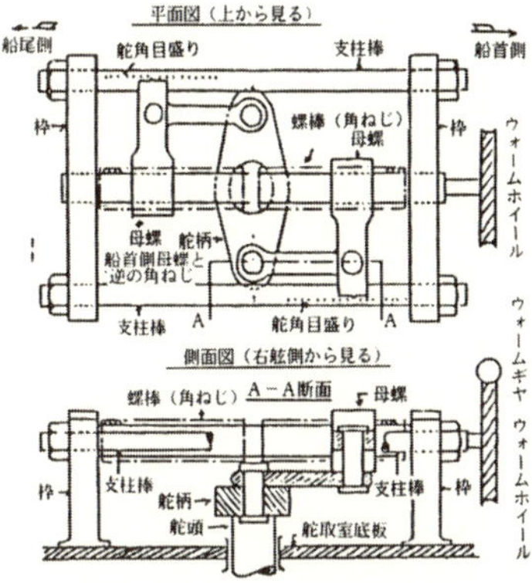

「龍田」のネピヤー式舵取装置略図

そのカラクリは巧妙なものであったが何しろ全長5メートル、重さもかなりな古いシロモノである。その上、舵取機室が狭いときているので、芯の出し直しや機械の据付け直しは容易なことでなかった。それでも一応の見通しをつけ「これでよし」ということで確認運転に出るのだがその都度、高速大転舵をすると母螺が発熱し、螺棒に塗布する油がイヤな臭いを出して焼け焦げる、というありさまであった。

こういう事態が再三に及ぶに至って甘利義之造機部長はシビレを切らしてしまった。「艦本の井田を呼べ」ということになって艦本五部の補機班長・井田鉄太郎技術少佐（現、海軍造機会の筆頭世話人）が舞鶴へ飛んできたが、以下、井田氏の『私の海軍時代―中編―』によりそのときの模様を概観することにしよう。

さて、昭和18年もやっと春らしくなった4月のある日、艦本五部の井田鉄太郎補機班長は、計画主任のK技術少将から「龍田」の舵取装置の件で急ぎ舞鶴へ出張するよう命ぜられた。「行ってよう直さんようだったら君は東京へ帰れんかも知れんよ」とクギをさされた井田部員は、「えらいことになったものだ」と思いながらすぐその日の夜行で東京を発ち、翌日の昼ころ舞鶴へ着いた。すると駅頭に鎮守府差し回しの車が佐官を示す赤い小旗をつけて待っていたので井田部員は「ことは予想以上の騒ぎになっているな」と直感した。技術官がこんな車に１人で乗るなど、めったにないことだからである。

工廠に着いて甘利造機部長に挨拶をし、関係者から事情を聞いてその夜は水交社で泊り、翌朝、試運転に出港する「龍田」の舵取機室へ朝早くから入った。

旧式などネピヤー式舵取装置は、井田部員としても初めてお目にかかるものだったが、出港して約１時間、フネが広い海面に出て操舵試験が始まると、艦本でいわれてきたとおりのことが起こった。全速で大角度の転舵を繰り返すと母螺が熱くなり、潤滑油の焼け焦げる臭いがするのである。井田部員はまずこの事実を確認したが、直しにきた以上、原因をつきとめないかぎり手の打ちようがない。目を皿のようにして調べるが解決の糸口さえつかめない。アッという間に時間が経ち、昼ころフネは速度を落とした。

井田部員はこの間に食事をとっておこうと士官室へ行くと、そこには造機部長、造機舞検査官、鎮守府の機関参謀その他工廠各部のいろんな人がきており、同部員が中央の食卓につこうとすると「おい、直るメドはついたか」と甘利部長から声がかかった。

「いまのところまだ分かっていません」と答えると「そんな

ことでのこのこメシを食いにくる奴があるか」ときた。甘利部長としては立場上そういわざるを得なかったのだろうが、いわれた井田部員はびっくり、慌ててもとの舵取機室へ引返し、空き腹も忘れて引続き午後の試験に入った。

どのフネでもそうだが、高速で大転舵をすると艦尾にある舵取機室は左右に傾き、上下に揺れ、これに船底を叩くウォーター・ハンマーの激しい音と振動が加わって、部屋全体がお祭の御輿さながらの様相を呈する。「龍田」は艦齢24年という老齢艦のため、その現象はとくに甚だしい。そういう大変な揺れと騒音のなかで井田部員はひたすら考え続けたが、結局何も分からぬままフネは港に帰ってきた。

「これから造機部で会議が待たれるだろうが、それにはネピヤー式を手がけた古い人も出るだろう。そういう人たちと話しているうちにまた何かよい思案が浮かばんともかぎらん……」と思いつつ井田部員は重い足どりで造機部へ向かい、そこでの会議に臨んだ。

会議の席上、甘利部長は設計主任、担当部員、担当係員と次々関係者の意見を聞いて行った。その間、部長の固い表情は少しも変わらなかったが、井田部員は聞いているうち、ふと頭にひらめくものがあった。けれども言ってよいものかどうか自信がなく、黙っていると「井田君、どうする」と甘利部長は最後に井田部員の意見を求めてきた。そこで何か言わざるを得なくなった同部員は、「間違っているかもしれませんが」と前置きして切り出した。

「ネジ棒が回ることによってそれと噛み合う母螺が移動するわけですが、あんなシビアな条件下では、母螺はネジ棒に対してきっと上下左右に振られながら動いているものと思います。ところがネジ棒のネジも母螺のネジも、ともに普通のネジとちがって角ネジですから、ネジ棒と母螺はヘリコロイドに削られた面と面の接触でなければなりません。しかし、もし両者のセンターラインが一致していないとこの面接触が保たれず、具合の悪いことになるのではないでしょうか……」

井田部員としては余り自信のある発言でなかったが、この「面接触」の話の辺から甘利部長の表情が急に和らぎ出し「井田君、分かった。あとはこちらでやるからそのあいだ君は遊んでいてよいよ」と言った。尊敬する大先輩の甘利さんから「分かった！」と言われたのでもう大丈夫だと思ったが、その甘利さんに「遊んでいてよい」といわれたからとて、そのとおりノウノウと遊んでおれる時勢でないことは井田部員も重々承知である。しかし阪神間の親戚に出征する人がいたので同部員は思い切って翌日そこへ出かけ、１泊した。

この間、舞機では船体部に頼んで「龍田」の舵取機室下部を十分に補強してもらい、その上で舵取装置の芯出しを慎重に行なった。それは「龍田」が老齢艦のため高速大転舵時には船体がヒズみ、舵取装置の芯を狂わし螺棒と母螺が「面接触」を保てなくなるのでは——という井田部員の言を踏まえての措置であったことはいうまでもない。

その井田部員が舞鶴へ戻り、甘利部長の部屋へ顔を出すと「ちょっと顔を見なかったが君も現場につきっきりで大変だったね」と言われた。そこで同部員は覚悟を決めて正直にことの次第を告白すると、甘利部長はしげしげと井田部員の顔を見つめながらニヤッとしてただ一言、「太てえ野郎だな、お前は」といった。

やがて予定の工事を終えた「龍田」は何回目かの確認運転に出た。井田部員が乗艦したのはもちろんだが、舵取機室にはいろんな人が様子を見にきていた。フネはほどなく全速で面舵一杯、取舵一杯のテストに入り、それを繰り返し繰り返し行なった。井田部員は衆人環視のなか、神に祈る気持ちでひたすら経過を見守っていたが、そのうち誰からともなく「良くなったっ！」という声がきこえ、舵取機室に笑顔が見えるようになった。そんな空気に井田部員はいままで張りつめていた緊張がとけたか急に船酔いを感じ、急いで甲板に上がって深呼吸を繰り返した。

少し気分がよくなったので士官室へ行き、甘利部長に「もういいと思いますが」というと「そうか、それじゃあ帰ろうか」と、同部長はこの確認試験に終止符を打ち、「井田君ももう帰ってもよかろう」といった。

翌日、井田部員が甘利部長のところへ挨拶に行くと「ご苦労だった。やはり名医だったよ、君は。駅まで車を出してやろう。艦本へはこちらから電信を入れておくよ」という温かい言葉が返ってきた。井田鉄太郎艦本五部員にとって甘利さんから「名医だ」といわれたことくらい嬉しい言葉はなく、晴れ晴れした気持ちで東京へ帰ることができた。

なお「龍田」はこの修理の完了後、舞機の担当部員と補佐部員が呉まで乗艦し、問題の舵取装置には何の異状もないことを確認している。

「多摩」「阿武隈」を急ぎ出港させよ

昭和18年5月1日、西舞鶴の倉谷に舞廠の第二造兵部（機雷・爆雷専門工場）が開設され、同月10日には高速駆逐

倉谷の舞廠第二造兵部（昭和38年撮影）

艦島風が竣工した。そしてそのころ、軽巡の「多摩」「阿武隈」が工廠岸壁につながれて修理工事を行なっていた。「多摩」「阿武隈」はいうまでもなく当時の北方艦隊の基幹をなすフネである。5月上旬、約1ヵ月の修理期間を予定して舞鶴へ入港してきたが、修理箇所は「多摩」が大したことがなかったのに比し「阿武隈」の方は遙かに多かった。それは「阿武隈」の左舷前機だかの復水器細管に漏洩するものが多く、同細管を相当数取替える要があったからである。

事前にその連絡を受けていた舞機側では、同細管（直径約20ミリ、長さ約3メートルの黄銅管）を多数準備するなどして万全を期し、両艦とも担当部員は外業先任部員の金森久良技術大尉、直接の現場担当官は宮原八束技術中尉と決めていた。

さて「阿武隈」では入港早々に当該復水器の水張りテストを行ない、何千本とある細管のうち、古い管や漏れの心配のあるもの合わせて何百本かを取替えることになった。そしてそれらをすべて抜き出したまさにそのとき、米軍がアッツ島に上陸してきたのである。もちろん大本営発表はまだなされず、工廠の者も大ていは知らなかったが、この北方戦線の急変でこれら軽巡を急きょ出港させねばならなくなり、大騒ぎとなった。

それは5月12日の定時間過ぎのことであった。その日は「定時退庁差し支えなし」とされた週央の水曜日だったので「多摩」担当の宮原部員は、同じ外業工場の岡本技術少尉とともに定時退庁すべく、作業服から軍服に着替えて帰途に就いた。2人が庁舎前の広い通りを歩いていると「軍艦多摩・阿武隈の修理工事関係者に告ぐ」という構内放送があり、びっくりして聞き耳をたてると「多摩・阿武隈の工事関係者は至急職場へ戻り、上司の命に従うべし」とあって2人は慌てて外業工場の事務所へ駆け戻った。当時、岡本少尉はこの工場に関係していなかったが、ことがことだけに宮原中尉と行をともにしたのである。

ふたたび軍服から作業服に着替え、井上荘之助外業主任だか金森先任部員だかの説明を聞くと、「緊急事態発生のため“多摩”“阿武隈”は数日ののち（4日後？）に出港させねばならぬことになった」とあって宮原部員はまた慌てた。1ヵ月の予定工期が1週間に縮められたのである。

そうなると「多摩」はいいが、復水器細管を相当数抜き去っている「阿武隈」の方はどうなるか。準備した新品の細管を使わず、艦内に抜き出したままになっている在来管をそ

軽巡多摩

のまま復旧するにしても、果してあと３日か４日でできるかどうか。復水器は低圧タービンの下に懸垂されていて機械室の最低部にあり、一度に多数の工員をかけることはできない。そのうえ、管端のパッキング締付けはかなり熟練を要する作業である。関係者で話し合った結果、「とにかく新品の復水器細管を使用し、昼夜兼行でやるしかない」となって工員に緊急呼び出しをかける一方、外業の若手士官は全部これにかかることになった。

ところが呼び出しをかけた外業工員のうち、その夜出てきた者は10名前後で予定の半分にも達せず、係員のなかには出てこない工員に同情的な風情を見せる者もいた。そこで宮原部員は「これでは工期的に間に合わないし、今後のこともある。ここでひとつ活を入れておかねば……」と翌日、昨夜の欠勤者全員を外業事務所に呼び出し、先任係員・酒井松吉技手らの前でこれら工員に鉄拳制裁を加えて工事の重要性を認識させた。

外業工場の酒井先任技手は各工場の先任係員と同様、工手以下の工員の人事権を握っている上、経験豊かな切れ者として聞こえた人物である。担当部員として全面的協力を得なければならない存在であったけれども、その酒井技手の前であえて欠勤工員に鉄拳制裁を加えた宮原部員は、当時それほどまでに少壮気鋭であり、責任感に燃えていたわけである。また、応援の外業若手部員も艦内の機械室に工員を集め、奮励努力を促したりした。

ともあれ５月12日から昼夜２交代の突貫作業となった。宮原部員は復水器の見える操縦室前に腰掛けを置いて頑張るとともに、下宿から間食を運ぶなどして工員の士気を高めるのに努めた。また、同艦の機関長附きをしていた若い中尉が外業の荒巻誠吾技術少尉と中学同級ということで大いにハッスルし、かなりの機関科要員を投入してくれた。工廠の若手士官も係員や工員も、疲れると機械室の敷板の上にムシロを敷いて寝る、といったことを繰り返し、心配した甘利造機部長が親しく現場へ見にきたこともある。

かくて復水器細管は全部収まったが、手を焼いたのはその後の水圧試験である。復水器内部に水を張り、それに低圧タービン側から１kg /cm^2の圧縮空気を作用させて水圧試験をするのだが、始めは艦首側、艦尾側合計で100本近いチューブのパッキン部から漏水があった。そこで圧力を下げてパッキンの取り替えや増し締めをしてまた圧力をかける。すると100本近くの漏洩チューブが70本くらいに減る。また手入れをし水圧をかける、という作業を繰り返して最終的には４～５本のチューブが涙漏れするだけ、という程度にまで持ち込んだ。しかし、たとえ１本でも漏洩管があることは問題である。けれども艦側は工廠側の熱意に打たれたか、あるいは戦局の逼迫上、止むを得ないと思ったか、やや不完全な状態ながら目をつぶって受け取ってくれた。

前後５日に及ぶ昼夜兼行の工事が終了したとき、宮原部員は「阿武隈」の機械分隊長から当時珍しくなっていたサントリーウィスキーの角瓶をお礼にもらった。下宿で飲もうと喜んで持帰り、２階への階段を上ろうとしたが膝が突っ張ってよく登れない。ようやくの思いで自室にたどりつくやそのまま床にもぐりこみ、前後不覚に寝入ってしまった。

駆逐艦霞　実験のため北洋へ

軽巡多摩・阿武隈の緊急工事で大ハッスルした外業部員の宮原八束技術中尉は、ほかに駆逐艦霞の修理工事も受け持っていた。「霞」は既述のとおり昭和17年６月、キスカ島で僚艦不知火（しらぬひ）などとともに敵潜の魚雷攻撃を受け、艦橋から前をもぎとられて舞鶴へ帰っていたフネである。工廠のドックに入れて艦首の継ぎ足し工事をするとともに、重油タンク内に重油加熱装置を装着する実験艦に指定され、その工事が行なわれた。

太平洋戦争は石油資源確保のための戦争でもあったので、日本はいち早くボルネオ、スマトラ等、東南アジアの石油産出地帯を押えたが、そこから出る石油は高パラフィン系で、重油にした後も常温で固形化する性質があった。したがってそのままでは艦船燃料に使用できず、実艦では重油タンク内に加熱装置を設けて加熱してやらねばならなかった。そうなると加熱装置を設けたフネについて技術と操艦の両面から検討する必要が生じ、かくてその実験艦として駆逐艦霞が選ばれたのである。

加熱装置のコイルは直径約１インチの電縫鋼管だが、それにより加熱される重油は高パラフィン系で引火点が低く、コイル内の加熱蒸気がタンクに漏れると引火爆発する恐れがある。そこに宮原部員は空（から）曲げ加工（パイプのなかに砂を詰めずにやる曲げ加工）されたコイル管の陸上と艦内における目視検査や水圧試験を厳重に施行した。

艦のタンク内では重油が均一に加熱されるよう、コイルはデッド・スペースを残さぬ具合にみっちり配管されており、身動きできないほど狭苦しかった。そんななかで宮原部員は１滴の水漏れもないよう、水圧のかかったコイルの表面をボロ切れで拭きながら検査して回った。

さて、工事が完了した駆逐艦霞の実験はことの性質上、当然寒冷海域で行なわねばならないので、同艦はオホーツク海へ出かけることになった。だが当時、北方海域には米潜出没の情報があり、実験には危険が伴うことが予想されたので、これに立会う舞廠の部員や工機学校教官、燃料廠の部員たちは実験出港前日の７月３日付で「兼第一艦隊司令部附、第十一水雷戦隊司令官承命服務」の辞令を受けた。舞廠部員の顔ぶれは造機設計主任の山口操中佐、機関実験部員の瀬尾技術大尉、造機部員・宮原技術中尉、造兵部員・奥野技術中尉であり、このほかに造船、造兵、機関実験部の係員・工員計４名と修理要員として造機部工員２名が乗艦した。

「霞」は18年７月４日、梅雨いまだ明けやらぬ舞鶴を出港、７月６日に宗谷海峡からオホーツク海に入ってさらに北上し、北緯50度線を突破後に反転して７月13日、10日ぶりに無事舞鶴に帰港した。その間に行なわれた調査・試験はノー・トラブルで、実艦実験は成功裡に終わり、宮原部員らは舞鶴入港の７月13日付でそのいかめしい兼職を解かれた。

ところでこの宮原八束技術中尉はそのころ、艦船担当のほかに高等商船学校実習生の指導教育補佐官もしていた。当時、東京と神戸の両高等商船学校の機関科生徒には海軍工廠における一定期間の実習が課せられていたことはすでに述べたが、そのころ舞廠では両高等商船の機関科生徒10数名が30～40日の予定で実習中であり、その指導補佐官たる宮原中尉は、これら実習生に関してある悩みを持っていた。

それは彼らの長髪問題である。かつては長髪が認められていた海軍士官も、戦争が激化した昭和18年後半ころは、長髪ではおれぬような雰囲気になっていたのに、彼ら実習生の方はほとんどが依然長髪のままであった。彼らは「近々第一線へ出た行くのだ」という気概に燃え、気持ちもさっぱりしていて、その純粋さには心打たれるものがあったが、宮原補佐官としてはそうばかりもいっておれず、悩んだあげく、ついに彼らに断髪を命じた。

しかし彼らはなかなか切ろうとせず、宮原補佐官をヤキモキさせた。けれどもそのうち徐々に断髪者が増え、最後に1人だけ頑張っていた生徒も断髪して最終的には全員丸坊主になった。

宮原補佐官はホッとしたが、彼らとしてはそれがよほど口惜しかったか、実習が終わって同補佐官に贈呈した寄せ書きのなかに「仮令（たとえ）今日、別るるとも何時の日か、君に会はむ靖国の宮」「永久に我等征く七洋制覇」「舞廠の生活を思い出して頑張ります」等々の文字にまじって「舞鶴の思い出はカミ」という字句があり、貰った宮原補佐官は苦笑を禁じ得なかった。

大舞鶴市の誕生

話は少し前後するが、舞機外業工場をテンテコ舞いさせた軽巡多摩・阿武隈の緊急工事の元兇である米軍のアッツ島上陸（昭和18年5月9日）に先立つ同年4月18日、連合艦隊司令長官・山本五十六大将が戦死した。周知のとおり同長官の戦死は南方のブイン方面を視察中、乗機が米軍機に撃墜されたためで、その大本営発表は長官の遺骨を載せた戦艦武蔵がトラック島から東京湾へ入港した５月21日に行なわれた。そして「後任には海軍大将古賀峯一親補せられ、既に連合艦隊の指揮を執りつつあり」と報ぜられたが、海軍部内はもとより、全国民ひとしく深刻な打撃を受けた。

このような痛恨事が続いたせいか、その年の５月27日の海軍記念日はさしたることもなく、舞廠では伊勢神宮遙拝ののち、日本海海戦直後に東郷司令長官に賜った勅語の奉読、そして総員の万歳三唱と軍艦マーチの合唱で散会となった。

しかしこの佳き日に舞機製缶工場の山上講技手が晴れて技師に任官し、作業係が主務、製缶と機関実験部が兼務の係官となった。

一方、舞鶴市と東舞鶴市とがこの日合併し、人口15万5,000、戸数２万7,000余の大舞鶴市が誕生した。両市の合併話はずっと以前の昭和６年、末次信正中将が舞鶴要港部司令官の時代にも一度あったが、当時まだ町であった両市の機熟さず、結局お流れになった。

降って昭和13年８月１日の市制施行のとき、西舞鶴町が「舞鶴市」に、新舞鶴町が「東舞鶴市」にと、それぞれ独自の道を選んだが、それというのも西舞鶴は田辺藩の城下町で土着の人が多い商業都市であるのに対し、東舞鶴は新興の軍港都市であるなど、ひとつの市になるには歴史的・風俗的に余りにも違いがあり過ぎたからである。それが今回成功したのは、戦時下という特殊事情もさりながら、海軍としては海軍施設が両市にまたがっておれば２つの市と別々に折衝せねばならぬ不便さもあって、当時の舞鎮参謀長・高木惣吉少将が根気よく根回しをしたからだといわれている。

高木少将は中尉時代の大正９年、のちの機関学校のところにあった舞鶴海兵団の勤務を命ぜられ、「こんなところで務めるくらいなら死んだ方がましだ」と思ったという。ところが年移って昭和17年6月、軍令部出仕となっていた高木少将は嶋田海相派の岡軍務局長と衝突し、折からのミッドウェー惨敗の噂をあとに「死んだ方がまし」と思ったその舞鶴の鎮守府参謀長となってふたたび来鶴したのである。皮肉な巡り合わせだが、それから約1年3ヵ月舞鎮に務めた同少将は、海軍の和平派として知られ、戦後は『連合艦隊始末記』等の著者として一般にもよく知られるようになったことは周知のとおりである。

さて、月が替わって18年6月になると、アッツ島のわが守備隊全滅という大本営発表があった。山崎保代陸軍大佐以下2,500余名の同島守備隊は、米軍上陸後20日間持ちこたえたのち5月29日に全滅したもので、大本営では初めて「玉砕」という言葉を用いてその悲劇を公表した。

これよりさき、北方部隊の軽巡多摩・阿武隈を送り出した舞鶴では、このアッツ島玉砕の報を聞くやその後の両艦、とくに復水器細管の緊急修理をした「阿武隈」の状況いかんと案じていた。だがそのうち「阿武隈」から「本艦の復水器は塩分の上昇もなく、至極快調」という報せが入って関係者は安心した。

6月8日には、かって山本連合艦隊司令長官も旗艦として坐乗していた軍艦陸奥が、柱島泊地で謎の爆沈を遂げた。もちろん軍機事項として一般へはおろか海軍内部でもヒタ隠しにされていたが、噂は次第に部内に広まり、1ヵ月もすると「弱り目にたたり目だなぁ」という声が聞かれるようになった。

しかし8月になると、「キスカ島のわが守備部隊は7月29日、全員救出に成功せり」の大本営発表があって国民はみな愁眉を開いた。このキスカ撤収作戦にはどのような艦艇が参加したか、舞廠にいては知る由もなかったが、苦労した「多摩」「阿武隈」が加わっていたであろうことは想像できたし、また、つい3ヵ月前に引渡した高速駆逐艦島風が加わっていたことも風の便りに聞くことができた。そしてキスカ撤収総員5,183名中2,773名の海軍部隊の大半は、8月に舞鶴へ引揚げてきた。

このキスカ撤収作戦数日前の7月25日、欧州では連合軍がイタリアのシチリア島に上陸、これによりムッソリーニ伊首相が退陣し、代わってバドリオ内閣が成立した。日本政府はバドリオ内閣を裏切りのカイライ政権と見なし、一般国民も一時、裏切り者やウソつき者のことを「バドリオみたい」などといっていた。

3ヵ月に1隻の新造駆逐艦

昭和18年の初夏、舞廠庁舎前の造機作業係事務所の一隅にあった外業工場の事務所が、作業係の裏手にある大きな三階建ての建物へ移った。そこは倉庫を改造した建屋で、1階は倉庫のままであり、2階に外業庶務係、3階に部員・係員がそれぞれ陣取った。

しかし何しろ倉庫改造の建物である。2階といっても普通の建物の3階くらいの高さがあり、3階は一般の4階に相当している上、屋根は簡単なトタン葺きなので、3階では夏の日照りがそのまま室内に充満してひどい暑さになる。そんな外業事務所ではあったが、その事務所から汚れた白の煙管服を着、首に駆逐艦機械室のスケルトン（配管概略図）をぶら下げて勇ましく現場へ行く若手士官があった。山口繁雄技術中尉で、第32期短現（青島1期）の同中尉はこの年の1月舞機へ着任、工場実習ののち外業配属となり、新造駆逐艦の艤装推進係として毎日張り切って艦底潜りをやっていたのである。

そのころ舞廠では夕雲型（甲型）駆逐艦の“波クラス”を3ヵ月に1隻ずつの割で竣工させていた。「早波」（18年7月31日竣工）、「浜波」（18年10月15日竣工）、「沖波」（18年12月10日竣工）などで、山口中尉は期限切迫のフネでは、水交社のボーイに運ばせた握り飯と卵焼きを機械室のパイプの上で工員と一緒に頬張りながら徹夜をした。

海上試運転に出るフネの煖機直をやり、そのフネが舞鶴湾口の狭水道を通過するとき、両岸の山々の新緑の美しさに見とれた。真夏の公試では、機械室の蒸気管の上に置き忘れたウェスが燃え出して騒いだり、汗にまみれた作業服の上着を絞ると水がしたたり落ちてびっくりしたりもした。

そんな夏のある日、この山口中尉と岡本技術少尉は丹後由良の海水浴場へ泳ぎに行き、帰りに偶然一緒になった設計主任の山口操中佐から面白くてタメになる話を聞いた。由良の駅で帰りの列車を待つ間、山口主任は「ギヤーナイス（性器良好）な女性を耳の形で見分ける法」といったような話をしたのち、「海軍士官のたしなみのひとつとして、いつ実戦に臨んでもよいように、君たちもSA（衛生サック）の半ダースや1ダースは常に身につけておけよ」と教えてくれたものである。

それはとにかく、山口中尉はこの年の10月に他へ転出し、舞鶴在勤はわずか10ヵ月という短いものであった。しかし同中尉は「舞鶴はおのれの若さと真実を思い切り燃焼させた地であり、貴重な青春のモニュメントを打ち建てた地でもあった」と、後年『舞機の記録』で述懐している。

この山口繁雄技術中尉が懸命に駆逐艦の機械室潜りをやっていた昭和18年の夏ころ、吉村常雄技術中尉のいる鋳造工場では高橋悦郎技術中尉が病気で休養し、星野賢二技術中尉は兼務の鍛錬工場の専任係官となったので、部員が2人欠けた。しかし新たに青島1期の松永富雄見習尉官が配属され、間もなく少尉に任官して一大戦力となった。

ときあたかも南太平洋の前線では、ラバウルを中心とする航空戦が激化の様相を呈し、25ミリ機銃の急速量産が要求されるようになった。舞機鋳造工場でもその鋳鋼部品の大量生産に入ったが、年少工でも作業がしやすいようにと木枠を使った。しかし木枠では溶湯を注ぐとき燃え出すものがあるので、長原という工手の着想により煮

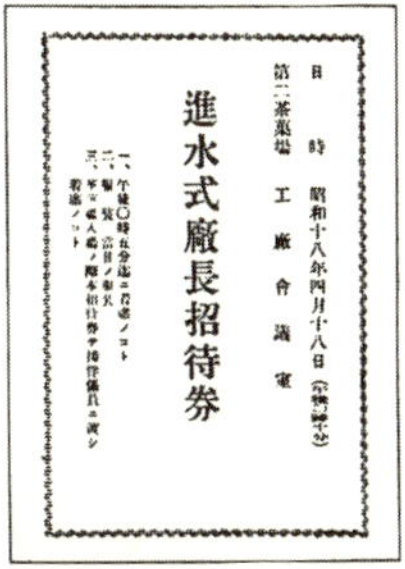
日時　昭和十八年四月十八日
第二茶菓場　工廠会議室
進水式廠長招待券
一、午後〇時五分迄ニ着席ノコト
三、来賓入場ノ際本招待券ヲ接待係員ニ渡シ着席ノコト

駆逐艦浜波（夕雲型駆逐艦の舞廠第4艦）の進水式招待状
昭和18年4月のこのころは一般市民の進水式参観が取止めとなったばかりか、参列する工廠部員の茶菓場が、それまでの水交社から工廠会議室に変わり、進水記念絵葉書も出なくなった

舞廠建造の夕雲型駆逐艦題艦（全国第13艦）早波
昭和18年7月24日、宮津湾外で終末全力公試中

つめた海水に塩化アンモンを加えた液を木枠に塗って引火を防いだ。

これよりさき、舞廠では工員に対して出退庁時に巻脚絆を着用するよう指令した。ために下駄履きに巻脚絆、という珍妙な光景が出現したが、見なれるにつれ、それも当たり前の風景になった。

またそのころ、小畑実が歌う「勘太郎月夜唄」や、高峰三枝子の「湖畔の宿」が流行しており、工場や艦内で工員の口からよくこれらの歌が聞かれた。けれども故郷に妻子を置いてきている徴用工員が多くなっていたせいか、「影か柳か勘太郎さんか……」の軽快な「勘太郎月夜唄」よりは「山の淋しい湖へ……」というやるせない歌詞とメロディーの「湖畔の宿」の方が、より多く愛唱されていたようである。

「腹を切らずにすんだなぁ」(魚雷艇の建造——その1)

昭和17年6月のミッドウェー海戦と並んで「太平洋戦争の天王山」といわれた同年8月以降のソロモン海域における戦闘では、米軍の航空機に加えて魚雷艇の跳梁はなはだしく、わが方は多数の艦船を失った。そのため、同方面から魚雷艇を切望する悲痛な叫び声が上がってきたが、中央ではこの要求においそれと応じ得ない事情があった。わが海軍における魚雷艇研究の歴史が浅く、特にエンジンの研究が立ち遅れていたからである。

日本海軍における魚雷艇の研究は日中事変中の昭和14年、南支の広東で捕獲した英国ソーニクロフト社製の魚雷艇を調査研究したことに始まるが、この研究は船型等についてなされたものの、エンジンの方はおろそかにされた。それはわが海軍では元来、太平洋上での作戦を主眼としていたので、魚雷艇のような小舟艇の戦術価値は認めず、戦前、造機関係者がたびたび献言したがついに容れられなかったといわれている。

それはとにかく、前線からの血の叫びに海軍の中央部も安閑としておれず、昭和18年の初夏、全国に魚雷艇の量産指令を出した。これにより舞廠でもＴ14型魚雷艇を造ることになったが、このＴ14型の機関は魚雷艇専用のエンジンがなかったところから、飛行許容時間を超過した川崎航空の直列液冷エンジン（原設計はイタリアのフィアット社？）を主機とし、巡航用には海軍制式の60馬力石油発動機が使用された。それは接敵時には燃料の節約と隠密性を保つため60馬力の石油発動機で行動し、いよいよ攻撃というときに液冷大馬力の主エンジンで一挙に全力航走しようというアイデアからの所産で、それはそれなりに合理的といえたが、そのため製造現場では大変な苦労を強いられることになった。

そのひとつは巡航用60馬力石油エンジンの出力が主軸に伝わりにくかったことである。同エンジンは６本のＶベルトを介して主軸を駆動するのだが、運転してみるとＶベルトがスリップするのである。そこでベルトの数を倍の12本にしてもプロペラが重い（ダイヤ、ピッチが大）ためかどうしても主軸に回転が伝わらない。

主機の航空エンジンの方も問題山積で、全力で20ノットは出るというのに一杯に回しても瞬間的に13ノットくらいしか出ず、しかもたちまちエンストである。かくて舞廠ではＴ14型を数隻手がけたが結局１隻もモノにならなかった。

こうしたなかで18年８月、同じく飛行許容時間オーバー

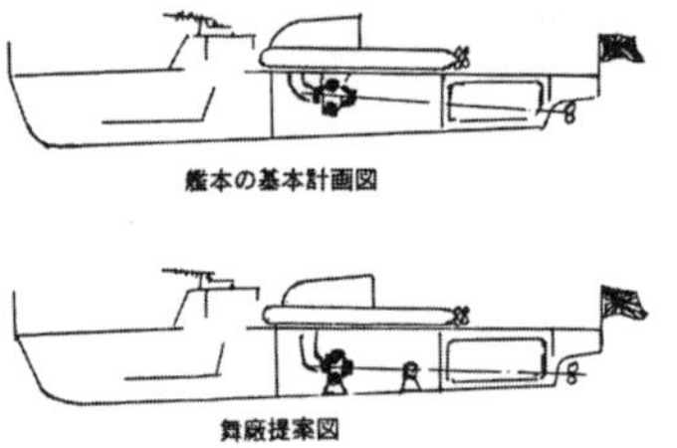

T33型魚雷艇の機関装置図（岩下登氏画）

の星型空冷「金星Ⅱ型」を２基搭載するＴ33型魚雷艇が切り札として登場してきた。当時、岩下登技術中尉は舞機設計係におけるただ１人の内火担当係官（兼内火・外業工場係官）だったが、艦本から送られてきたＴ33型の基本計画図を見て「これでは船屋にはダメだ」と思った。その図面は艇の天井にエンジンを吊り下げ、長い軸の先に推進器がある、という構造だったからである（図参照）。

ここはやはりオーソドックスに床の上に架台を設け、そこにエンジンを据付けるべきではないか――と考えた岩下部員は、それを現場担当の薮田東三部員に話して賛同を得、設計主任の山口操中佐に意見具申をした。山口主任は十分に念を押した上で艦本へ赴き、岩下部員は万一の場合の責任のとり方についてしっかり腹を決めた。「万一の場合」というのは、艦本の許可が得られないときのことだが、それはそのころ（18年８月末）、呉廠造機部の魚雷艇担当官・伊藤高技術中尉が、担当する魚雷艇がなかなかできない責任を取り、古式に従って見事に割腹自決をした、という報が伝わっていたからである。

しかし岩下部員のこの決意にかかわらず、艦本では舞鶴の申し出をあっさり許可した。それは艦本でもやはり主機の設置方法として、吊り下げ型と床置き型の双方を検討していたためらしく、これにより岩下部員は安心するとともに、フレキシビリティーに富む海軍の素晴らしさを痛感した。

さて、T33型魚雷艇の建造は従来の本工場を離れ、西舞鶴商港のドン詰りにある喜多分工場で行なわれることになった。そこは同地にあった大和紡績㈱の工場を海軍が接収し、地名にちなんで「喜多分工場」と命名していたところで、そこの常駐係官となった山本新弥技術中尉、有吉芳夫技術少尉（いずれも青島1期）らは、そこで月月火水木金金の猛作業に入った。だが、新設分工場の悲しさ、そこには所要の設備や貯蔵部品が乏しく、不足分はボルト1本に至るまで外業や組立の本工場へ電話をし、自動車やオートバイで至急送り届けてもらうという騒ぎになった。

一方、設計係ではT33型に対して特に内火班から分離独立した「魚雷艇班」を設け、設計の先任係員・井内技手を班長に、畑中技手、藤井工手などベストメンバーを投入した。今回は小型高速艇を専門とする横浜ヨット工作所を始め20を超す官民工場での同時スタートであり、しかも舞鶴だけが設計が違うのである。

「先行するT14型魚雷艇はモノにならず、今度のT33型は切り札的魚雷艇といわれる以上、絶対に失敗は許されない。しかも設計の違う舞鶴としては何としてもトップを走らねばならない」と魚雷艇班の一同は決意し、岩下部員は1号艇の試走を明治の佳節たる11月3日と心中ひそかに決めた。

設計の魚雷艇班での岩下部員の仕事は、最終検図と部品名称の案出であった。部品名称の案出というのは、魚雷艇部品は従来経験したことのないものだけに、それに適当な名前をつけることだが、部品数が余りにも多いので班長の井内技手も困り果て、岩下部員が力を貸すことになったのである。しかし同部員とておいそれと名案が浮かぶはずもなく、やたらに「何何金物」という名称でお茶を濁ごした。

それはよかったが、そのうちエンジン取付け台を間違えた図面がそのまま現場へ出てしまう、という事件が起こった。魚雷艇の図面は1品1葉の三角図法が正式だったが、作図能率をあげるため、多品1葉の三角図法でいくことにしたところ、肝心のエンジン取付け架台が三角図法でなく一角図法で描かれ、それがそのまま現場へ出て行ってしまったのである。というのも造機設計では従来、非対称を極力避けてデザインすることを常識としていたのに、この魚雷艇用星形エンジンは、全周を7等分したボルトで取付ける左右非対称のものだったのが禍してのミスであった。さいわい現場では誤図と分かったものの、工程が乱されるなど多大の迷惑を蒙り、岩下部員も11月3日の1号艇の試走を断念しなければならなくなった。

だが、その予定日よりわずか2日後の11月5日、1号艇はついに試走に出港できるようになったのである。喜多分工場の岸壁を離れ、落日を背にバクチ岬を回って宮津湾に入った艇は、天の橋立と平行して快走した。当日は風が強く、波もかなり高かったが機関の調子は良好で、標柱間航走では排水量3／4の状態で34ノットの速力を得た。

魚雷艇にかかわっていた人々の苦労は、すべてこの一瞬のためのものであった。「これで戦局の回復にいささかでも役立つのでは……」という思いと「腹を切らずにすんだなぁ」という安堵感から、薮田大尉と岩下中尉は艇上で固い握手を交わした。

この1号艇はさらに魚雷・爆雷の投下公試なども無事終了

し、舞廠では引続き2号艇以下の建造に全力を投入した。しかし、これら魚雷艇のなかには、38ノットを記録した艇もある一方で24ノットしか出ぬものもあり、そのうちエンジンの不足をきたして結局50隻にも満たぬうち、建造は打ち切りとなった。

火を噴く魚雷艇（魚雷艇の建造――その2）

魚雷艇は何といってもエンジンが生命である。それなのにわが海軍ではそのエンジンの研究をおろそかにした（前節参照）ため、昭和18年8月に登場した切り札的魚雷艇T33型も、エンジンは新式の金星Ⅱ型とはいえ中古の航空エンジンであることには変わりなく、所詮これも「邪道の艇」といわざるを得ないものであった。

しかし、魚雷艇の急速建造に対する造機関係者の異常なまでの努力は特筆すべきものがあり、やがて三菱・東京機器製作所が開発した71号6型機械と称するW型18気筒のガソリン機関を主機とする本格的な魚雷艇T50型（写真）が登場してきた。なお、この17号6型機械の部品は官民あげて分割生産し、舞鶴ではその重要部品であるコネクティング・ロッドを受け持った。

T50型魚雷艇

だが、魚雷艇に航洋性を持たせるには、主機はディーゼル機関であることが望ましく、海軍では昭和18年末、ドイツから寄贈されたダイムラー・ベンツの2,000馬力ディーゼル機関を研究する一方、横廠の機関実験部、三菱・長崎および同・東京機器でも魚雷艇主機としてのディーゼル機関を設計・試作した。うち、三菱・東京機器で完成した試作機20ＺＣ機械は、終戦までに実用化されはしなかったものの、優秀機械として終戦直後、米軍によりまっさきに押収され、米国に持ち帰られたという（以上、『昭和造船史』による）。

いずれにしても、上記71号６型機械を搭載した本格的な魚雷艇Ｔ50型もでき、その活躍が期待されつつもついに時機を得ず、戦局はやがて特攻を要求するまでに悪化していったのである。

ところで、たびたびご登場願った舞機設計の係官・石川重吉氏は、この魚雷艇の試運転にも乗っているが、それはときの造機部長から舞機各工場の主任に、魚雷艇の運転見学をするよう命令があったからだという。

その石川技師の乗った魚雷艇は舞鶴湾内を航走中、突然煙突から火を噴き出し、同乗の某工場主任がびっくりした。「こんなこともありますよ」などと始めは涼しい顔をしていた石川技師も、追々つのってくる火勢に恐ろしくなり、運転をしている薮田東三部員に「停めませんか」といったが「停めれば起動できなくなる」と薮田部員はどうしても停めない。だが、大変危険になったのでついに停止し、しばらくして起動しようとしたが果せるかなかなかなか起動しない。そのうち日が落ち、心配して迎えにきた曳船に曳かれてようやく帰ることができたという。

以上が石川技師の魚雷艇乗艇談だが、岩下氏によるとこの艇はＴ33型だったらしいという。総じて魚雷艇エンジンは、飛行機と違って排気管の取回しがむずかしく、全力航走時には排気管は800℃以上にもなって真っ赤になる。だから石川技師のいうように魚雷艇は煙突から火を噴くことはあったが、そのため火災炎上するというようなことはまずなかった。というのは火を呼びやすいキャブレターからの漏油は油皿で回収して危険を防いでおり、最も怖い航空ガソリン入りの燃料タンクは防弾ゴムで包み、機銃弾くらいは平気な構造だったからである——と岩下氏はいっている。

さらに同氏によれば、造機所掌の問題点は計器類が操縦席にあって機関室になかったことと、機関の遠隔操縦装置がなかったことの2点だという。計器類が操縦席にしかないと道中の配管が長くなり、計器の指示の信頼性が危ぶまれることは当然であり、また、機関兵の配置される機関室が炎熱と騒音の地獄になるこのような艇では、機関を遠隔操縦にし、機関室内に人を入れない方がよいのもこれまた当然の理である。

この2点のうち、とくに遠隔操縦の必要性を痛感した岩下部員はその関係図面を描いてみた。しかし、そのころはすでに魚雷艇の建造が終わっていて実現できず、岩下氏としてはそれがいまもって残念であり、技術官として申し訳ないことに思っている由である。

高松宮殿下のご来鶴

舞廠が魚雷艇の建造で悪戦苦闘していたころ、その舞廠を出たところにある機関学校では第53期生111名の卒業式が行なわれ（昭和18年9月15日）、海軍大佐の高松宮殿下がご名代の宮として台臨された。

高松宮殿下

殿下はこれを機会に工廠はじめ舞鶴の海軍諸施設をご視察になるため、余部の水交社に2～3泊されたがその折、水交社の住人には「不敬にわたることのないように……」といった程度のごく軽いお触れしか出なかった。それは高松宮殿下は同じ海軍の身内という考えからか、はたまた殿下ご自身の気さくさがそうさせたのか、とにかく水交社では取りたててどうこうといった騒ぎは全くなかった。

高松宮殿下が気さくな方であられたことは海軍部内でも周知のことで、舞鶴水交社ご宿泊中にもこんな話があった。

殿下ご宿泊中のある朝、水交社のボーイたちが休憩室のカーテン・フックの外れたのを直そうと、背伸びしたりなどしてワイワイやっていると、そこへフラリと殿下が現われ、「オイ、俺の背中に乗って直せ」と、いきなり床の上に四つん這いになられた。ボーイ連中がオロオロしていると、「人がくるとまずい。急いでやれ」といわれ、最年少のボーイが恐る恐る殿下の背中に乗ってくだんのカーテン・フックを直したというのである。

さて、その高松宮殿下の舞廠ご視察は庁舎から第3船渠の方を回られ、造機部裏の岸壁でしばし立ち停まられた。むろん予定のご行動で、そのとき造機部としては前面の海上に魚雷艇を1隻疾駆させ、岸壁係留の新造駆逐艦に70トン海上クレーン（日露戦争の捕獲品といわれる）を使ってボイラを積み込む作業をお見せすることにしていた。

その魚雷艇とボイラ積み込み作業をご覧になった殿下は、従う工廠長や各部長を振り返り「俺に対するデモンストレーションか」と、微笑みかけられたといわれるが、このように殿下はなかなか辛辣な一面もお持ちだったようである。

それはとにかく、この高松宮殿下がお立ちになった造機部裏の岸壁に近い組立工場ではそのころ、前出の平岡正助技術中尉が呉工廠で空母に改装中のドイツ客船“シャルンホルスト”の機関予備品の準備で苦労していた。“シャルンホルスト”は太平洋戦争勃発当時、日本の神戸港に在泊していたのをわが海軍が空母にすべく譲り受けたもので、姉妹船“グナイゼナウ”とともに当時のドイツの先端技術を盛り込んだ優秀客船（排水量21,150トン、主缶は50kg/cm^2、470℃の高圧高温ワグナーボイラ、主機はＡＥＧタービンの電気推進機械で26,000馬力、速力22ノット）であった。

舞機組立工場が担当したこの“シ号”の予備品準備というのは、緩熱器（高圧高温の蒸気に水を噴射して補機用低圧蒸気を作る一種のリボイラで直径約1.5メートル）と、缶燃焼器（耐熱鋼を多用した直径約30センチ、長さ約120センチのシリンダ）の整備で、その任に当たった平岡中尉は、辞書と首っ引きでドイツ語の取扱説明書を解読するやら、これら品物と同じものを作るべく種々模索するやらした。しかし耐熱鋼の入手とその加工が容易でないなどのため、満足のいくものはできなかった。

一方、呉工廠における“シャルンホルスト”改め空母神鷹では、背の高いワグナーボイラにたびたび缶管の破裂があって現場は大騒ぎを演じ、結局、同ボイラ信頼上問題ありとなって広工廠機関実験部の40kg/cm^2、400℃の艦本式ボイラと換装された。このため、平岡部員らの折角の苦労もみな水の泡となってしまった。

舞機　22号機械のジンクスを破る

一方、同じ舞廠造機部の組立工場でも別所帯ともいえる内火班ではそのころ、前年の秋以来の23号内火機械の製造を完全に軌道に乗せ、引続き呂35型潜水艦の大量建造計画に対応して、22号10型機械（正しくは「艦本式22号内火機械」）の大量生産に乗り出していた。

この22号10型機械は昭和５年、呉工廠で中型潜水艦用主機を目途にディーゼル機関の研究を始めたのが端緒で、昭和18年から多量生産に入ったのは単動４サイクル、無気噴射式の出力2,000馬力のものであった。この機械は溶接製台板の上に同じく鉄板溶接製の架構を載せ、シリンダ・ヘッドは１筒ずつ独立した鋳鉄製で、１個のシリンダ・ヘッドにつく吸気・排気の両弁は各２個、計４個の４―バルブ方式（いま自動車で流行中）であった。またこの機械は前後方向に長いため、クランク・シャフトも前・後部に２分割したものを中央でつなぐ型式であった（以上、『昭和造船史』による）。

このように22号機械は溶接構造が多く採り入れられた機械だが、舞機には「溶接の神様」ともいうべき樋田寅之助技術大尉や山上講技師がいるので、溶接について内火班の係官・岩下登技術中尉は何の心配もなかった。だが、22号はどの工廠でも１号機は必ずピストンや軸受の焼損事故を起こしているので、多量生産に入るに先立ち、岩下部員は連日関係者を集めて図面で徹底的に研究するとともに、現場での組立作業も入念に行なった。

部品のうち、とくに機械加工を要するものは機械工場の武岡（現姓、村田）三佐男部員に泣き付いたり、当時の渡辺敬之助部長の奥の手を拝借したりした。渡辺部長は「伍長」と呼ばれたという伝説もあるくらい各工場の裏の裏まで知り尽している人だったので、そのグッド・アイデアにより間に合うはずのないものまでキチンと間に合わせることができた。

作業服姿の造機部若手士官（昭18.12.第二検査係にて）
後列左から
岩下登、新谷正一、宮原八束、岡本孝太郎の各技中尉
前列左から
荒巻誠吾、松田績、大原栄一の各技中尉

こうして22号機械の舞廠第1号機は、組立ても陸上試運転もことなくすんだ。各工廠が手古ずったピストンや軸受の焼損もなく、「1号機は必ず事故を起こす」というジンクスは舞機内火班によって見事に打ち破られたのである。

この22号機械については、のちに呉工廠で多数の官民造修所の担当者による合理化研究会が持たれ、舞機からは岩下部員が出席した。そして研究会の本番では、岩下部員がまっさきに発表をするよう指名され、同部員の発表の次からは「舞廠提案に同じ」が多く、岩下部員はちょっと胸を張ることができた。

それはとにかく、このころからのち、舞機内火工場では池田保巳技術中尉（青島1期）始めその後継者たちが、この22号機械や木造駆潜艇の主機である中速400型内火機械の量産に全力を挙げることになった。中速400型機械は、岩下部員が1号機を担当した昭和17年当時は、組立てるのに3週間もかかっていたのが、19年ころにはわずか2日で組立てうるようになっていた。

機校練習船「由良川」の整備

昭和18年秋、舞鶴外業工場の岡本孝太郎技術少尉は、外業主任・井上荘之助中佐から機関学校の練習船「由良川」の整備を命ぜられた。整備の理由は船舶払底の折から同船を沿海航路の輸送船として使うことになったためである。

1,000総トンあるかないかのこの「由良川」は、造機部向かい側の機関学校桟橋に出船の状態で長らく繋がれていて、工廠の人には見なれた船だが、福井静夫氏によると同船は、日露戦争のとき旅順で捕獲したロシアの同型2隻の小型客船(上海の英国系造船所で明治33年と34年に進水した姉妹船)のうちの1隻で、他の1隻は「二河川(にこがわ)」と命名された由である。両船とも総トン数約919トン、主機は3連成蒸気レシプロ機関1基で公称101馬力、ボイラは石炭焚きの円缶2基という船で、日露戦争後、「由良川」は当時横須賀にあった機関学校の練習船になり、「二河川」は江田島の兵学校の練習船となった。

ところが「由良川」は、関東大震災による機関学校の舞鶴移転に伴い、初めてその名にゆかりの舞鶴へ回航され、以後同校の練習船として、生徒の遠泳訓練のときは母船の役を務めるなどしているうち、老齢のためいつしかそこの桟橋に繋がれるようになった。かくして「由良川」は、兵学校の「二河川」が戦前すでに老齢のため廃船となっているのに対し、廃船になることだけは免れたものの、戦時中の昭和18年現在では、船齢43年という全くの老齢船となっていたのである。

さて、その老齢船「由良川」の整備を命ぜられた岡本技術少尉はそのころ、艦艇のタービンやディーゼル、水管缶などの経験はあったが、本船の主機である蒸気レシプロ機関や円缶などの知識はゼロに近かった。命令者の井上外業主任は「なあに何でもないですよ。あの船は機関学校がよく手入れしていましたし、主機のレシプロにしてもタービンやディーゼルに較べたらまるでオモチャです。いざとなったら露出している軸受部に水をぶっかけてでもちゃんと回ってくれますからね」とこともなげにいう。

しかし担当するからには、最初から軸受に水をぶっかけるつもりでことには当たれない。岡本少尉はレシプロ機械や円缶に関するにわか勉強をやりつつ約２週間の工事を進め、いよいよ試運転の運びとなった。

本船は機械の整備・保守に当たっていた40歳がらみの操機手が１人いるだけで、あとは誰もいない船である。機関部は岡本少尉が指揮官となって外業の工員を使えばすむが、操船等に当たる甲板部の方はそうはいかない。造船部に打診してみると「造船官は操船官にあらず」と一言のもとに断わられたので、総務部運輸係の山本部員（高等商船航海科出身の予備大尉）に運転の総指揮官になってもらい、甲板員には同部員の部下を充ててもらうことにした。

山本予備大尉は民間の船会社から召集できていた人で当時50歳がらみ、半白のイガグリ頭でなかなか陽気な人であった。総務部へ頼みに行った岡本少尉に「はい、承知しました」と、いとも簡単に引受けてくれたはよいが「それにしてもえらいことになったもんですなぁ」と、あたりかまわず大きな声でしゃべり出した。
「あの海兵団の前にある吾妻艦の解体に続いて、今度はあんな木っぱ舟まで引っ張り出して使おうってんですかい。“貧すりゃ鈍する” ですなぁ」と、自称“舞鶴海軍の不良老年”らしく歯に衣着せぬことを大声でいい出し、並みいる総務部の工員の手前、岡本少尉は冷汗三斗の思いをした。
ともあれ「由良川」は晩秋のある日の朝、運転のため出港した。運転はこの日1日だけの予定である。本船は速力に関する記録などは一切備えておらず、機関学校に問い合わせてもはっきりしなかったので、全くのデタラメな運転である。
バクチ岬をまわってから全速に上げた。商船だから速力段階は微速、半速、全速、一杯の4段階しかないが、その全速も古船、古エンジンとあって回転数もほどほどのところで押えた。そのためか速力は6ノットとちょっとしか出ない。いくら古船でも入渠して底洗いしたばかりだから、8ノットから10ノットは出るものと思っていたのに、案に相違の6ノットで、山本大尉の言葉ではないが「貧すりゃ鈍するだ」と岡本少尉もうら悲しい気持ちになった。
丹後半島にあるマイル・ポストは2回往復する予定だったが「こんな鈍速では帰港がおくれ、湾口にある防潜網回避の目印が見えなくなる」と山本部員がせつくので、マイル・ポストは1回の往復で取りやめ帰途についた。どうやら日の暮れ前にバクチ岬に達したので岡本少尉は船橋へ上がり、山本大尉にくだんの防潜網回避の目印なるものを教えてもらったが、それは何と漁網に付ける浮きのガラス玉の少し大きいのがたったひとつ、バクチ岬と対岸の金ヶ岬を結ぶ線上のほぼ中央で浮きつ沈みつ波間に漂っているだけであった。
当時、新造や修理の艦船を数多く担当していた岡本少尉は、3日にあげず試運転に出港していたけれど、防潜網回避の目印なるものを見たのはこれが初めてであった。それだけに「何て小さい目印なんだろう」と驚き、「なるほどこれじゃぁ日が暮れると見えなくなるはずだ。もっと大きなものにし、夜は電気がつくようにでもしておけばよいのに……」というと山本部員は「それじゃあ敵にも分かってしまいますよ」と笑いながらいった。「昔からいうじゃありませんか“敵をあざむかんとするにはまず味方を”とね」と。
その後この「由良川」は、舞鶴運輸部で物資輸送に使っていたが、終戦2日後の20年8月17日、敦賀湾外で触雷して25メートルの海底に沈んだ。姉妹船「二河川」が戦前すでに廃船となっているのに、「由良川」は奇しくも関東大震災のため、その名に因む舞鶴の地で余生を送り、しかも船齢43年という老体に鞭打って最後のご奉公をした上、やはり舞鶴の近くで沈んだのである。まことに数奇な運命の船というほかない。
なお、舞廠でこの「由良川」を整備していたころの18年10月21日、東京では神宮外苑で初の出陣学徒の壮行会が催され、11月25日にはマキン、タラワのわが守備隊玉砕した。そしてその年も押し迫った12月31日、舞機鋳造工場では第二工場の裏手に増築中だった新工場が完成し、竣工式が執り行なわれた。

G章　奮闘期

――昭和19年（太平洋戦争の３年目）――

吾妻艦の解体

太平洋戦争３年目の昭和19年は「予科練の歌」（正しくは「若鷲の歌」）で明けたかの観があった。前年の秋ごろから流行していたこの歌は、軽快なメロディーのうちにもそこはかとない哀調を帯びていて、戦局の熾烈化と生活物資の不足で息がつまりそうになっている国民に、ひとときの慰めと希望を与えるものであったらしい。老若男女、いたるところでこの歌を歌っていた。

その１月、舞鶴市の平地区に「舞鶴第二海兵団」（通称「平海兵団」）ができ、従来からの松ヶ崎の海兵団は「舞鶴第一海兵団」と呼ばれるようになった。そのころはすでに徴兵年齢が１年引き下げられており（昭和18年の末から）、日本の男子は満19歳から兵役に服することになっていた上、年少者、病弱者に次いで第二国民兵役の者も召集されるようになっていた。しかし舞鶴の第一、第二海兵団とも、陸軍との関係もあって兵員の徴募は思うに任せなかった。

軍艦吾妻

その舞鶴第一海兵団の岸壁には、日本海海戦の殊勲艦たる「吾妻」が繋がれていたが、その吾妻艦が前年の秋から解体されつつあった。理由はいうまでもなく鉄鋼資源不足の補いであって、年明けとともにその作業はピッチをあげていた。

同艦はいうまでもなく日露戦争時代の装甲巡洋艦である。日本海海戦では上村彦之丞提督率いる第2艦隊第2戦隊の1艦として奮戦、大正10年に舞鶴海兵団の練習艦となったが、その後舞鶴へ移ってきた海軍機関学校の係留練習艦兼海軍思想普及艦となり、さらに昭和14年、舞鶴鎮守府の復活によって舞鶴海兵団ができると、ふたたびそこの練習艦として同団の岸壁に繋がれ、以後、同団の表徴的存在となっていた。

このように舞鶴の海軍関係者はもとより、近辺の市民にとっても長らく馴染みのフネであり、記念すべきフネであるその吾妻艦がいままさに解体されつつあるのである。戦局の推移上止むなしとはいえ、艦を取り囲む木組みの足場のかげで急速に艦影を失ってゆく同艦を望見する人々の気持ちは複雑であった。が、やがてその解体作業は完了し、「吾妻」は昭和19年2月15日付で艦籍から除外された。

これよりさきの昭和19年1月下旬、舞廠では造機部長の交替があり、艦本五部へ栄転となった甘利義之技術大佐に代わって内田忠雄大佐（海機27期—大正7年卒）が新部長となった。2月3日には松型駆逐艦の全国第1艦松（第5481号艦）が前年の8月8日という末広がりの吉日に起工して以来、わずか6ヵ月にしてめでたく進水した。

眼を外へ転じると、1月には米B29爆撃機が中国大陸から北九州を初空襲し、2月4日にはクェゼリン、ルオット両島のわが守備隊が玉砕した。舞鶴で吾妻艦が解体された直後の2月17日と18日の両日には、中部太平洋におけるわが海

甘利部長退庁記念（昭和19年1月22日）
前列中央（左から6人目）が甘利義之造機部長

軍の最大基地たるトラック島が延べ450機に及ぶ米機動部隊艦上機の空襲を受け、在泊中の２隻の巡洋艦を含む艦艇９隻、高速優秀商船31隻が沈められるという大損害をこうむり、アメリカをして「日本のパールハーバー（真珠湾）を叩いた」といわしめた。

そしてその直後の２月21日、中央では東条英機首相が陸軍大臣と参謀総長を兼摂し、嶋田繁太郎海相が軍令部総長を兼摂することになった。それは軍政・軍令の一本化をねらった措置であることはいうまでもないが一般の反応は芳しからず、東条首相大丈夫かという不安から、市民は「愛国行進曲」をもじった「見よ東条のハゲアタマ……」という替え歌を歌った。

この嶋田海相の軍令部総長兼摂は、海軍部内ではことのほか評判が悪かった。機関官・技術官が主体である工廠ではさすがに批判めいた言葉は聞かれなかったが、その工廠の岸壁に繋がれている修理艦艇では、士官連中はみなカンカンガクガクであった。海軍大臣・嶋田大将の実名「繁（しげ）太郎」をもじって「繁（はん）太郎」とか「ハンちゃん大臣」とか称し、「ハン」を「半」にかけてヤユしていわく、
「嶋田のハン太郎が軍令部総長を兼ねるなんて正気の沙汰か」
「そうだ。東条が参謀総長を兼ねたのをマネたか、東条に命令されたかだが、ハンちゃん大臣、東条の副官ならまだしも、とうとうその従兵になり下がったか」
「こんなことじゃわれわれ第一線の者はとてものことについて行けんよなぁ」等々。
もともと一部の兵科高級士官の間では、以前から嶋田海相の東条首相に対する腰の弱さを鳴らし、「嶋田海軍大将は東条陸軍大将の副官」という声があった。それがここへきて東条首相の参謀総長兼摂と歩調を合わせたかのような嶋田海相の軍令部総長兼摂である。前線帰りの将士まで「頭にきた」のは無理もなかった。
しかし前出の岡本外業部員は、担当する修理艦艇でこうした生きのいい士官連中のやりとりを聞いていささかの戸迷いを感じた。「戦局悪化からくるいら立ちもあろうが“軍人は政治にかかわらず”と軍人勅諭で諭されているのに、これはまたどうしたことか」と。

青島２期組の着任前後

舞鶴海兵団の練習艦吾妻の解体が始まった昭和18年の秋ごろから、海外基地への物資輸送は、それに従事する徴用商船が次々沈められるため甚だ困難なものになっていた。そこ

でそれは内地各港から出撃する艦艇に依存するようになり、舞鶴でも駆逐艦や巡洋艦に外地向けの軍需物資を積み込んで出撃させていた。これら舞鶴からの出撃艦艇は、一般市民にさとられぬよう夜陰に出港するものが多かったがそれでも沈められるようになり、また、燃料逼迫から燃料は片道分しか与えられず、帰りは現地か寄港地で給油するよう命ぜられるという有り様であった。

さて、吾妻艦の解体が終わって半月経った2月末、舞廠の工員養成所では補修科生徒（3年間の見習工教程を終えた者が受験して入る2年課程の生徒）が、授業を放棄するという挙に出た。といっても「ストライキ」をやろうというのでなく、時局にかんがみて学業をやめ、職場に専念したいという熱誠からの行為であった。

萩原勉氏（舞鶴市在住）著の『海軍のまち』によると、補修科生のこの挙は同科生徒総員の意志によるものだったという。この年の1月、彼らの目ざす技手養成所の生徒採用が見送りと決まり、彼らは大打撃を受けたが、戦局の深刻さや学生生徒に対する「学徒動員要綱」の発動などを考え合わせると、いつまでも虚脱感に陥ってはおれなかった。学徒すら動員されている今日、海軍工廠の補修科生としてはここで学業をやめ、職場に専心すべきではないか、ということで19年2月28日、次のような「決議文」を工員養成所長に提出したのである。

「敵の反攻まさに神州に迫る。悠久の大義に生きて玉砕し給へる幾多の英霊に対し、生等心奥切々たるを覚ゆ（中略）。学徒総出陣、婦女子また戦闘配置に挺身する時、生等ただ安然たるに忍びず。

ここにおいて一同学業を捨て、職場に玉砕し、もって忠魂に応へ、皇国の臣たらんことを期す（以下略）」

半紙に浄書し、補修科生全員が署名押印したこの「決議文」に対し、ときの工廠長・小沢仙吉中将は「何のために勉学しているのか分かっていない」と、ひどく不機嫌だったという。そして数日後、養成所長から「補修科の学業は中断せず、授業は勤務（２時間残業）の終わった午後７時からの夜学とする」という申し渡しがあった。

しかしこの夜学も長くは続かず、４ヵ月後の19年７月、補修科の学業は全面停止となった。養成所の講堂でときの工廠長・森住松雄少将（海機22期—大正２年卒）からその旨の訓示を聞いた補修科一同は「これで動員学徒にも顔向けができる」と、むしろホッとした。動員学徒はすでにこれより２ヵ月前の19年５月半ばから工廠に入っていたのである。

これに先立つ同年３月末、「青島２期組」といわれる第33期の短現士官10数名が青島での訓練を終え、舞機へ赴任してきた。そのなかの１人、宮本利一技術中尉は東京育ちだったので、海軍へ入ったことそれ自体が肉親と別れての最初の「自由な生活」であった上に、任地はこれまた東京から遠い舞鶴と聞いて勇んでやってきた。

神戸埠頭で部隊解散をし、京都で乗り換えた山陰線の列車が綾部駅に近づくと、それまで曇天だった空が梅雨を思わす雲行きとなり、乗ってくる海軍士官が、お義理にも“スマート”とはいえないゴムの長靴履きだったのに宮本中尉はガッカリした。同行する神戸出身の見習尉官が「この辺は“弁当忘れても傘忘れるな”といわれるくらい雨が多いんや」としたり顔にいったその一言で、同中尉は過去数ヵ月間叩き込まれた「躾教育」とは違う舞鶴での海軍生活を思い、前途に何やら暗いものを感じた。

そのころ、別の意味で全海軍はもちろん一般国民にも「前途に暗いものを感じ」させるできごとがあった。山本五十六元帥の後を承けた連合艦隊司令長官・古賀峯一大将の殉職である。知られるとおり同長官は、艦隊の在泊する内南洋のパラオが危険となったので、飛行艇で比島のダバオへ向かう途中、その飛行艇が行方不明となり、同長官も3月31日に殉職したものとして公表されたのである。

さて、3月末に舞機へ着任した青島2期の短現士官も、2ヵ月の工場実習が終わった5月末にそれぞれの配属先が決まり、宮本技術中尉は同期の河村敏一技術中尉とともに鋳造工場（工場主任は中坂礼吉技師）の係官となった。そして同工場の係員がみな自分の専門に関しては決して他に譲らず、確固たる自信を持っていることに感心しつつも、まともな机も与えられぬまま、河村中尉とともに鋳造工場の現場を歩き回ったり、各工場で鋳造品のクレーム発生状況を聞いたりなどしていた。

やがて宮本中尉は、中坂主任から低圧タービン・ケーシング造型作業の工数低減を考えるよう命ぜられた。それはいまでいう「省力化」で、同中尉は鋳鉄場の河村工手と組み、まず「寄せ中子」による造型方法を案出した。中子を細分化し、それを女工員に型込めさせつつ組み立てていくこの方法は、人手と熟練度が低下しつつあった当時としては、たしかに造型作業の単純化につながるものではあった。しかしそれ以前に、造型作業の鍵を握る生（なま）型鋳造法をこそ確立すべきでなかったかと、後日宮本中尉は反省した。

帝国海軍駆逐艦・水雷艇建造小史⒅

戦時急造艦—松型と同改（丁型）

再三述べたように、大正末期以降のわが駆逐艦は、いわゆる「艦隊駆逐艦」としての用法にかなう設計で通してきたところ、実際に戦争に突入し、戦局が推移するにつれて、駆逐艦は本来の艦隊駆逐艦として使用されることが少なくなった。上陸作戦の援護や船団護衛などに使われることが多く、ソロモン方面では駆逐艦自身が補給作戦に従事するなどして、優秀な艦隊駆逐艦が空しく沈んでいった。

一方、生産面では資材の不足、生産力の低下などから高速大型駆逐艦の多数建造は無理となってきたので、護衛と補給を主目的にし、かつ、資材・工数が余りかからず短期間で大量建造できる新型駆逐艦の出現が強く要望されるに至った。

かくして生れたのが戦時急造の松型駆逐艦（丁型）で、本艦型は基本設計をわずか４ヵ月で完了するという超特急ぶりであり、大量建造のため艦型は公試排水量1,530トンという小型に切りつめた。また、機関も生産性を考え、手馴れた鴻（おおとり）型水雷艇のタービン２基で19,000馬力（ボイラも２基）として速力は27.8ノット、航続力は18ノットで3,500海里という仕様にした。

兵装の方は12.7㎝高角砲連装×１、単装×１の計３門のほか、25㎝機銃多数、発射管は61㎝４連装×１で魚雷４本、そして待望の電波探信儀の製造が軌道に乗ったので前後のマストに各１基の電探が装備され、水中聴音機も備えられた。

本艦型は簡易化、単純化を第一義としたので、船体構造は従来の優美な曲線面がほとんどなくなったが、最大の特徴といえば、何といっても缶―機械―缶―機械とした機関配置である。艦首寄りから第1缶室、前機室（左舷機）、第2缶室、後機室（右舷機）となっているこの配置は、戦訓を採り入れた日本海軍として初の試みながら簡易化の原則に反し、大量生産を阻害する、という議論もあった。しかし上陸・補給・援護を主目的とする本艦型においては、行動の自由を失うことは即、艦の生命を絶たれること、とあってあえてこの方式が採られ、そのため前後2本の煙突がえらくかけ離れ、文字どおり「間の抜けた」恰好で突っ立っているかに見えるのが、従来の駆逐艦にない奇異な景観となった。

また、本艦型では、巡航タービンは前機（左舷機）の高圧タービンのさきに1基あるのみで、巡航運転のときはこの巡航タービンで左舷軸を駆動し、その排気を後機（右舷機）の中圧タービンに導いて右舷軸を駆動する方式であった。しかしこの場合、前機室の巡航タービンへ入る蒸気の初圧と、それを引っぱる後機室の復水器の真空度とにより、両舷の主軸回転数に差が生じ、巡航全力（2軸合計3,000馬力）で左舷軸が毎分218回転、右舷軸がそれより20回転多い238回転となったけれども、それは止むを得ないこととされていた。

本艦型の第1艦松は、昭和18年8月8日舞鶴で起工され、19年4月28日に竣工、工期はわずか8ヵ月であった。その後の艦はさらに工期が短縮され、5～6ヵ月でできるようになったが、それでも工期短縮を要望する声は強くなるばかりであったので、本艦型19隻目の「橘」からは松型改とし、ブロック建造方式や全面的な溶接採用などで一層の工期短縮を図った。

以上のように松型および同改は、大幅な簡易化が図られたにかかわらず、対空・対潜性能に優れ、低速であることのほかは一般性能もきわめて良好であった。したがって本艦型は、かなりの被害を受けても沈没せずに内地へ帰投するものが多く、戦時急造艦としてまずは成功を収めたフネといわれた。

松型18隻と同改14隻の合計32隻は次のとおり（アンダーラインは舞鶴建造艦）。

松型18隻―松、竹、梅、桃、桑、桐、杉、槇、樅、樫、榧、楢、桜、柳、椿、桧、楓、欅、

同改14隻―橘、柿、樺、蔦、萩、菫、楠、初桜、楡、梨、椎、榎、雄竹、初梅（このほか終戦時に未成艦９隻あり）

舞廠建造の松型駆逐艦全国第４艦桃
昭和19年6月3日、宮津湾外で全力公試中のもの

松型駆逐艦

青島第２期短現士官の舞鶴着任（昭和19年３月）のしばらくあとに、戦時急造松型駆逐艦の全国第１艦松（第5481号艦）が海上試運転に入った。舞廠が担当する新型式駆逐艦の全国第１艦は当然のことに海上試運転の回数が多く、大ていは10回から12回出動していたが、この松型第１艦の「松」では燃料逼迫のため、それが３～４回に押えられたことはす

でに述べた。

当時、技術中尉だった外業工場の岡本孝太郎部員も、担当部員の補佐として一連のこの松型艦の試運転に何回となく乗艦したが、本艦型はその最大特徴である缶—機械—缶—機械という機関配置（別項の「帝国海軍駆逐艦・水雷艇建造小史⑱参照）のため、前後２本の煙突が文字どおり「間の抜けた」恰好で突っ立っているのが見るたびに奇異な感じがした。船体構造も工数節約のため、かっての駆逐艦の優美な曲線構造に代わって鉄板をただ突き合わせ、張り合わせただけのように見えるのもわびしかった。

そのことは１年前の40ノット艦・島風（２代目）の艦内で、艦本五部の駆逐艦設計者たる工藤清中佐からとくと聞いてはいたものの、現実にこの丁型の松型艦を眼前にすると、どうしても奇妙な感じが先に立ち、過去の甲型駆逐艦の陽炎型や夕雲型、乙型の秋月型、さては丙型の島風などの優美な姿が思い出されるのであった。

ところで前年の昭和18年12月に、短現から永久服役に変わった組立工場係官・平岡正助技術大尉は、永久服役の造機官として駆逐艦の艤装工事の研修が肝要、とのことで外業工場の兼務係官を命ぜられ、本艦型の舞廠第３艦槇（第5488号艦）の担当部員となった。「槇」も完成が急がれていたので、平岡部員は先行の「松」や「桃」（第5484号艦）で研究ずみの早期工法を適用し、主機・缶・補機の据付けなどはできるだけ進水前に行なった。そして進水後はただちに缶のソーダ煮を行なって昼夜兼行、進水50余日後の19年８月10日に同艦を無事引渡した。

この「槇」のあと、舞廠は同型の「榧（かや）」（第5492

号艦)、「椿」(第5498号艦) と完成させていき、続く松型改の「楡(にれ)」(第4809号艦) は、第33期永久服役(青島2期) の音桂二郎技術中尉が担当部員となった。昭和19年の暮れから20年1月にかけてのことである。

音中尉はこれより半年前の19年7月に舞機へ着任していたけれども、着任以来、潜水艦の修理に追われていたので「楡」の方は担当補佐の宮村善之少尉に任せていた。宮村少尉は音中尉と同期の青島2期組だが、短現だったので音中尉より約4ヵ月早く舞鶴へ着任し、すでに松型駆逐艦数隻を手がけている経験者であった。

しかし試運転出港のときは担当部員としてどうしても乗艦せねばならない。かねて「駆逐艦の試運転は揺れるどころの騒ぎじゃないぞ」と聞いていた音部員は、フネに余り自信がないこともあって当日は密かに船酔いの薬を携行し、迷信ではあろうがヘソに梅干しを貼って乗艦した。

もっとも同中尉は潜水艦の修理を担当していた関係上、それまでもたびたび試運転で出港してはいた。だが潜水艦の場合、初めの浮上航海時こそよく揺れるものの、外海に出て大揺れをし始めるころからは潜航試験に入るので、艦の動揺はピタリと止まってしまう。しかし駆逐艦はそうはいかない。この日は天候も余りよくなく、湾内でもいくらか波があったので、音中尉は覚悟を決めて乗艦した。

やがて艦は湾の出口に近づいたか、次第にスピードを上げていった。そんなとき、なんとはなしに缶室へ下りて見た音部員は、そこで感心すべき光景に出くわして息を呑んだ。本艦型のボイラには、自動燃焼装置などという気の利いたものはなく、もっぱら缶部下士官のカンに頼る方式だったが、その下士官が懸命に燃料油の圧力調整やバーナーの操作を行なって缶圧を規定の30kg /cm^{2}にピタリと保っているのである。神業に近いその技量に音部員はしばし我を忘れて見入っていた。
　そのうちにも艦の動揺は次第に大きくなり、音部員が機械室の方へ戻ると速力計は全速近くになっていた。が、そこにいるはずの宮村少尉の姿が見えない。心配して近くの工員に聞くと、宮村少尉は音中尉よりさらにフネに弱いらしく、フネが港内から湾口に近付くや早々に士官室へ退避したらしいとのことであった。
　やがて艦は旋回試験に入り、かなりの動揺が感じられるようになった。「最も揺れが少ないといわれる機械室でさえこれほどだから、甲板ではさぞ大変だろう」と、音部員はその様子を見るべく梯子を上がった。ヘソに貼った梅干しの効果か、足許は危ないけれどまだ何とか歩くことはできる。
　ところが甲板へ顔を出して見て驚いた。近くの山が物凄いまでに大きく傾き、その傾きがさらに大きくなったのである。艦が大旋回をしたためで、そのため艦は波をかぶり、波は右舷から左舷へ甲板を洗い去った。
　その甲板へ音部員は恐る恐る出てみた。出るには出たが鉄柱に必死に掴まっているのが精一杯である。甲板での仕事を持つ水兵たちも真っ青な顔で近くのものに懸命にしがみ付いている。そうなるともう船酔いどころの騒ぎではない。滅多にない経験と思って音部員は気持ちの悪いのを我慢し、旋回試験中、甲板に立ち尽して見ていた。
　帰港後、このことを先輩に話すと「よくそんな危ないことをしたもんだ。物好きにもほどがあるよ」と呆れられ「あの試験では慣れない水兵などはときどき海へ放り出され、それを捜すのに一騒動することもあるんだ」といわれて音部員は思わずゾーッとなった。

ともあれこの丁型駆逐艦は全国で松型18隻、松型改の橘型14隻の計32隻が造られ、舞鶴では松型と同改合わせて終戦までに10隻建造した。つまり舞廠では、全国第1艦松の竣工から終戦の20年8月までの1年4ヵ月の間に、この丁型を10隻建造したわけだから、1ヵ月半に1隻の竣工ということになり、前年（昭和18年）の3ヵ月に1隻という実績を上回っている。もっともさきの3ヵ月に1隻のときは、2,520トンの甲型（夕雲型）駆逐艦であったのに対し、今回はそれより小さい1,530トンの丁型（松型）である、というハンディーはある。しかし以前よりさらに食糧や物資が欠乏し、また、不馴れな徴用工や動員学徒が多くこれにかかっていたことを思えば、1ヵ月半に1隻という丁型駆逐艦のこの実績は、大いに賞讃されてしかるべきものといえよう。

丙型海防艦

舞廠で丁型駆逐艦の全国第1艦松が海上試運転に入らんとしていた昭和19年の4月1日、同じその舞廠で第61号海防

丙型の第17号海防艦（昭和19年4月13日、日本鋼管鶴見造船所建造）

艦（第2431号艦）が起工された。

この第61号海防艦は丙型といわれ、公試排水量810トン、主機は23号乙8型内火機械2基2軸で1,900馬力、速力16.5ノットというものである。これに対していまひとつ丁型なる海防艦があり、この方は公試排水量900トン、主機はタービン1基1軸で2,500馬力、速力17.5ノットであって、前者の丙型の方が1号、3号、5号というふうに艦名が奇数番号で表わされるのに対し、後者の丁型の方は2号、4号、6号と、偶数番号で表わされた。いずれにしてもこの2つの型は、ともに戦局の推移に応じた軍令部のたっての要求で18年7月に計画された小型・低速の海防艦であった。

ところで「海防艦」といえば、かっては現役を退いた艦が編入される艦種で、いうなれば「老齢艦」の代名詞であった。たとえば日本海海戦における旗艦三笠や装甲巡洋艦の吾妻なども艦籍から除かれる前、「海防艦」に編入されていた時期があったのである。

しかしその後、小型の沿岸警備艦を「海防艦」の名のもとに建造せんとする思想が生れ、昭和12年度の第三次補充計画で占守（しゅむしゅ）型海防艦4隻が造られた。この4隻は昭和15年から16年にかけて竣工した「占守」「国後」「八丈」「石垣」（いずれも舞鎮籍）で、これらの海防艦は従来の駆逐艦隊に代わって北方警備と北洋漁業の保護に当たり、ときどき母港の舞鶴へ帰ってきていたので、舞廠の人々には馴染みのフネであった。

また、そのころの海防艦は「軍艦」の艦種だったので、小なりとはいえこの4隻は揚子江の砲艦と同じく艦首に菊の御紋章をいただいており、乗組員もそれなりの誇りを持っていた。海防艦が「軍艦」の枠から外されたのは、昭和17年になってからのことである。

さて、この占守型は就役後の実績すこぶる良好だったので、本艦型を対潜護衛用として量産急造することになり、戦争に入ってから占守型改の択捉型14隻、さらに対空・対潜兵装を強化した御蔵型8隻、そして一段と急速建造に適した鵜来（うくる）型29隻が造られた。この占守型から鵜来型に至る計55隻の海防艦は、すべて甲型と称され、公試排水量は1,020トン、主機は22号10型内火機械2基2軸で、4,200馬力（占守型のみ4,500馬力）、速力は占守型と択捉型が19.7ノットで、御蔵型と鵜来型が19.5ノットであった。

これに対して丙型、丁型の海防艦はすでに記したとおりの要目で、両艦型とも艦艇建造経験のない造船所も多数参加して昭和19年2月以降逐次完成、終戦までに丙型53隻、丁型63隻が竣工した。舞廠では丙型を3隻造ったが、第1艦（第61号海防艦）の工期が6ヵ月半、第2艦（第67号海防艦）が5ヵ月、そして第3艦（第81号海防艦）に至っては実に4ヵ月という短期間で竣工させた。

なお、丙型海防艦では他の内火機械を主機とする艦艇と同様、エンジンの振動が船体に伝わって敵潜に探知される恐れあり、ということでエンジンや補機はもちろん、船体につながるパイプ類にもすべて防振ゴムが施された。しかしそれは比較的後期のフネになされたことで「ときすでに遅し」の観があった。

ところで舞廠の丙型海防艦に先立つ4ヵ月前の昭和18年12月1日に、同じこの丙型海防艦を起工した舞鶴管内の民間造船所があった。北陸は富山市郊外にある日本海船渠工業

㈱（のちの日本海重工業㈱）がそれで、同社はそれまで海軍艦艇を建造したことはなかったが、既述のように丙型、丁型の海防艦は、艦艇建造経験のない造船所にも建造させる、という海軍中央部の方針に基づき、舞廠指導のもとに丙型海防艦を建造することになったのである。

これよりさき日本海船渠工業は、富山港に臨む約30,000坪の土地に2,000総トン型の建造ドック2本と修理用乾ドック1本等を整えて、昭和17年3月に操業を開始、約370名という従業員規模で1,900総トンの戦時標準型貨物船（D型船）の建造に入った。ところがそれから1年半後の18年9月15日、同社は丙型海防艦建造のため海軍の管理工場に指定され、舞廠の技術指導下に置かれることになったのである。このため舞廠から造船官2名と主計官1名が常駐の監理官として部下数人とともに派遣され、造機と造兵の方は舞廠とかけ持ちの兼務監理官が発令された。造機の兼務監理官は三好正

日本海船渠工業㈱海軍監理官事務所の一同（昭和19年3月30日）
前列左から　上羽勘太郎技手（造機）、川井源司技大尉（造船）、三好正直技少佐（造機）、溝口三雄技少佐（造船、主務監理官）、福永尊正主計大尉

直技術少佐（浜松高工機械卒）であったが、８ヵ月後の19年５月には組立工場の岩下登技術中尉と外業工場の岡本孝太郎技術中尉も兼務監理官の発令を受け、舞鶴と富山の間を往復することになった。

ちなみにこの「監理官」という肩書きは、よく「監督官」と混同されたけれども、両者の間には隔然たる違いがあった。その最たるものは「監督官」は艦政本部の人間であることに対し、「監理官」はあくまでもその勤務する工廠の部員であって、当該工廠の管内にある造船所などへ部下を連れて行き、先方の社員・工員を指導しつつ製品を完成するのが使命であった。したがって監理官は各工廠の担当部員と何ら異なるところはなく、出先工場附近にある海軍監督官事務所の指揮命令を受けることはなかった。

しかし日本海船渠工業は、海軍艦艇の建造に全然経験のない工場である。造船、造機、造兵の各監理官はそれぞれ大変な苦労をしたが、造機の岩下、岡本の両監理官も艦内の機械の据付けや配管の要領など、こまごましたことまで手取り足取りして造船所を指導したうえ、第１艦（第21号海防艦）の海上試運転では、両中尉自らが片舷ずつの主機操縦ハンドルを握る、ということまでした。この第21号海防艦の２基の主機ディーゼル（23号乙８型機械）のうち、１基は舞機内火工場製で、岩下中尉にとってそれこそお手のものの機械であった。が、それにしても艤装員の到着の遅れと造船所の不馴れのためとはいえ、士官自らが主機の操縦ハンドルを握るなど、海軍の慣習を逸脱した行為といえた。

だが、そうしないことにはこの第21号海防艦は完成しなかったわけで、続く第２艦（第23号海防艦）でも同じであった。もっともその後は造船所が馴れてきたのと、艤装員も積極的になってきたのとで、監理官もそこまでやる必要はなくなったが……。

ともあれ日本海船渠工業では終戦までに6隻の丙型海防艦を竣工させ、鋼管・鶴見の27隻、三菱・神戸の10隻に次ぐ記録を樹てた。そして終戦直前の昭和20年7月1日、同社は舞鶴工廠の富山分工場になるのだが、それについてはまたその時点で述べることにする。

名艦を生んだ昭和12年度・14年度計画

昭和12年1月1日からのいわゆる「海軍無条約時代」の到来に伴い、わが海軍でも軍縮条約による一切の制限から解放された上、予算の制約もいちじるしく緩和されたので自主的に建艦計画を進め得ることになった。その第一着手が昭和12年度補充計画（第三次艦船補充計画—略称㊂計画）で、それは昭和12年度から16年度に至る5年間に「大和」「武蔵」を中軸として70隻、合計基準排水量300,000余トンの艦艇を建造せんとする、まことに規模壮大なものであった。

この建艦計画では、技術上の無理な点を排除する一方、用兵側の要求を十分に採り入れた設計ができるようになり、世界の建艦史に残る名艦を数多く送り出した。その第1号艦が戦艦大和であり、2号艦が同じく武蔵、3号艦が空母翔鶴、4号艦が同瑞鶴、そして5号艦は水上機母艦兼特潜母艦の日進、9号艦が海防艦占守、17号艦が甲型駆逐艦の陽炎、さらに55号艦が給兵艦樫野であった。

この㊂計画スタート後の昭和12年7月に日中事変が勃発、その後の情況の変化に応じて昭和14年度軍備充実計画（第四次補充計画—略称㈣計画）が立案された。この㈣計画は、「大和」「武蔵」と同型の信濃型戦艦２隻を根幹として㊂計画よりさらに多い92隻、合計基準排水量330,000余トンを建造せんとするもので、そのなかには第110号艦信濃（戦艦から空母へ変更）、130号艦大鳳（空母）、132号艦阿賀野（乙型巡洋艦）、136号艦大淀（丙型巡洋艦）などのほか、舞鶴に馴染みの深い第104号艦秋月（乙型駆逐艦）、116号艦夕雲（甲型駆逐艦）、125号艦島風（２代目）などの名艦が含まれている。

昭和12年度補充計画による第１号艦大和
昭和16年10月20日、宿毛湾外で全力予行運転中のもの

徴用工物語（その１）

さて、昭和19年半ば、舞廠造機部鋳造工場の工員数は、吉村常雄技術大尉が係官となった２年前に較べて３割方多い約1,300名となっていたが、そのなかに中西茂という徴用工員がいた。中西工員は太平洋戦争開始からちょうど２年目の昭和18年12月８日に入業した第26回の徴用工で、それ以前は綾部の郡是製糸㈱に務めていた。

昭和14年７月８日に公布された「国民徴用令」により舞

廠へも２～３ヵ月に１回の割で徴用工の入業があり、太平洋戦争開始直後の17年３月ころの入業者は第14回、そして戦争まる２年後の入業者は前記のごとくすでに第26回を数えていたのである。

これら徴用工員は、応召の兵士が赤い紙の召集令状で呼び出されるのに対し、白い令状で呼び出されたところから「白紙応召」といわれ、始めは京都、滋賀、福井など比較的舞鶴に近いところの独身者が多かった。しかし次第に地域が舞鎮管内全般（京都、滋賀、福井、石川、富山、新潟などの各府県）に広げられて妻帯者も多くなり、なかには腕に入れ墨をした者やいまでいう“ヤーさん”めいた者、あるいはひどい性病持ちなどもまじるようになった。けれども戦局の赴くところ、彼らはそれまでの自営業や会社勤めの生業を振り捨て、全く異なる仕事をさせられたうえ、外地へ行ったり、工作艦に乗組んだりして、ついには戦死した人もいるのである。

これら徴用工は、配属された各工場で短期間に仕事に習熟するよう厳しい実技練習が課せられ、また「団体訓練」と称する軍隊並みの体育訓練も行なわれた。この団体訓練は、各部とも実習士官か若手士官の仕事とされており、延べ１ヵ月ほどのその訓練が終わると、仕上げは「行軍」と称して工廠から10キロほど先の松尾寺、金剛院、与保呂の水源地などへ出かけた。世間では甘味料が少なくなりかけていた昭和17年の夏ごろでも、この辺にはまだそれが沢山あったからでもある。

行軍先ではよく野外演芸大会をやった。岩下登氏の体験では、あるときなど次から次「越中オワラ節」ばかりが出て弱ったことがあるという。同じ地方の人々を集めたのだから当然のことだが、おかげで岩下氏はいまだにオワラ節中毒の後遺症が残っているそうである。

ところで昭和15年から終戦まで、造機部の人事係には兼務とはいえ武官の係官がずっと配置されていた。藪田東三、斎藤俊夫、岩下登の各武官がそれで、主務はいうまでもなく造機部長の副官的仕事だったが、藪田、斎藤両部員の時代、つまり昭和15年から18年にかけては多数の徴用工採用があったため、その方面の仕事が非常に多かったといわれる。

ともあれ前記の中西茂氏は、このように徴用工の採用が多かった昭和18年12月、郡是製糸の10人ほどの中堅社員とともに徴用され、鋳造工場の鋳鋼品を造る鋼（はがね）場に配属された。だが、商業学校を出て以来、郡是製糸の事務系の仕事ばかりしていた中西氏にとり、初めて見る6トン電気炉の紅蓮の炎は地獄の火さながらに思えたし、土ぼこりで視界も定かでない職場環境に辟易させられた。天井を走るクレーンの騒音に悩まされ、そのクレーンから重い鉄枠や製品が落下してときに怪我人が出、肝を冷やしたりした。

そんな環境下ながら中西工員は、自己の仕事に精を出した。その仕事というのは、①鉄製の鋳型の中に木型をはめて砂を詰め、②木型を抜いたあと硅石の粉を詰めて黒砂糖の水を塗り、③上・下の枠を合わせてその中に湯（溶けた鋼）を注ぎ、④冷めたら枠を壊して製品を取出す、というものであった。

中西徴用工の宿舎は、西舞鶴の天台工員寄宿舎であった。3ヵ月の訓練期間中は毎朝4時半に起床し、宿舎の庭で教練を受けたのち、中舞鶴の工廠まで1里（4キロ）の道を作業服、巻脚絆、ゴム長靴でみんなと一緒に隊列を組んでかよった。午前7時の始業時には工場の前に整列し、スピーカーから流れてくる宿直高等官の発声に従って、「一、忠順誠実 一、恪勤精励……」以下の「工員服務綱領」を声高に唱和し、さらにまた、

「我が工場はZ旗の戦場にして、大和魂の道場なり。故に我等が勤労には厳として礼あり、粛として和あり。御稜威（みいづ）のもと、我等が赤誠を凝らして一発轟沈の弾となし、百戦不沈の艦となさん」

という「要言」も唱和した。

この年も年頭にタバコの大幅値上げがあり、1箱15銭の「金鵄」が一挙に23銭へと5割以上の値上げとなって人の心もフトコロも寒からしめた。そして中西氏の入業ほどなくして本当の寒い冬がやってきた。

工場で一番新米の中西徴用工は、終業時にみんなの手桶に水を汲んでやらねばならなかったが、寒い時期とて手の甲にあかぎれができ、血が吹き出した。もともと事務係の社員だった中西氏は「こんなことでは体が保たぬ」と、知り合いの上司に事務所勤務となるよう働きかけを始め、幸いに鋼（はがね）場から鋳造の事務所勤務となった。

それと同時に天台の工員寄宿舎から古巣である綾部の郡是製糸の社宅に引き移ったが、朝の7時までに工廠へ入るには4時20分に起きねばならず、2時間残業をして帰ると夜の9時過ぎでないと自宅に着かない。綾部からの通勤も楽でなく、郡是製糸へ帰れる当てもない、と思った中西工員は綾部の社宅を引き払い、丹後由良の生家へ帰った。しかしそこからの通勤時間も綾部時代とほぼ同じで、ほとんど恩恵は受け

られなかった。

このように通勤は苦しかったが、鋳造の事務所勤務となった中西徴用工は「水を得た魚」のように張り切り出した。仕事は工員の加給計算、採用・解雇の手続き、応召者の手続きなどで、このうち「応召者の手続き」というのは、工場の優秀な工員や技術者が陸軍へ召集されないよう半年に1回くらい、舞鎮長官から陸軍大臣あてに申請書を提出することであった。中西工員自身、この「召集延期」を適用されて陸軍への召集を免れ、また、工員の「健康保護者」にもなっていた関係上、気を張って勤務したので身体も丈夫になった。

さらに鋳工員は重労働従事者ということで、米の配給は一番多い「甲」であり、給料は工廠の賃金のほかに政府から月90円の補給金がもらえた。その上、郡是製糸からの給料もあったので毎月の合計額は250円ほどになったが、そのころはすでに買うものは何もなく、いたずらに貯金だけが増えていく、というありさまであった。

いずれにしても中西氏にとり、徴用されたことは打撃だったけれども、あれこれ考え合わせて「徴用されてよかった」とさえ思うようになった。

徴用工物語（その2）

前節の中西茂徴用工と同じ鋳造工場に、比島八太郎という徴用工員もいた。この比島徴用工は、北陸の福井市郊外で織物工場を経営していた人で当時40歳、中西工員より1ヵ月前の昭和18年11月1日に徴用され、鋳型の土を作る臼場に配属されていた。

その臼場では、キブシ粘土というものを大きい臼に投入し、それを円形に回る大重量のローラーで粉砕するのだが、そのときに出る白い粉塵は濛々として視界を閉し、作業中の工員を白煙で包むありさまで、「これでは肺結核になってしまう」と比島工員は暗澹たる気持ちになった。

その上、自分より先に入っていた若い徴用工の言動の粗暴なのにも驚いた。比島工員は殴られたことこそなかったが、氏と同年輩の徴用工でこれら若い先輩の徴用工に殴られ「妻子ある身が……」と涙を呑んでいる風景を見るたび、自分自身が殴られたような思いに駆られた。しかし自分の入廠少し前の10月21日、雨中の神宮外苑で行なわれた在京学徒の出陣壮行会の模様を思い出し、「時局は重大だ。メソメソしてはおれぬ」とおのれ自身を励ましたりした。

それから半年後の昭和19年5月1日、比島徴用工は思いもかけず中坂主任から工員の補導員になるよう命ぜられた。それは同工場の吉村常雄部員が臼場で同工員と話したとき「なかなか芯のある面白い男だ」と思い、それを中坂主任に報告したことが発端とのことだが、その中坂主任は、比島工員が粉塵の臼場で暗澹たる気分になっていたとき優しい言葉をかけてくれたことがあり、「孤蝶も袖にたわむれるような温容」と同工員の以前から慕っていた人である。その人から「愛と親切心に富んだ補導員になってほしい」といわれた比島工員は「士は己れを知る者のために死す」と大いに感激、立派な補導員となることを心に誓った。

「従来の補導員は工員に対し、ときに鉄拳制裁を加えることがあって遺憾である。補導員の真髄は愛と親切にあることを忘れずにやってほしい」と中坂主任にいわれた比島補導員は、何か工員と温かく結びつく方法はないかと思案した。性格や思想が異なり、心もすさんでいる工員には、一片の空虚な言葉などは何の足しにもならぬと思ったからである。

思案のすえ、比島補導員は工員への一時融資ということを思いついた。といって高利貸をやろうというのではない。工廠の貯蓄組合から急に金を引出したくなった工員にその金が出るまでの間、一時立替えてやろうというアイデアである。

当時、工廠の貯蓄組合には廠内の全工員が加入していたが、そこから金を引出すには手続きが煩雑で1ヵ月もかかっていた。鋳造工場を例にとると、工員の借り出し申請書にまず比島補導員が理由を書いて押印、それが荒木人事班長（技手）、工場主任、造機部と回付され、さらに貯蓄組合長、工廠長と9個もの判が必要で、現金入手は急場の間に合わなかったのである。最大の難関は荒木人事班長のところで、ここさえ通過すればあとは多少時間がかかってもスムーズにいくことを知った比島補導員は、荒木班長のオーケーが出次第、手持ちの金を工員に先渡しすることにした。

当時は貨幣価値がまだ安定していて、1人の借り高も5円、10円から多くて20円くらいであり、月々の先渡し相手も20名から30名どまりであった。したがって手持ち資金も月せいぜい600円もあれば足りたので、比島補導員は家から1,000円持ち出し、それを工廠内の郵便局に預けた。そして依頼があるとそこから引出し、工員に金を先渡しして大変喜ばれた。それは「人が人を補導するなどはとてもできるものでなく、ただ人情の機微あるのみ」という比島補導員の信念のしからしめるところであった。

なお、そのころの工員の賃金（日給）等級は一等から十等まであり、各等は1級から10級まで細分されていて、最高の一等1級で5円50銭、最低の十等10級でその10分の1の55銭であった。

徴用工物語（その3）

前出の音桂二郎技術中尉が舞機の外業部員となって半年経った昭和19年の暮れ、同工場の先任係員・酒井松吉技手がとんでもない話を同部員のところへ持ち込んできた。音部員担当の潜水艦工事に従事している某徴用工が、工廠構内に停めてあった長靴積載の車から長靴を1足盗んで捕まり、身柄が鎮守府の方へ回されそうだから何とか喰い止めてもらえないか、というのである。音部員も知っているその徴用工は、とても盗みなど働くような人間とは思えなかったが、ある日の出勤途中、長靴を積んだトラックを見て、つい出来心からそのうちの1足を盗んだとのことで、もとはといえば彼も従来とは打って変わった辛い生活のため、履いている長靴も底が破れ、雨雪のときは通勤にひどく苦しんでいたからであった。

そこで音部員は工廠の保管の係へ出向いて種々折衝したがラチがあかず、ついにその工員は工廠に1晩留め置かれることになった。

翌日、音部員は関係の法務官のところへ行き、彼がいないと仕事上困るし、彼の個人的事情からしても同情すべき点があることを縷々述べ、「今回は初犯でもあり、あとは私が責任を持って訓戒しますから」と、無罪放免を頼んだ。ところがその法務官は「あなたが責任を持つからといって私が犯罪者に何もせず、無罪放免にするわけにはいきません」となかなか首を縦に振らない。

そこで音部員は「では、自分の監督不行届きということで始末書を書き、そこに彼に訓示することを明記します」というとその法務官はやや呆れ顔で「あなたは始末書を書く、ということの意味をご存知なのですか」といった。始末書は時として本省の人事局に送られ、本人の経歴に傷がつくこともある、といわれて音部員はハッとなったが乗りかかった船である。引きさがるわけにもいかず「とにかく明日中に始末書を持ってきますから……」といってその徴用工を連れ戻した。

その日の夕食後、音部員が誰もいなくなった事務所で工廠長あてに美濃紙の始末書を書いていると、酒井技手が飛んできて「音部員、これは一体何ですか」と大きな声を出した。「部員が工廠長に始末書を書くなんてとんでもないことです」と真剣になって止め「そんなことをされるようならもう一度彼を連れて行きますよ」とまでいった。

そんな酒井技手に「何も心配することはないよ。この始末書で私の履歴に傷がついたって大したことはないさ」と音部員は笑っていったが、始末書ができ上がると酒井技手は音部員の署名の横に自分の名前を書かしてくれといった。「工員取締りの本当の責任者は自分だから、名義上だけの監督者である部員に始末書を書かせ、自分は知らん顔をしていたのでは気がすまぬし、工員への示しもつきませんから……」というのである。

そういう酒井技手は明治23年の寅年生れで、頑固者で聞こえた男である。外業工員の人事を一手に握り、現場にも明るく、外業の各部員も一目置いている人物であることは前記したが、そんな酒井技手の意外な一面を見た音部員はひどく感に打たれ、「さすが40年近く海軍に務め、下から苦労して上がってきた人だけに見上げた態度だなぁ」と改めて彼を見直した。しかし部員が工廠長に出す始末書に技手が連署するなどという妙なことはできるはずもなく、音部員はその辺の事情をよく説明してやった。だが、彼は納得せず、音部員のと同じ文章の始末書を鉛筆で書き、宛名を音部員あてにして「これだけはぜひ受け取っておいて下さい」と差し出した。酒井技手ならではの面目躍如たるところであり、また、これが契機で音部員に対する同技手の態度がガラリと変わった。

もともと音部員の担当する潜水艦修理では、それにかかる組が大体きまっていたので人集めにそれほど苦労しなくてよく、したがって同部員は、水上艦艇担当の他の外業部員のように、工員の手配師ともいえるこの酒井技手とそんなに折衝する必要はなかった。それでもちょっと気に食わぬことを頼むと「新米の部員が何をいうか」式に横を向いて聞こえぬ振りをしていた酒井技手だったのに、それがこのあと非常に気を遣ってくれるようになったのである。音部員は潜水艦の修理で人手不足をかこっていると、夜になって他の組から班長以下の腕利きを何人か引抜いて回してくれたり、外業の一部門である銅工場の係員に「音部員の仕事は優先してやってくれよ」と口をかけておいてくれたりなどし、音部員として大変仕事が進めやすくなった。

海軍のように肩書きがものをいう階級制度の厳しい世界でも、真に人の協力を得られるのは肩書きでも命令でもなく、お互いの信頼関係というか、血のかよった人間関係だと思っていた音部員はそれを身をもって体験したわけで、これがその後の音氏の生き方にも大きな教訓になった由である。

それはとにかく、部下徴用工の窃盗事件で始末書を書いた音部員が、翌朝それを法務官に提出すると、あとになって「あの始末書は上司と相談のうえ破棄しましたからご心配なく」という電話があり、この一件は意外にあっさりと落着したとのことである。

特攻兵器の原動機を作る

音桂二郎技術中尉が舞鶴へ着任したのは、記述のとおり昭和19年7月初旬のことで、このときの造機の永久服役士官(第33期―青島2期)――大卒7名、高工卒6名の総勢13名――は、いずれも横廠造機部で基本実習を終えた面々であった。そしてそのころの7月7日、サイパン島のわが守備隊が玉砕し、その責を負って同月18日に東条英機内閣が総辞職、代わって小磯・米内内閣が成立(7月22日)した。同じころ日本軍はビルマのインパールから撤退し、8月3日にはテニアン島が失陥、そして11日にはグァム島も失われた。

そうなるとこれら内南洋からの内地空襲も必至と見られ、町の防空訓練も本格化してきた。隣組では月1回の防空訓練が義務づけられ、男子は国民服に戦闘帽、地下足袋にゲートルといういでたち、女子は防空頭巾にモンペ、ゴム長という服装で、防火のバケツリレーや火叩きの訓練に精を出した。

越えて10月12日から14日にかけて台湾沖航空戦があり、同月23日から26日にかけては、わが連合艦隊の事実上の消滅を招いた比島沖海戦があった。そしてこの比島沖海戦中の10月25日、関行男海軍大尉が率いる神風特別攻撃隊が米艦に体当たり攻撃を敢行し、いわゆる「特攻攻撃」の火蓋が切って落とされた。

舞鶴の町内会の防空訓練
（昭和18年1月8日）

こうなってくると特攻兵器の生産に拍車がかけられ、舞廠造機部でも昭和19年の秋以降、特攻兵器用部品の製造に入ったが、その一番手は水中特攻兵器「回天」（㊅金物）の原動機たる「6号機械」というピストン式エンジンであった。これはドイツから入手した資料を基に、平時なら数年はかかる試作から完成までの工程を、造機関係者の異常な努力の結果、わずか1ヵ年足らずで終了したといわれる画期的なピストン機械である。動力は過酸化水素、水化ヒドラジン、石油および海水により生成されたガスを用いた。

舞機でこの機械を担当したのは組立工場の平岡正助技術大尉で、この平岡氏の記憶によると、同機は直径約25ミリの真鍮製竪型シリンダ8筒から成る約200馬力（？）のエンジンで、シリンダとヘッドとが一体になっていて架構がなく、大変軽くできていたという。また、冷却はエンジンが海水に浸ることによって行なわれ、エンジン・ライフもたったの600時間という珍しいものであった。

平岡部員は「これは水中特攻兵器用の金物」というだけで詳しいことは何も知らされず、ただ機械屋として「珍しくもまた大変なルール外れの機械だなぁ」と思いながら製作に当たった。組立工場に小型の水タンクを設け、その中で短時間のテスト運転を行なって解放検査、そして丁寧に最終仕上げ

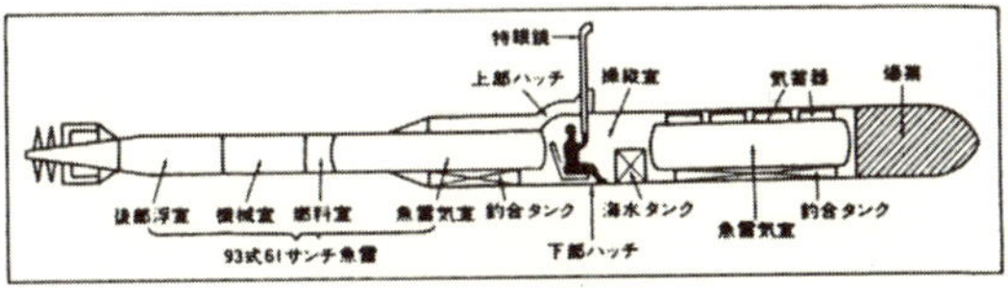

「回天」の内部略図

をして呉方面へ10基ほど送り出したが、それを搭載する「回天」の「２型」と「４型」はともに未完のまま終戦となり、平岡部員らの折角の苦心も水泡に帰してしまった。

ちなみに実戦に供されて米軍の心胆を寒からしめた「回天」は、93式61センチ魚雷をほとんどそのまま利用した１人乗りの「１型」であり、６号機械搭載を予定して本格的に設計された「回天」は「２型」と「４型」であって、これらはいずれも未完で終わったことは前記のとおりである。

航空援助

前節で述べた水中特攻兵器もさりながら、敗色濃厚となったこのころは、艦艇より飛行機という切羽つまった事態になっており、それに対応して艦政本部でも、大型艦の建造が激減しているその余力を挙げて航空本部に協力することになった。その余波は当然各海軍工廠に及び、舞廠造機部でも航空エンジン関係の仕事をするようになったが、その一つは特殊攻撃機「橘花」に装備されるターボジェット機関「ネ・20」であり、いまひとつはＢ29迎撃用極地戦闘機「秋水」の推進ロケット装置に使う「特呂２号」という薬液であった。

ところでこの「橘花」と「秋水」は、ともにドイツのメッサーシュミット機を範としたものであることは知られるとおりであり、日独軍事技術協定に基づいてその設計図をドイツから譲り受け、日本の潜水艦でアフリカの喜望峰回りの命がけの航海87日ののち日本に持ち帰ったのは、巌谷英一技術中佐であることもまたよく知られているところである。このメッサーシュミット機の原案を基に昭和19年の夏、「橘花」と「秋水」が計画されたが、「橘花」のエンジンがターボジェット機関で高級なガソリン燃料もプロペラも不要だったのに対し、「秋水」の方はロケット機で、特殊な薬液が必要であった。

舞廠でこの航空機用部品の製造を受け持ったのは、やはり組立工場の平岡部員で、「橘花」用の「ネ・20」については、蒸気タービンを製造した組立工場の技術を活かし、本工場と雁又の分工場で生産を開始した。数の多い軸流圧縮機のジュラルミン翼は研磨仕上げに人海戦術を採り、綾部の郡是製糸㈱の若い女工たちに模範ゲージを与えて手仕上げで進めた。平岡部員も１～２度綾部へ監督に出かけたが、若い娘さんたちがずらりと並んで行なう作業は大変な景観であって、担当技手の話では指導工としてきたがっている者が多いとのことであった。

だが、ようやく「ネ・20」の１番機が組み上がり、組立本工場の海岸に試験場を造っているときに終戦となった。関係者の落胆はいわずもがな、是が非でもこの１番機を回して見たかった平岡大尉としては、まさに涙を呑む思いであった。

なお、特殊攻撃機「橘花」は昭和20年８月７日、木更津飛行場の上空でわが国初のジェット機としての処女飛行を行なったが、それからすぐに終戦となり、実用機は１機もできなかった。しかしそのエンジン「ネ・20」は、メッサーシュミット社のものを参考にしたとはいえ、日本独自で開発したといってもよいものであり、しかもメッサー社の製品と比較して、いささかの遜色もなかったことがせめてもの慰めであった。そしてこの機械はその後、米軍が何かの参考にするためか、どこかへ運び去った由である。

一方、B29迎撃のロケット戦闘機「秋水」の推進薬液「特呂2号」は、空技廠と三菱が共同で研究開発したもので、その製造には多くの化学工場が動員され、舞機でも担当の平岡部員が19年の暮れ、追浜の空技廠噴進器部に出張して解説を受けた。そして神奈川県山北の噴射試験場を見学したりなどしたが、薬液反応リアクターが鍛造構造のため舞機ではその設備・能力がなく、進展も見なかった。

ちなみにこのB29迎撃戦闘機「秋水」は、三菱重工製の第1号機が20年3月に完成、その試験飛行が横須賀航空隊で行なわれた(20年7月7日)が失敗し、テストパイロットは殉職した。そして「秋水」はテストに失敗したこの1号機を含め、終戦までに5機しか完成しなかったということである。

軍人勅諭と海軍

舞廠造機部でも航空援助に乗り出した昭和19年の秋、舞機設計の石川重吉技師が木造駆潜艇の公試運転立会いのため鳥取県の米子造船所へ出張した。

その日、海上はかなり時化ており、有名な関の五本松の見えるあたりでは大変なうねりであった。小さな木造駆潜艇は波に翻弄され、プロペラが宙に浮いて機械が空転するありさ

第29代舞廠長
森住松雄少将

まだったが、造船所の職員はみなケロリとしており、気を揉んだ石川技師は「このままでは機械に故障が生じるかも……」と、試験を中止してもらって帰港した。
　ところが帰港してみると本艇に出撃命令がきていたので、ただち着岸して準備をし、陽が暮れて皎々たる満月が出たころ出陣式が行なわれた。その式で石川技師は乞われるままに壮行の辞を述べた。
　出陣式が終わり、駅前の旅館で汽車の時間まで休んでいると、出征兵士の見送りがあった。万歳、万歳の声とともに「ああ　あの顔で　あの声で……」の軍歌の雄叫びが盛り上がり、それが石川技師の耳朶を強く打った。
　式といえばそのころ、舞廠で全高等官が何人かずつ両陛下の御写真の前へ進み出て拝礼するという式典があった。青島１期の池田保巳技術中尉（当時）によると、この式典は何のためのものであったか思い出せないそうだが、ともあれ「武官は軍刀佩用のこと」というお布令が出ており、池田中尉は自分の俸給月額を上回る大枚120円ほどを投じて軍刀を調達した。
　ところがこの式典で、やおら軍人勅諭を読み始めた第29代舞廠長・森住松雄少将（海機22期―大正２年卒）が何ヵ所か誤読したのである。青島での訓練期間中、日課として軍人勅諭を読まされ、ほとんどそれを暗記していた池田中尉は、誤読があればすぐにそれと分かり、「１ヵ所、２ヵ所……」と数えていった。だが、当の工廠長は間違いに気づいて読み直すようなこともせず、初めは驚いた池田中尉も次第におかしさを噛み殺すようになった。
当時は小学校などで校長が教育勅語を読み違えれば不敬事件として問題になりかねないご時勢であった。それなのに海軍工廠の工廠長が、高等官の並みいる公式の場で軍人勅諭を何ヵ所も誤読し、しかも別に問題にならなかったのはなぜだろうか——と池田中尉は考えた。そして「わが海軍にはこのような“些細なこと”に拘泥しない大らかな体質があるらしく、その意味で日本海軍もなかなか面白いところがあるわい」と結論づけ、いまでも半ばそう思っているそうである。
「軍人勅諭の読み違え」といえば、第10期短現士官の一部が収容された横須賀の工機学校でも同じようなことがあった。昭和17年1月20日の夕刻、同校学生舎前で行なわれたその訓練入校式のとき、壇上に立った校長の少将閣下がやはり軍人勅諭を読み違えたのである。それも1ヵ所や2ヵ所でなく、拝聴した岡本孝太郎造機少尉候補生（当時）の記憶によれば、何と26ヵ所も間違えたのである。海軍へ入る前の学生時代に軍人勅語を丸暗記していた岡本候補生は、池田中尉と同様、面白半分に数えていたのだが、くだんの校長は間違えても別に悪びれる様子もなく、誤読箇所は平然と読み直していった。
そのころ、ある陸軍少尉が満期除隊の兵士の前で軍人勅諭を1ヵ所読み違えたため腹を切って死んだ、というショッキングな事件があった。陸軍少尉が兵隊の前で1ヵ所間違えて腹を切ったのだから、海軍少将が中尉と少尉候補生300人を前にして26ヵ所も読み違えれば一体どうなるのだろう——と岡本候補生はそのとき少なからざる好奇心をもって慰めていた。だが、読み終わった校長は平気の平左であり、列立の副校長以下の士官もシレッとしたもの。巻物の勅諭を載せた三宝をうやうやしく捧げ持って帰る下士官も何ごともなかったかのような顔付きだったので、岡本候補生の方がむしろ拍子抜けしてしまった。

池田氏もいうとおり海軍はこのような“些細なこと”には拘泥しない大らかなところがあったためか、はたまた「軍人勅諭」といえば目の色を変える陸軍へのささやかなアンチテーゼだったのか、ともあれ工機学校におけるこの一事は、海軍へ入った初日のできごとだっただけに、岡本候補生にとって忘れ得ぬ一コマとなった。

なお、作家・阿川弘之氏の『海軍こぼれ話』にも軍人勅諭に関する一文があり、「海軍では、お勅諭は暗記する要なし。本すじさえ分かっておればよろしい。あれを暗記する暇があったら諸例則の勉強でもしろ、というのが普通であった」という意味のことが述べられている。

それはとにかく、この年の10月1日、舞鶴の機関学校が兵学校に統合され「海軍兵学校舞鶴分校」となった。それはこれより2年前の昭和17年11月に兵機一系問題が解決した結果だが、そうなると兵学校の生徒にも機関に関する技術教育が必要とされ、そのため19年10月に舞機製缶部員の嶋井澄技術大尉が兵学校教官に補せられて舞鶴を去った。

渡辺敬之助部長着任す

舞鶴の機関学校が海軍兵学校舞鶴分校となった昭和19年10月、舞廠では雁又地区に建設中の造機部鋳造工場が完成して火入式が行なわれ（10月18日）、その翌々日の10月20日には造機部長の交替があった。内田忠雄大佐に代わって機関学校1期後輩の渡辺敬之助大佐(海機28期—大正8年卒)が新しく部長となったのである。

雁又鋳造工場入火式記念
(昭和19年10月18日)
壇上のテーブル横に坐すは中坂礼吉主任

渡辺大佐はこれよりさきの昭和17～18年、甘利義之部長の下で舞機作業主任を務めたのち横廠造機部の作業主任に転出し、ふたたび舞廠の造機部長として栄転してきたもので、さきの舞機作業主任の時代から、若い造機官連中はこの人に「アノネのオッサン」なる失礼なニックネームを奉っていた。それは同大佐のやや面長でギョロリとした目玉と鼻下のチョビヒゲという風貌が、当時評判の喜劇俳優・高勢実乗扮する“アノネのオッサン”によく似ていたからである。

しかし渡辺大佐は、呑気者の代名詞のような“アノネのオッサン”なるアダ名とは裏腹に、なかなかもって果断なやり手であった。「俺は小さいとき近所のガキ大将だった」というだけに“暴れん坊”ともいえるその辣腕ぶりは、前任の内田部長が敬虔なクリスチャンで、それこそ大きな声も出さないような人だったのにひきかえ、ことのほかきわ立って見えた。

この剛の渡辺部長に対するに、その女房役たる作業主任の早坂浩一郎技術大佐(大正15年東北大機械卒)は柔の存在で、それはまことに絶妙な人事配置といえた。渡辺部長は軍刀に革ゲートルという陸戦スタイルでオートバイを運転し、

内田部長退庁記念（昭和19年10月20日）
前列中央（左から6人目）が造機部長・内田忠雄大佐

そのサイドカーに早坂作業主任を乗せて颯爽と西舞鶴から綾部、福知山方面を駆けめぐっていた。それは活動的な渡辺大佐の性に合った行動ともいえたが、実は舞廠も真剣に疎開を考えねばならなくなっていた当時として、止むに止まれぬ部長自身の東奔西走だったのである。

渡辺部長は早坂作業主任に「木っ端ブネ（当時、舞廠で建造中の松型駆逐艦や丙型海防艦などの小艦艇）は貴様に任す」といって本職の造機工事よりは工場疎開などの仕事に注力し、福知山に機械工場や溶接工場の一部を移したり、工員寄宿舎の燃料確保のため綾部の以久田（いくた）村に亜炭鉱山を開いたりした。また、食糧の自給自足をはかって農耕隊を組織し、利用可能な土地とあれば士官官舎の庭にまでイモや野菜を植えさせた。さらに東舞鶴森地区にあった造機部の工員寄宿舎を第一寄宿舎から第四寄宿舎まで順々に見て回り、週に一度そこの工員と夕食をともにしたり入浴状況を見たり、ときには陳情を聞いてやったりなど、まさに八面六臂の活躍ぶりであった。

そんなところから同部長は、若い部員をつかまえてはよくこんなことをいっていた。「こう戦局が熾烈化してくると結局海軍が民間を指導し、引きずって行かねばどうにもならん。俺はあちこちの民間業者に口をかけるが、忙しいからいつまでも一つの業者と折衝しているわけにはいかん。俺が口をかけたあとは貴様ら若い者がちゃんと尻拭いしておかんとダメだぞ。

つまり造機部長の俺は親のメンドリで、貴様ら若い士官はそれに従うヒヨコだ。親ドリはミミズやオケラのいそうな土をチョイチョイと突つき、ヒヨコに教えながらどんどん先へ行く。従うヒヨコは親ドリの突ついたあとをさらに突ついてエサにありつく、というあの方式だ。これからはあの要領で貴様ら俺に遅れんようについてこい」

このように万事に積極的な渡辺部長であったから、やがて木造の造機部長室とそれに続く工務係の事務所を惜し気もなく叩き壊し、その跡地にコンクリート製カマボコ型の事務所を造ってそこへ入った。予想される米軍機の空襲対策であることはいうまでもないが、かく工場疎開と空襲対策に熱心な渡辺部長であったればこそ、福井市の土建業野島組の野島久米次郎社長が持ち込んだ本格的な地下疎開工場の話に身を乗り出したのである。

それは19年11月ごろのことであった。舞鶴へきた野島氏は、氏の住んでいる福井市郊外の笏谷石採掘場跡のことを渡辺部長に次のように話した。

「そこは遠く継体天皇の時代から掘っていたと伝えられると

ころですが、いまは放置されています。けれども中はかなり広いようですので、そこを整備して地下工場にすれば、空襲に対しても絶対に安全な疎開先になると思いますが……」

いわれて渡辺部長は一も二もなく飛びつき、「疎開先として空襲にも絶対に安全な地下工場とあれば願ったり叶ったりだ」と早速視察のため現地に赴いた。

この年は例年になく雪が早く、11月末の現地・福井はすでに深々とした雪であった。そんな中を渡辺部長は持ち前の負けん気を出して踏破し、腰まで雪に埋まりながらあちこち精力的に見て回ったが、このとき部長は視界もきかぬ雪の恐ろしさというものを初めて知ったという。

視察から帰鶴した部長は、ただちに関係の係官を作業係の会議室に集め、福井疎開工場の計画概要を発表したのち、「目下の急務は地下壕の測量である。誰か測量経験のある部員はいないか」と聞いた。すると前出の機械工場係官・稲場貞良技師が「製缶の広野技師が陸軍に勤務中、測量技術を体験されたように聞いていますが……」と答え、それにより広野英一技師が福井工場の測量担当官として現地へ赴くことになった。

この福井の疎開工場建設は、渡辺部長にとって一生一代の大事業ともいうべきものであったけれども、お膝元の舞鶴の方が忙しく、気にしながらも福井へはなかなか足を運べなかった。月に1～2度回るのが精一杯で、あとは信頼する広野技師に一切を任せていた。そしてこのころのことらしいが福井から舞鶴へ帰る渡辺部長は、北陸線と接続する敦賀発の小浜線の列車を待たせるという、快挙（？）をやってのけている。

その日、部長が福井から舞鶴へ向けて乗った北陸線の上り列車はすでに大分遅れていた。当時北陸線はまだ単線だったので、途中駅での交換待ちで列車はますます遅れていく。その列車と敦賀で接続する小浜線の汽車で舞鶴へ帰り着く予定だった渡辺部長は、イライラして車掌に聞くと、「この遅れではとても小浜線の接続はむずかしい」という。そこで部長は車掌に言った。

「大体この汽車は俺が遅らせたのではない。鉄道の方で勝手に遅らせたのだから次の駅の駅長に敦賀駅へ電話をさせ、小浜線の発車を待たせろ。俺はこの汽車と接続予定の小浜線でどうしても舞鶴へ行かねばならん重要な任務があるのだ」と。

いわれた車掌は目を白黒させていたが、敦賀駅へ着いてみると小浜線の列車はちゃんと待っており、諦めていた他の乗客たちもみな大喜びだったという。いかにも剛気な渡辺部長らしいエピソードではある。

このように渡辺敬之助部長は鼻っ柱が強かった反面、明朗闊達、話好きで人情味もあり、部下の部員連中から慕われていた。ずっとあとのことだが昭和20年5月末、大阪監督官勤務から舞機へ帰任した高田良一技師（前出）が、故郷の広島県福山市に疎開させている家族引取りのため、大阪へ出張ということにしてほしいと部長に願い出た。戦局の悪化で休暇など取りにくい時代だったからである。渡辺部長はただちに承諾し、高田技師は無事家族を舞鶴へ連れ戻したが、それからほどなく福山市は空襲で丸焼けとなった。高田氏はいまもって渡辺部長の厚情を多としている由である。

独身士官の工員宿舎当直

昭和19年の秋ころ、舞廠造機部の若手独身士官、つまり独身の技術大尉、中尉、少尉および見習尉官の数は30名弱で、これら独身士官は、艦船部隊にならって「造機ガンルーム士官」とよばれていた。

海軍の若手士官を「ガンルーム士官」または単に「ガンルーム」と呼ぶのは、昔の英国海軍で中尉以下の下級下士官を砲の据わっている部屋、つまり、「ガンルーム」に寝起きさせていたところから出たものであることはいうまでもなく、その英国海軍に範を求めたわが海軍でも、中・少尉、候補生を「ガンルーム士官」または「次室士官」と称し、「雁室士官」などという文字を宛てていた。だから舞機でも中尉以下の下級者を「造機ガンルーム士官」というのは当を得ていたが、この「ガンルーム士官」に、たとえ独身とはいえ大尉まで含めてしまうのは、いささか問題があった。

というのは、艦船部隊では大尉になるとそれまでの「ガンルーム」を離れ、一般士官のいる「スゥォードルーム（剣室)」へ入って、「スゥォードルーム士官」または「士官室士官」といわれ、初めて一人前の海軍士官として妻帯するようにもなったからである。戦時中、料亭などでよく唄われた「大佐、中佐、少佐爺むさい／といって大尉にゃ妻がある／可愛い少尉さんじゃ頼りない／女泣かせの中尉さん」というあのザレ唄の文句どおり、かっては大尉の大部分は妻帯者であった。

ところが戦争になり、若い士官の進級が早くなってくる（少尉、中尉の期間が1年から1年半くらい）と、22～23

歳で大尉となり、結婚などとても考えられない、という人が多く出てきた。そうなると、「ガンルーム士官」というのは「独身士官」の代名詞的なものだから、と舞機ではいつのころからか独身の大尉も含めて「造機ガンルーム士官」と称するようになっていたのである。

それはとにかく、各艦船では「一艦の軍規風紀の根源はガンルーム士官に在り」と、ガンルーム士官が大いに張り切っていたのと同様、舞機のガンルーム士官もその意気はまことに軒高たるものがあった。それら士官同士で園部の奥の瑠璃峡へ行ったり、大江山や由良ヶ岳に登ったりして、浩然の気を養うことも忘れなかった。

この傾向はひとり造機部のみならず、造船、造兵各部の独身士官にも見られたことで、これに目をつけた工廠当局では昭和19年の秋以降、これら各部の独身士官をそれぞれの部の工員寄宿舎の規律維持と工員の志気高揚のため、そこで輪番で当直さすようになった。この制度はそれなりの成果を挙げ、造機部の森第一工員寄宿舎で火災が発生したときは、当直士官連中が大活躍して被害を最少限度に喰い止める、というようなこともあった。

そういう独身士官の1人、前出の鋳造工場係官・宮本利一技術中尉がある日、森の造機部工員寄宿舎で当直していると、中舞鶴の旅館で工場の親睦会があるから出てこいといわれ、慌てて駈けつけた。と、同工場名うての酒豪の工長から「宮本部員は酒に強い」とおだてられ、なみなみとさされたビールを一気に呑み乾したまではよかったが、その場でいきなりバタンギューと寝入ってしまった。

目が醒めて女中に時間を聞くと12時過ぎとのことであり、

工員寄宿舎における造機当直士官指導下での軍歌練習（昭和20年春）
庭の一隅（写真の左下）が菜園になっている

また、最後に呑まされたのはビールではなく、ウィスキーだったと聞いて宮本中尉は「しまったっ！」と思った。だが「ベラ棒め、こんなことで負けてたまるか」とばかり深更に軍港通りを森の寄宿舎へ自転車を飛ばし、数時間まどろんだだけで工廠へ出勤した。

朝礼のとき、昨夜のムシャクシャを少しでも晴らしてやろうと宮本中尉は、海軍体操の指揮をする工員を指揮台から下ろし、自ずから上半身裸体となって台に上がり、全工員にも上半身肌脱ぎを命じたうえ、中尉自身の号令で体操をやらせた。昨夜の酔いがまだ少し残っていたせいか「前倒身」で身体を前に倒すとき、宮本中尉は自分がそのまま台上から地面につんのめってしまいそうな気がした。

工員にしてみれば「こんなうそ寒いとき、何で裸にさせられるんや」という不満があっただろうし、宮本中尉としてもいささか方向違いの意趣晴らしであることは承知していた。

しかし同中尉は、これでいくらか胸のつかえが下り、すっきりした気分になったという。

またあるとき、この宮本中尉は動員の鳥取女子師範のタカ派の生徒に「若い技術士官には愛国心が不足している」と吊し上げられた。一種の教条主義を叩き込まれた、うら若い彼女らの青春の抑鬱のはけ口として、同年輩の自分に呪詛の言葉が投げかけられたのでは――と思った同中尉は彼女らとよく話し合おうとしたところ、その話し合いの場で泣きわめかれ、どうにも手がつけられないことになったとのことである。

さて、舞鶴でも空襲が予想される事態となり、陸上の各部隊では士官の営内居住を強化するようになった。それに倣って工廠でも空襲対策の一環として、独身士官を工員寄宿舎かまたはその近くに一括宿泊さすことを考えるようになった。つまり従来のように輪番制でなく、強制的に独身士官を工員寄宿舎等に収容し宿泊させようというもので、それはさきの

工員寄宿舎造機当直士官の集合写真（昭和20年春）

森工員寄宿舎での火災のとき、当直士官が大活躍したのを考え合わせるとともに、当時、町の下宿などでは食糧事情が極端に悪くなっていたせいでもあった。

かくて町の下宿や水交社に分散宿泊している独身士官が合宿所に移されることになり、造機部ではたまたま疎開騒ぎで揺れていた森第一工員寄宿舎前の民間アパートを借り上げ、「造機部森第一工員寄宿舎西舎」と命名してそこに収容することになった。しかし当の独身士官のなかには反対する者も少なくなかった。

「艦船勤務者ならいざ知らず、陸上勤務者たるわれわれが何でいまさら集団生活をせねばならんのか」とか「水交社とかレッキとしたクラブならまだしも、われわれを収容するのに工員寄宿舎なみのところとは何ごとぞ」などと息まく者もいたのである。

だが、結局は果断をもって鳴る渡辺造機部長の強い意向により、全員が宿舎に入らざるを得なくなって、昭和19年も押しつまった12月30日、27名の造機部独身士官総員が「造機部森第一工員寄宿舎西舎」へ引移ったのである。そしてそのころ、舞鶴上空に初めて米国のB29爆撃機が7機現われ、ゆっくり偵察飛行をして去った。

H章　終戦期

——昭和20年1～8月（太平洋戦争の4年目）——

女入れない独身士官宿舎

太平洋戦争の末期、つまり昭和19年の半ばから翌20年にかけて、内地の各工作庁は盆も正月もない超繁忙ぶりだったことはいうまでもない。されば19年12月30日という年末ぎりぎりの日にかかわらず、舞廠造機部の独身士官27名が、大挙して森の宿舎へ移転したのであり、明けて20年の元日もまことに寂しいものであった。その上、この年明けは、舞鶴地方は例年にない大雪となった。

「雪は豊年の兆し」というが、この年の雪だけは日本の前途の多難さを暗示しているかに見えた。前年10月の比島沖海戦で連合艦隊が手痛い打撃を受けて以来、戦線はさらに後退し、比島の航空基地から特攻機が次々飛びたつやら、水中特攻の回天隊も活躍を開始するやらで、戦局は特攻一点張りとなっていた。

そういう厳しい戦局と降り積む雪のなか、うそ寒い東舞鶴は森の第一工員寄宿舎西舎で新年を迎えた造機部独身士官たちはしかし、その意気ますます軒高、「この難局を切り開くのは俺たちだ」の気概に燃えていた。渡辺部長に移転を申し渡されたときガタガタいっていた連中もそのころは鎮静化し、次ページの図のごとき木造二階建て宿舎の8畳ないし12畳の部屋に、1室3名から4名が寝起きしていたのである。

だがいかんせん、男ばかりの世帯だから生活はまことに無味乾燥である。硬軟併せ持つネービーの常識とは裏腹に、こ

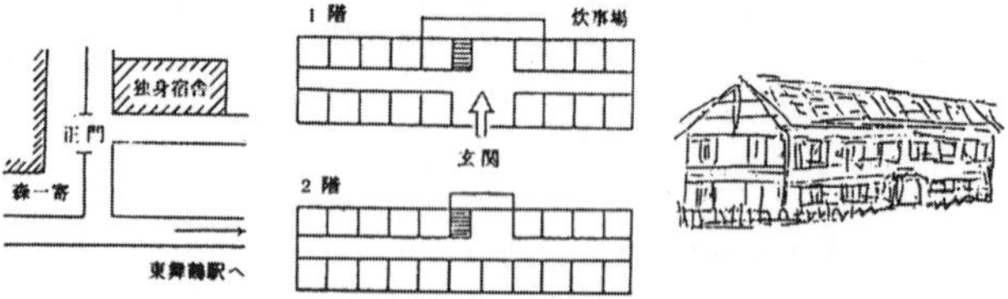

造機部独身士官宿舎の場所、間取りおよび外観図
場所　　間取り　　外観図（岩下登氏画）

こから「軟」の方の「レス」（料亭）へ行くことなどはほとんど絶望的になった。そこで「レス」へ行けぬ代わり、宿舎内で大いに騒ごう、という当然の声が出てきた反面、騒ぐにしても海軍の独身士官としての節度をわきまえたものでなければ、という意見もあり、寄り寄り協議した結果、52条にも及ぶ「造機部青年士官宿舎内規」なるものができ上がった。それは「海軍の諸例則にもないユーモアあふれる独特の規則」ということを目標に作成したものだけに、なかなか面白い条項もあり、２～３見てみると次のようなことになる。

まず、艦船部隊に準じて先任、副長、内務長などの職責者を定めた第九条を見ると、

「○先任　全般
　○副長　先任代理
　○内務長　先任補佐、何レニモ属セザル雑務一切
　○工作長　防火隊長ヲ兼ネ舎内工作一般
　○主計長　食糧及各種物資ノ集積
　○当直士官　毎週輪番トシ訪問者及来信ノ応対並ニ舎内ノ警戒ニ当ル」

はよいとして、

「○運用長　娯楽ニ対スル企画並ニ進行
　○軍医長　四百四病全般、就中（なかんずく）ＳＡ及ＣＲノ世話並ニ四百四病ノ外ノ病ヲ直ス」
　などは、ユーモアに富んだものといえよう。
　また、「寮内で大いに騒ごう」の面は、「舎内ニ於テハ特定ノ時ノ外放歌高吟スベカラズ」（第十一条）と、一応寮内の規律を謳ったのち、
「第二五条　士気昂揚ノ目的ヲ以テ舎ノ内外ニ於テ時々会食ヲ催ス
　会食ヲ分チテ総員会食並ニ小会食トナス
　第二六条　総員会食ハ月例、歓迎、歓送、歓喜、悲憤並ニ記念ノタメニ催シ、当直員、出張者以外総べテ列席スルモノトス
　第二七条　小会食ハ時ニ応ジ、興ニ乗リ、適宜小人数ニテ実施スルモノトス」
　と定められた。
　ところでこの「宿舎内規」は、神経質とも思えるほど女性対策を厳しく打ち出しているのが特徴といえた。女性で面会が許されるのは、あらかじめ内務長に届け出ておいた本人の肉親か、または「当直士官ニ於テ、他ノ在泊者ニ生理的異常ヲ感ゼシメザルコトヲ確認セル帝国臣民ニ限ル」（第二〇条）となっており、女性からの来信は、本人の肉親以外のときは「国籍ノ如何、年令ノ高下等ヲ詮議セズシテ葉書一通金十銭、封書一通金五十銭ノ罰金」（第三八条）となっているほか、肉親女性以外の女の写真を所持している者は罰金として１円、これを机に飾った者はさらに１円の罰金を課す、といったような規定もある。このように女性対策を厳しく打ち出し

たのは、「女乗せないいくさ船」ではないが、「この宿舎は衛兵こそいないものの、艦船部隊に準ずる独身武官の集団である」ということから、「女入れない独身士官宿舎」を高らかに標榜したためであった。

だが、実際には女性からの手紙にからむ罰金はゼロでなかったし、一夜ここにきて泊った若き女性もあったのである。その女性は某技術大尉の許婚者（両人ともすでに故人）で、彼女は戦局悪化のなか、遙か北の国から汽車を乗り継ぎ乗り継ぎして雪の舞鶴へきた。しかし夜遅くの到着であり、女１人を泊めてくれるところもあろうはずはなく、やむなく許婚者のいるこの独身士官宿舎を訪ねてきたのである。

「血も涙もある内規の運用というか、武士の情けというか、宿舎の１室が黙って閉ざされた。翌朝は何ごともなかったかのように、宿舎のまわりには白い雪が舞っていた……」と、当時内務長だった岩下登氏はそのときのことを『舞機の記録』に滋味あふれる筆致で書いている。

造機部独身士官宿舎の幹部
左から　内務長・岩下登、主計長・鞍掛嘉秀、先任・山本新弥の各技術大尉

なお、宿舎では朝食と夕食が出ることになっていたが、当時の若手士官は、渡辺部長の指示で部長と同じように東奔西走しているか、深残業をしていたので、夕食を宿舎で摂る者は少なかった。しかし士官宿舎の食事の

レベルは、工員宿舎なみの質と量だったので、特別の工夫をしなければならず、そこは主計長の腕、ということで主計長・鞍掛嘉秀技術大尉（青島１期）が大奮闘をし、おかげでみな空腹を覚えずにすんだ。

食事のほかにも、共同生活をする上にはいろいろ不具合があることに追々気付き、やがて「洗濯内規」という妙な内規や「勤務員心得」といったようなものが、岩下内務長の名で出された。ここでいう「勤務員」とは、宿泊士官の食事の世話や部屋の掃除などをする宿舎勤務の男女の工員をいい、「心得」はその出退、勤務等を定めたものである。

これよりさき、独身士官宿舎は「森」という地名に因んで「翠森寮」と名付けられ、「宿舎内規」にあるごとく「士気昂揚ノ目的ヲ以テ……時々会食」つまりコンパや演芸会を「時々」ならず「頻繁に」催した。

呂号潜の修理

既述のとおり昭和20年の年明けは、厳しくもまた寂しいものであり、元日といえども普段の日とほとんど変わるところはなかったが、外業部員・音桂二郎中尉ら青島２期組の技術中尉にとっては、１月１日にそろって技術大尉に進級したので、まずは目出たい新年といえた。しかしその１月１日の朝、当の音大尉は、庁舎で行なわれた部員同士の簡単な年賀の挨拶のあと、ちょうどその日に入港した１隻の呂号潜水艦へ飛んで行った。

舞廠で修理する潜水艦はほとんどが呂号潜だが、従来は１隻の修理が終わったころまた１隻、という具合だったのに、20年に入ってからは「きびすを接する」という具合に常に、

2～3隻の潜水艦が入港しているようになった。

艦艇評論家・福井静夫氏によると戦前、わが海軍中央部では、舞廠を潜水艦専門の工作庁とすべく、手始めとして昭和14～15年ころ、伊号潜の特定修理をやらせたけれども、太平洋戦争のため、この構想はお流れになったという。そんな舞鶴だったからでもなかろうが、とにかく太平洋戦争末期になって呂号潜水艦が続々入港してきたのである。

そのころ、水上大艦は燃料不足と、敵の電探に捕捉されやすいためほとんど動けなくなり、潜水艦も大型の伊号潜より、燃料を余り食わない小型の呂号潜の方がゲリラ的に活動できるようになっていた。そのうえ、戦線の後退で台湾・沖縄方面の守備が急務となり、航続距離の短い呂号潜でも十分働けるようになっていたのである。

このような呂号潜だけに、修理期間は非常に短い。しかも要求項目が膨大な上、各艦とも「自分の方を早くしてくれ」とせつく。これに対して造機の潜水艦担当部員は、外業兼務の内火工場係官・岩下登大尉を除けば音大尉1人であり、あとはベテランの大丹生隆技師が水上艦艇を受け持ちながら応援する、という貧弱な態勢だったので、いきおい専属の音部

呂号第46潜水艦
(昭和19年2月19日、三井造船・玉野にて竣工時のもの)

員はほとんど毎日が徹夜であった。

さらに工員の手がさほど増えていないのに、寒い季節とあって風邪から急性肺炎にかかる者も少なくなかった。すると若い潜水艦長のなかには「工員が徹夜作業で肺炎になったからといって、これから戦地へ死にに行くわれわれを見殺しにするつもりか」と、音部員に食ってかかる人もおり、同部員は毎日鑑側と殺気立ったやり取りを繰り返していた。

ところで呂号潜水艦の修理箇所は、大体決まっていた。過去3ヵ月の体験から、その要領をすっかり飲み込んでいた音部員は、20年に入ると必要な修理部品などは事前に準備できるようになっていた。けれども排気弁（潜航時に主機ディーゼル機関への海水の浸入を防ぐ弁）の摺り合わせだけは、いつも手を焼いていた。この排気弁は各舷側に2個ずつ計4個あり、1航海終わるとこのうちのいくつかが必ず漏れるようになるので、工廠でその摺り合わせと、確認の気圧テストをしなければならなかった。ところがこの作業とテストは長時間を要し、音部員はしばしば徹夜を強いられた。一番長かったときで約50時間（2日間）艦内で徹夜したことがあるという。

また、潜水艦は狭い上に、油タンクの中などへ入ると作業服はおろか、下着までベトベトになってしまう。そんなことから音部員は、いつしか「外業工場でいつも一番汚れている男」といわれるようになった。

そんなころ、ある呂号潜で軸管パッキンの取替え工事があった。この工事は「渠中工事」と規定されており、その規定どおりフネをドックへ入れれば、最低1週間はかかる。ところが艦長は殺気立っていて、「われわれは今度の海戦に間に合わないと生き恥をさらす羽目になるから、どうしても3日で片付けてくれ」という。音部員は技術者として、用兵側の要求がいかに強くとも、技術的に不可能なものは断固断わるハラでいたが、この軸管パッキン取替え工事がなぜ「渠中工事」でなければならぬのか、音部員自身どうも納得がいかなかった。そこでことここに至った経緯を調べてみると、これは初め「浮上中施工」でよかったのが、トラック島でこの工事に失敗し、潜水艦を1隻沈めたことからそれ以後、「渠中工事」と規定されるようになったことが分かった。

そこで音部員は、「この工事は強いて渠中工事にしなくてもよさそうに思いますが……」と、上司に相談すると、その人は「一旦規定されたものを破ってまでも用兵側に便宜を与えることはなかろう」といい、あげくには「君が技術者として自信があるというのなら、君の責任においてやったらどうだ」とうまく体をかわしてしまった。

自分の責任において工事をし、万一フネに浸水事故でも起こしたら、当時としては切腹ものである。しかし十分に検討し、「浮上工事で差し支えなし」との確信を持った音部員は、上司の言葉どおりこれを「自分の責任において」断行することにし、その決意を艦長に伝えた。すると艦長は涙を流して喜び、「この3日間、本艦の乗組員総員をあなたの配下につけますから十分に使って下さい」といった。

音部員は悲壮な覚悟で工員を連れてフネに乗り込み、工事の焦点であるプロペラ軸のパッキン取替えのときは乗組員一同を集め、艦長と音部員の指令で、「大排水用意、総員戦闘配置ニ就ケ」とやって作業を進めた。慎重にやったため1滴の漏水もなく、しかも予定より1日早くこの難工事を成し遂げたが、それは実に40時間に及ぶ徹夜作業の成果であって、仕事が終わったとき、音部員も工員もそのままフネの中で眠り込んでしまった。

眼が覚めると艦長が感謝の宴を艦内で催してくれた。音部員として、このときほどうまい酒を飲んだことはあとにも先にもないというが、そのとき、感激の握手を交わした艦長・機関長始め本艦の全乗組員は、無念にも台湾沖で海の藻屑と化してしまった。そのころは呂号潜でも、電探防止用のＬＩ塗料というゴム状塗料を船体全面に10センチくらいの厚さで塗っていたけれども、やはり敵にやられるものが多かったのである。

ところで舞鶴へ入る呂号潜の機関長は、機関兵から叩き上げた特務士官が多かった。彼らは自艦のことなら隅から隅まで知り尽している人たちだけに修理の要求は細かく、内容も盛り沢山で、いきおい音部員はそれら機関長としばしばやり合わねばならなかった。そうした機関長のなかでも、ときどき入港していた呂50潜の機関長が殊のほか喧しく、またよく粘る人でもあった。音部員はこの機関長とときどき激論を交わすこともあったが、そのうち互いに親しみを感じ合うようになった。

あるとき、この機関長の要求全部が出港前日に完了したことがあり、音部員は乞われるまま、同機関長と艦内で夕食をともにした。そのとき機関長は、「米国の潜水艦乗員は海水を真水に変える袋のようなものを持っているそうですね……」と、語りかけてきた。

「米潜の乗務員は、フネがやられて海へ放り出されたようなとき、この袋に海水を入れて真水にし、それを飲んで生命をつないでいると聞きましたが、日本にもそんな便利なものがあったら私どももぜひ携行したいものです」と、機関長にいわれた音部員も、それは初耳であった。しかし調べてみることを約束し、森の独身士官宿舎で同宿の機関実験部部員・松本義彰技術大尉に尋ねると、「いま機関実験部で研究している“オルガチット”という黒い粒状のものが海水を真水に変えると聞いているが……」と教えてくれた。

そこで音部員は機関実験部へ行って現物を見せてもらい、いろいろ聞いてみると、この“オルガチット”なるものは、フェノール系のいまでいうイオン交換樹脂であった。容器に入ったサンプルのほか内外の文献の写しなどを貰い受け、やがて入港してきた呂50潜の機関長にそれを渡して「実戦で使えるかどうか、ひとつ試してみて下さい」と頼んだ。

機関長は非常に喜び、「結果は次の機会に報告します」と確約して艦へ持ち帰ったが、この潜水艦も台湾近海の作戦からついに帰らず、機関長も艦と運命をともにしてしまった。したがって、日本で恐らく最初だったであろうイオン交換樹脂の潜水艦での実用実験結果は、ついに不明のまま終わってしまったわけである。

当の音桂二郎氏は、戦後ふたたびこのイオン交換樹脂と巡り合い、それを中心とした水処理事業で会社を発展さすことができた。そこで音氏はいう。「まことに人生というものは面白いもので、全然関係がないと思われる仕事や経験もいつかは役に立つこともあるものだ」と。そしてまた音氏は、「昭和20年の元日から3月末までの3ヵ月間は、私の海軍時代で最も充実していた期間であり、本当に命がけの仕事をしていたときといえるようである」と、当時を振り返ってもいる。

浜名海兵団組の着任前後

潜水艦の話が長くなったが、ふたたび昭和20年の初頭に立ち戻ると、舞機作業係の係官・稲場貞良技師は1月2日、自宅で突然艦政本部からの電報を受け取ってびっくりした。年初めのこととて電報は直接、稲場技師の自宅あてとなったのは当然としても、その内容が予想もしない「兼補海軍艦政本部出仕」とあったので同技師は仰天したのである。

1月4日、渡辺敬之助造機部長や早坂浩一郎作業主任への挨拶もそこそこに稲場技師は急いで上京、艦本へ出頭してみると、勤務先は軍需省に新設された生産技術本部ということであった。「生産技術本部」などという部署名は聞いたこともないが、直属上司は艦本五部の林輝武大佐（海機31期—大正11年卒）とのことで、いささか安心した。林大佐はかっての舞機作業主任で、稲場技師も仕えたことがある人だったからである。

ところでこの生産技術本部というのは、当時極端に低下していた陸海軍の航空戦力を、艦本が主体となって急速に回復することを使命とする部門であった。それは既述の「艦本の航空援助」といわれる政策の結果生れたもので、これにより稲場技師が艦本へ呼び出されたすぐあとの1月13日、今度は舞機鋳造工場の先任係官・吉村常雄技術大尉も航空本部系監督官として長崎勤務を命ぜられた。

そのころ（昭和20年1月下旬)、舞鎮所属の重巡利根が珍しく単艦で入港してきた。「珍しく」といったのは、同艦は必ず僚艦筑摩と行動をともにしていたからで、このとき単艦で入港してきたのは、前年10月の比島沖海戦でその僚艦の

鋳造工場係官・吉村常雄技術大尉の退庁記念（昭和20年1月13日）
前列左から４人目が宮本利一技術中尉、次が吉村常雄技術大尉、松永富雄技術中尉

筑摩が沈められたからであった。「筑摩」の沈没は無論工廠に報されてはいなかったけれども、「利根」だけの単艦入港を見て人々はみな「筑摩」の沈没をさとった。
「利根」は比島沖海戦で蒙った船体後部の損傷修理が主な工事で、造機部裏の岸壁に出船の形で繋がれた。そのころ、とみに大型艦の姿を見れなくなっていた工廠の人々は、久しぶりに見るこの「利根」の艦影に「さすがに大きいなぁ」と、実感を込めてささやき合った。
　この「利根」の繋がれた造機部裏の岸壁、つまり造機部組立工場の海岸側にはそのころ、二階建ての事務所があり、そのなかに組立、機械、器具、製缶、外業などの現場事務部門が入っていた。そしてその事務所では、目の前の「利根」から聞こえてくる午前８時の「軍艦旗揚げ方」や、日没時の「軍艦旗降し方」のラッパの音に、みな机のそばで姿勢を正した。この軍艦旗の掲揚、降下のときは、在泊艦船が一斉に吹鳴する「君が代」のラッパで軍港周辺の海軍官衙でも路上でも、人々はすべてその場で起立するか立ち停まって不動の姿勢を取り、55秒のそのラッパが鳴り終わるまで軍艦旗に敬意を表して動かなかったことは知られるとおりである。

さて、「利根」が修理を終え、呉へ向けて舞鶴を出港して行った昭和20年2月19日のその日に米海兵隊が硫黄島に上陸し、いよいよ日本本土の一部が戦場になった。そしてそのころ、舞廠造機部へ約10名の第34期短現士官が赴任してきた。

この人たちは、昭和19年9月30日に見習尉官を拝命した面々だが、すでに記したとおり2,065名という大量採用のため、内地では適当な士官教育の場がなく、さりとてさきの32期、33期のように中国の青島へ送るにも海上交通が危険となっていたので見合わせとなり、新設の浜名海兵団で4ヵ月の訓練を受けたいわゆる「浜名海兵団組」であった。もっとも同じ「浜名海兵団組」といってももう1組、この5ヵ月あとの20年2月に見習尉官を拝命した組（海軍最後の技術科士官で、総員341名のすべてが永久服役）があり、この最終組を「第34期後期」といったのに対し、今回（20年2月）各工作庁に配属された組を「第34期前期」と称した。

それはとにかく、この34期前期の短現は、新任士官ながら物資の不足から軍服は国防色開襟のいわゆる第三種軍装1種類しか支給されず、名刺もペラペラの紙質のものしか使用できなかった。その名刺も官氏名を印刷してあるのはいい方で、人によっては自分で手書きしたものを使わざるを得ない状態であった。

もっともそのころは、一般市民も男子は国防色の国民服に戦闘帽、巻脚絆というスタイルであり、女子は地味なモンペ一色であって、海軍としても従来のいわゆるネービー・ブルーの第一種軍装（冬服）や白の第二種軍装（夏服）を軍人に着せておけない風潮となっていた。したがって「極力第三種軍装を着用すべし」となり、士官も下士官兵も気に染まないながら、おおむね国防色の第三種軍装を着用するようになってはいたが……。

さて、月が替わって3月になると、鋳造工場の宮本利一技術大尉が東京の新任地へ向けて舞鶴を去り、しばらくして外業工場主任の交替があった。吉田二郎中佐（海機32期―大正12年卒）に代わって安武秀次中佐（海機37期―昭和3年卒）が、新外業主任として佐廠造機部から赴任してきたのである。

その安武中佐は着任後ほどなくして、数冊の洋書を受け取った。差出人は不明なものの本を見たとたん、同中佐には「これは多分、中尉時代の自分を英国に出した人事局の、あの尊敬する先輩からのプレゼントだな」と、見当がついた。けれどもその先輩は、確認を取れないうちに広島の原爆で故人になったという。

ともあれ、安武中佐のもらったそれら洋書のなかの「アメリカン・デモクラシー」という題名の古い本には、アメリカの民主主義の由来と、第一次大戦の戦勝国としての対独占領政策のあらましが書いてあった。それは人には優劣があっても、民族としてはそうは考えられず、異民族同士あるいは戦い、あるいは手を握りして整合した人民の国家を造ることが人類の基本理念である。したがって戦いに勝っても、相手民族に対してはこのような感覚で臨むことが肝要である――といったような内容で、読み終えた安武中佐は「つまりはそろそろ敗戦準備をせよ、ということか」と思った。

安武中佐は英国に2ヵ年駐在していた中尉時代、当時の英国海相チャーチルの議会における演説、すなわち「軍事は政治の一部門であるから、政治を知らずして軍事は全うされず、その逆もまた然りである」という演説と、それに沿った彼の行動に強い印象を受けた由で、それが同中佐のその後の思想的バックボーンになったという。それかあらぬか安武中佐はときとして気宇壮大な話を持ち出し、外業若手部員の目を白黒させた。

滞英経験者だから英語は達者であり、当時の海軍中堅士官としては珍しく車の運転もうまかった。いまでこそ車は猫も杓子も運転するが、当時は外業の若手部員でも、車を動かせる人といえば微々たるものであった。そんな部員を掴まえて安武主任は、「君らは何万馬力というフネのエンジンを扱っている技術者じゃないか。100馬力あるかなしかの、それも両手両足を放せば止まってしまうような自動車のエンジンを扱えないでどうする」というようなことをいって、聞く者を煙に巻いていた。

また、安武主任はなかなか達筆な人で、出征する工員の国旗に「鉄血で紅し誉の日章旗―海軍中佐安武秀次」などと揮毫してやって喜ばれていた。

この安武中佐は終戦直後、その経歴を買われて舞鎮司令部出仕となり、占領軍との連絡事務に当たることになるのだが、それについてはまた追って記すことにする。

福井の地下工場

さて、既述のように昭和20年は舞鶴でも雪の年明けとなったから、北陸の福井ともなればそれはまさに豪雪の新年であった。その大雪の福井駅に降り立った舞廠機械工場の係官・川井彰技術中尉（青島1期）は、ここの福井高工機械科に学んだ身ながら、いまさらのようにこの雪に驚きつつも駅の南西約1キロの足羽山（あすわやま）の方へ歩を向けた。

足羽山は標高116メートルの山塊で、その麓から地下にかけては、1,500年ほど前の人皇第26代継体天皇の時代から掘っていたと伝えられる「笏谷石」の採石跡地がある。ここ数年放置されたままのこの廃坑を、舞機部長・渡辺敬之助大佐の英断により、空襲にも絶対安全な地下の一大疎開工場とすべく、舞機製缶工場部員・広野英一技師が前年の末から現地測量に当たっており、いままたその広野技師を援けるため、川井中尉が福井勤務を命ぜられたのである。

その川井中尉がようやくの思いでたどり着いた笏谷の現場も3〜4尺の積雪で、その中に舞廠造機部が現場事務所として借り上げている越前石㈱の二階建ての建物がただひとつ、雪に埋れてポツンと建っていた。入口に掛けられた「舞鶴海軍工廠造機部福井工場建設事務所」とある新しい看板を横目に見て事務所へ入った川井中尉は、すぐその足で広野技師とともに山へ登り、最も大きい坑口から降りて見た。

なかはモヤのかかった真っ暗闇の洞窟で、広野技師の持つカンテラと蝋燭の灯が唯一の頼りである。どこまで続いているのか計り知れず、話し声も陰にこもってこだまする。あちこちに縦坑、横坑、池などがあって足もとも覚束なく、コウモリが不気味に羽ばたく。「さすが大昔からの採石場」と感心する反面、「果してここに地下工場など造れるのだろうか」と、川井中尉はいささか不安になった。

これよりさき、広野技師は藤坂測量隊（隊長の藤坂一雄氏は、舞機設計の補機班員で、測量の心得あり）を使って測量作業を進めていたが、その藤坂隊長が隊員を率いて坑へ入るときも坑から出てくるときも、無口な広野技師は黙って見送り、出迎えるだけであった。だが、それだけで彼ら隊員と広野技師の間には十分に心が通い合い、隊員たちは「この人のためなら……」という気持ちになった。

しかし何といっても物凄い迷路・迷坑である。測量も難渋を極め、ついに犠牲者も出た。ある若い隊員が足を踏みはずし、何メートルか下の石畳へ転落して死んだのである。

このような苦難の末にできた測量図だけに、それは延べ3,900坪に及ぶ各坑の高さ、広さなどを克明に記載した立派なもので、後日、見る人の目を見張らさせたという。ちなみに、ここに掲げる『笏谷思い出集（第一号）』という文集（当時笏谷にいた従業員が、昭和45年8月に結成した「笏谷会」の機関誌）の表紙は、この藤坂測量隊の作成した膨大詳細な坑内測量図のほんの一部を下絵にしているものだが、これにより当時の坑内の模様が若干なりとも推測できようというものである。

さて、広野、川井の両部員にとって、当面の課題は人集めであった。舞鶴から独身の徴用工が40名ほどやってきたが、そんな人数ではもちろん焼石に水である。両部員は福井県庁に赴き、地元民による勤労奉仕隊の結成を懇請した。

当時、若い男はみな前線か軍需工場へ動員されており、奉仕隊に参加できる人といえば、50歳以上の男子か家庭の主婦や娘さんたちだけだったが、この人たちは毎日100人から150人「○○町勤労奉仕隊」と書いた幟を先頭に、入れ代り

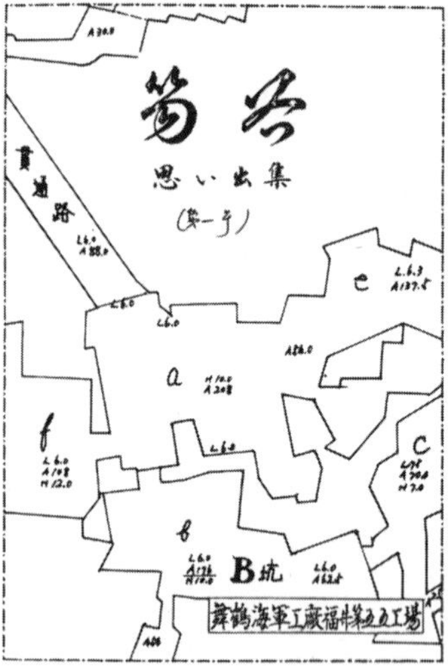

「笏谷会」機関誌『笏谷思い出集（第一号）』の表紙

立ち代り入坑し、骨身惜しまず働いた。そしてこの人たちのなかからも犠牲者が出た。

やがて福井刑務所から数十人の受刑者が投入され、２月には舞鶴から機械工場の前田工手が50余名の動員学徒（福井師範生）を連れてきた。また、海軍の小森設営隊というのも舞鶴から加勢にきた。

３月になるとさしもの大雪も融け始め、坑内の整備も急ピッチで進み出した。舞廠造機部は最も大きく、最も早く整備された約1,900坪のＡ坑に入ることになっていたが、そこへは豊川工廠の機銃部も入ることになり、坑壁のセメント塗りや機械据付け用の基礎コンクリート打ちが始まった。しかし坑内は100％近い湿気のためセメントがなかなか乾かず、当事者は苦労した。

３月中旬、川井中尉は舞鶴へ走り、笏谷向けの貨車に積み込まれた各種の機械を確認して帰った。それと前後して舞鶴から機械工場係官・武岡（現姓、村田）三佐男（短現４期）、製缶工場係官・深谷義人（青島１期）の各部員が派遣され、係員の顔ぶれも大体揃った。現地採用の女子事務員も次第に多くなり、雰囲気はとみに明るくなってきた。
舞鶴からの機械は続々坑内に据付けられ、やがてその坑内に電灯がつくようになった。しかし内部は依然として湿気が高く、機械の発銹がひどかった。
一方、まだ整地作業が続いている坑もあり、その応援に飛行予科練習生もきた。彼らは宿舎から坑にくるまで「七つボタンは桜に錨……」と例の「予科練の歌」を合唱しながら行進し、山では掘削や「コッパ」と呼ぶ石屑の運搬、さらには縦坑からの機械搬入などに汗を流した。乗る飛行機とてない彼らは「ヨカ練」ならぬ「ドカ練」になったわけだが、その純真な作業ぶりは人々の心を打った。
これよりさき、福井地下工場で現場事務所として借りていた越前石㈱の事務所が、人員増で狭くなったので、近くに50坪ほどのバラック事務所を建てた。しかしそこも狭くなったので、新たに近くの瑞源寺入口付近に100坪ほどの事務所を造った。
このころになると庶務、会計、資材、輸送、渉外、烹炊などの各係も整い、地下工場も一応恰好がついたので、部分的に生産を開始した。特殊攻撃機「橘花」のターボジェット機関「ネ・20」用部品や船用蒸気タービンの翼、飛行機の脚などの機械加工が、さし当たりの仕事であった。
5月1日、陛下のご名代である侍従武官の工場視察があったが、そのとき、視察途中で停電するというハプニングがあって川井部員は慌てた。当時、坑内の所要電力はトランスの容量を上回っていたので、一時に全機を動かすことができず、視察の道順によって次々とスイッチを切りかえていくことにしていたところ、そのスイッチ切りかえに手違いがあったのである。停電して坑内が一瞬真っ暗になったけれども、幸い３分以内に電灯がつき、川井部員は胸を撫でおろすことができた。

それから半月後の５月15日、福井工場では待望の竣工式を挙行した。Ａ坑の入口から少し入ったところに祭壇を設け、神官を迎えて簡素ながらも厳粛に竣工式を執行し、正式に「福井第五五工場」と命名した。終わって一同、瑞源寺で簡単な祝杯を挙げたが、前年の暮れから測量に入ってわずか半年、しかも空き腹を抱えての突貫工事で、迷路さながらの採石坑をこのような立派な地下工場に仕立て上げたとは……と、みなただただ感涙にむせぶばかりであった。

軍刀の緊急量産

福井の舞廠地下工場で部分的ながら生産が開始された昭和20年５月初旬のある朝、東舞鶴駅から敦賀へ向かう１番列車の二等車に２人の海軍士官が乗っていた。福井の地下工場へ出張する渡辺敬之助舞機部長と、その福井手前の武生（たけふ）へ行く器具工場の野村大一郎部員である。

「君の武生出張の報告は福井の地下工場で聞くから、夕方までに福井へ出てこい」という渡辺部長は、いかにも地下工場の総指揮官らしい革ゲートルに軍刀、といういかめしい陸戦スタイルなのに対し、いわれた野村部員の方は第三種軍装に短剣、という普段の服装であった。

野村部員の武生出張は軍刀量産の下調べであった。それは当時の舞鎮管内の各部隊で軍刀が不足していたためで、このため舞鎮長官から舞廠長に軍刀緊急量産の下命があり、それを受けた渡辺造機部長が器具工場の三好正直、野村大一郎の両部員に、岐阜県の関と福井県の武生をそれぞれ調査するよう命じたのである。
命を受けたとき、野村部員は思った。「軍刀は武器の一種だからスジとしては造兵部の所掌ではなかろうか」と。しかし、「軍刀も一種の切削工具と考えれば、切削対象物は金属でなく人体そのものだけれども、製作工程には金属切削工具と共通する面がある。したがって造機部所掌でもおかしくはない」と考え直して納得した。
納得はしたものの、野村部員はまたしても不安になった。「三好部員の担当する岐阜県の関は昔から刀鍛冶の本場として知られているが、自分の命ぜられた越前の武生は、刀剣の生産地という話など聞いたことがない」と思い、その不安を渡辺部長にぶつけると、福井の地下工場建設で同地方のことをよく知っている部長は、「武生は昔から鎌、鍬等、刃物関係農器具の生産地として有名なところで野鍛冶屋も沢山いる。その連中を糾合して刀鍛冶に転換さすのだ」という。
野鍛冶屋に軍刀を作らせるとなると、刀身の形状はどのように仕上げられるか、また、鞘の不用な鎌や鍬の製造者たちに軍刀の鞘や柄が作れるだろうかなど、問題は多々あったか、ことは緊急命令である。「ままよ、問題点は走りながら解決しよう」と、野村部員は命を受けた翌日の早朝、東舞鶴発の下り1番列車に乗り、車内でたまたま渡辺部長と一緒になったのである。
さて、部長と別れ、福井の手前の武生駅で下車したものの昨日の受命、今日の出張で、野村部員には何の事前準備もない。野鍛冶屋を1軒1軒探し歩き、口説いている時間などはない。駅前でしばし考えたすえ、「よしっ、これだ」と、野村部員は武生町（現、武生市）役場へ歩を向け、町長に用件の趣旨を話した。そして「現下の非常事態をご認識の上、武生在住の野鍛冶屋を糾合して“舞鶴海軍軍刀製作協力組合”といったようなものを結成し、町長自らその責任者となって軍に協力して下さい」と要請した。

野村部員自身、「われながら名案」と思ったが、当の町長は「私には野鍛冶屋を糾合し、強制的に軍刀作りへ転業さす権限はありません」と、頑として聞き入れない。のみか「どうしてもおやりになりたいのなら、あなたご自身でやるべきです」とさえいう。いわれてみればそのとおりで、野村部員は当時まだ32歳、後日大いに反省するように「海軍をバックに世間知らずの考え方をしていた」わけで、ともあれそのとき同部員は町長との話し合いがつかないまま、渡辺部長のいる福井へ重い足を運んだ。

福井の地下工場で部長に状況報告をすると「何をボヤボヤしているんだ」と怒鳴られ、「明朝９時に野鍛冶全員を役場へ集めるよう武生町長に電話で依頼しろ」といわれて野村部員は慌てて受話器を取った。

翌日、野村部員は渡辺部長に同行する形でふたたび武生町役場へ出向いた。勇ましい陸戦スタイルの部長は、集まった鍛冶屋の大将連に軍刀緊急量産の必要性を説き、協力を要請した。すこぶる熱のこもった要請だったが、席は静まりかえって何の反応もない。

すると渡辺部長は腰の軍刀に手をかけ、「この軍刀にかけても引受けてくれ」と、両三度鍔音を立ててみせた。すると問題は一挙に解決、彼らは喜んで協力することになった。この軍刀の鍔音立ては「芝居がかった演出」といえばそれまでだが、戦争末期の異常な心理状態下でのことゆえ、渡辺部長も真剣そのものだったのである。

ことが終わって役場から武生駅へ歩いて行く途中、渡辺部長は野村部員にニヤリと笑いかけ「どうだ野村、簡単にケリがついたではないか」といった。そのとき野村部員は前記のように軍刀ならぬ短剣姿であったが「仮に自分が軍刀を吊っていたとしても、あの鍔音をたてる動作はとてもできなかっただろう」と思い、「やはり機関学校出身の生粋の帝国海軍士官だけのことはあるわい」と、やや得意げな渡辺部長の横顔を改めて見直した。

ところで軍刀の材質は炭素工具鋼のソリッドもので、それを焼入れし、研磨仕上げしただけのものであった。しかし武生では鞘などの外装品はできないので、それらは西舞鶴の郡是製糸工場の女子従業員に作らせることにした。ところが武生から送られてくる刀身の完成品は、刺身包丁型の薄手のものからナタ型の厚手のもの、何とも形容のできない奇妙な形のものなど、業者によって形状が千差万別な上に反りもまちまちで、とても一定形状の鞘に納まるシロモノでなかった。ために鞘の加工は刀身の姿を見てからでないと取り掛れず、郡是製糸の鞘工場では終戦まで、ついに本格的操業に入ることができなかった。しかし刀身そのものは、終戦まで数回にわたって計500振りほどが納入された。

なお、肝心の切れ味の方は、剣道の達人である若い技術科士官に試し斬りをして貰った結果、なかなか良好であった。だが、この軍刀緊急量産計画は、上記のごとく鞘加工が本格的操業に入れなかったため、終戦まで結局ものにならなかった。

水上特攻㊃艇

舞機外業工場の音桂二郎部員が水中特攻兵器「蛟龍」の建造実習のため呉工廠へ行った昭和20年の3月下旬、舞廠の雁又地区では、その「蛟龍」の建造準備が進められており、一方、魚雷艇を造っていた西舞鶴の喜多分工場では、水上特攻兵器㊃艇「震洋」の建造がすでに始まっていた。

既述のとおり戦線が後退した昭和19年から20年初頭にかけては、「もはや小型の松型駆逐艦も海防艦も不用、魚雷艇すら用なし、ただ特攻あるのみ」という切羽つまった状態になっていて、空には特攻機が舞い、水中には回天特攻隊がひそんだ。そしてこれら特攻隊員の口から「貴様と俺とは同期の桜……」という悲壮な歌声が聞かれるようになった。

舞廠でも大型の秋月型一等駆逐艦の舞廠最終第4艦たる「花月」が前年の19年12月26日に引渡され、810トンの丙型海防艦3隻も同年12月15日までに全部竣工、残るは一等駆逐艦とはいえ松型改の樅、椎、榎など、1,580トンの小型駆逐艦のみとなり、20年3月ころには、西舞鶴の喜多分工場でついに特攻兵器㊃艇の建造が始まったのである。

特攻兵器にはこの㊃艇「震洋」のほかにも、さきに記した水中特攻の「蛟龍」「回天」あるいは「海龍」「伏龍」などがあるが、これらは昭和19年4月に軍令部が艦政本部と航空本部に同時に提示したもので、福井静夫氏著の『日本の軍艦』によれば、「これだけあれば必ず退勢を挽回でき、これなくしては必ず負ける」という軍令部のいわば爆弾的提案であったという。

軍令部ではそれまでに、実戦部隊その他から建言のあった

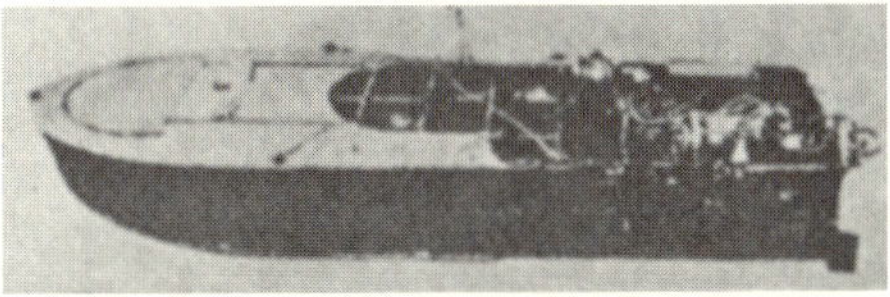

水上特攻㊃艇「震洋」

約30種の特攻兵器のうち、実現可能と思われるもの9種類を厳選し、これに㊀から㊈までの仮称を付して艦本と航に提示、このうち完成して実用に供されたのは水上特攻の㊃「震洋」と水中特攻の㊅「回天」だけであった。そして最も順調に生産されたのは㊃艇であって、その成功のポイントは、主機にトラックのエンジンを使用したからだといわれ、終戦までに約6,200隻が完成した。

㊃艇は唯一の水上特攻兵器である。ケヤキ材の肋骨に12ミリ厚のベニヤ板を張った全長5.1メートル、排水量約1.4トンの1人乗り小型滑走艇で、最高速力は23.0ノット、主機はトヨタ・トラックの6気筒67馬力エンジンであった。しかしこのエンジンには、普通の自動車にある変速器がなく、主機とプロペラ軸を嵌脱するクラッチがあるだけで、つまりは後進のきかない艇であった。

本艇は艇首に250キロの炸薬を積み、高速で敵艦船に衝突自爆せんとする必死の特攻艇で、艇体が緑色だったところから搭乗員たちはこれを「緑色の棺桶」と呼んでいた。実用に際しては、艇の後端に坐した搭乗員が艇を目標に指向させたのち舵輪（トヨタ・トラックのハンドル）を固定し、炸薬の安全装置を外して水中に飛び込み、味方駆逐艦などの救助を待つ、とされていた。したがって何はさて、炸薬の安全装置と舵輪の固定装置だけは厳正に施工すべし、という軍令部通牒が出ており、施工する側としても何ともやり切れない気持ちのする艇であった。

本艇は一種のモーターボートであるから20ノット以上になると艇体は艇首から3分の2以上が水面を離れ、エンジンの傾斜が16度にもなる。するとエンジンの後部から潤滑油がジャジャ漏れし、たちまちエンジンが焼け付くので、止むなく小型のバケツでこの漏油を受け、それをポンプで本体のオイルパンへ戻すようにした。このため本体つきのオイルポンプと同じポンプが別に1台必要となり、海軍ではエンジン1台につき、この漏油処理用のポンプ1台を別途メーカーのトヨタに要求していた。

この㉃艇「震洋」は昭和19年の夏以降、呉、舞鶴、大湊などの海軍工作庁のほか、三菱・長崎、日本海船渠工業、横浜ヨット等の民間造船所で量産され、終戦までに前記のとおり約6,200隻が完成した。「本艇が実戦で挙げた戦果は比較的少なかったが、米軍に与えた心理的影響、ひいてはその進攻作戦に与えた影響は相当大であったと想像される」とは、前記福井静夫氏の言である（同氏著『日本の軍艦』)。

なお、舞廠とその管理工場・日本海船渠工業の両所で、この㉃艇の建造にかかったのは、いずれも動員された中学生たちであった。

変転極まりない戦中の建艦計画

太平洋戦争開始ほどなくして昭和12年度補充計画の残りの「大和」「武蔵」「日進」が竣工し、昭和14年度計画の各艦（空母大鳳・信濃、軽巡阿賀野・大淀、練習艦香椎、駆逐艦嵐・夕雲・秋月・島風など）も、順調に工事が進められていった。ところが16年初頭に樹てられた昭和17年度軍備充実計画、つまり50cm砲搭載の改大和型戦艦を始め50,000トンの大型空母、30,000トンを超える大型巡洋艦、それに潜水空母ともいうべき特型潜水艦等を含む、平時として最大規模のこの建艦計画は、17年6月のミッドウェー海戦で空母4隻を失った結果、根本的に見直されることになった。

しかし見直された新計画も、空母20隻、潜水艦139隻を主体とする総数413隻の建造という膨大なものだったので、戦局の悪化とともに実質上尻切れトンボとなり、昭和16年9月の戦時建造計画（空母雲龍、重巡伊吹、駆逐艦霜月・早波、海防艦択捉型・御蔵型・鵜来型等）の方を推進することになった。その後、昭和18、19、20年と各年度ごとに戦時計画が相次ぎ立案されたが、これら各案は戦況の推移に伴って頻繁に改正された。

すなわち開戦前後には潜水艦が最も要望され、開戦後は一時空母の増強が叫ばれたが、18年2月のガダルカナル撤退後は魚雷艇および船団護衛のための輸送艦、松型駆逐艦、海防艦等の急造に全力投球することになった。さらに戦局の悪化した昭和19年後半からは大型艦を断念して小艦艇と水中・水上の特攻艇に力を注ぎ、ついには特攻艇のみに切りかえるに至った（開戦後に着工して完成した大艦は、空母の雲龍、天城、葛城と巡洋艦酒匂の計4隻のみ)。

戦局が悪化した昭和18年夏以降のことで特筆すべきは、建艦の思想が質から量へと変わったため、徹底した工事の簡易化がなされた点である。このため、公試排水量1,530トンの松型駆逐艦が5ヵ月で、同900トンの丁型海防艦が75日でそれぞれ竣工するようになった。しかもそれは資材逼迫の戦時下、設備不十分な造船所で、素人に近い徴用工や動員学徒の手によって成し遂げられたのであり、さらにいうならば、深刻にして膨大な損傷艦艇の修理を行ないながらの新造であって、まさに驚異というほかはない現象であった。

ちなみに明治初年以来、終戦までの80年間にわが海軍で建造した艦艇は1,400隻、290万トン(基準排水量、英トン—以下同じ)で、うち昭和に入ってからのものは、1,108隻(79.1%)、179万トン(61.7%)であり、このうち開戦の翌17年から終戦までの3年8ヵ月の間に811隻、90.5万トンを建造した。つまり戦時4年弱の建造量は、昭和全年代の隻数で73%、トン数でほぼ半分を達成したわけである。しこうして昭和年代の建艦量179万トンは、海軍工廠が73.8万トン(約41%)、民間造船所が105.6万トン(約59%)をそれぞれ受け持った。

民家の強制疎開

さて、特攻隊員の歌う「同期の桜」が全国的な広がりを見せ、「本土決戦」「一億玉砕」が国民の合い言葉になってきたそのころ、舞鶴の町でも防空壕作りや家屋・学童の疎開などで騒然としていた。舞廠では前年の昭和19年秋ごろから、工場疎開や防空壕作りに精を出していたことはすでに述べたが、舞鶴市当局でも、市民にそれなりの防空対策を講じさせていたのである。
『舞鶴市史』によると、同市では昭和18年の夏ごろから市内の国民学校で、学童（当時「小国民」といわれていた）のための防空壕が各校の敷地内に作られ始め、19年になると、市内の歩道脇などにタコ壷式防空壕が掘られ出した。そして20年に入ると、各町内会で大規模な横穴式公共退避壕が四囲の山裾に作られるようになった、とある。
20年3月には、学童の近隣農村への疎開が始まり、4月になると、1,200戸にものぼる疎開対象家屋のうち、東舞鶴駅から海岸へ延びる三条通り東側の家屋や、鎮守府真下の中舞鶴駅前一帯の家屋がまず取り払われた。次いでその他の幹線道路や鉄道沿線地帯の家屋疎開が始まったが、これら疎開対象家屋は夜のうちに「家屋強制疎開」の紙が貼られ、「5日で立ち退くこと」という命令が出るや町内会、隣組、警防団、海軍陸戦隊などの協力で、瞬く間に取壊しが行なわれた。柱に太いロープを括りつけ「ピリ、ピリ、ピーッ」という笛の合図とともに引倒されるわが家を見て、己が身を引裂かれるような思いをした市民も少なくない。疎開跡は素早く整地され、食糧不足のおぎないに野菜が植えられたりした。

建物疎開で広くなった東舞鶴三条通り
（『舞鶴市史』から）

また、疎開対象とな

らなかった民家でも、屋根を貫いた焼夷弾が天井板で止まって家を全焼させないよう、天井板の取外しが命ぜられ、爆風対策として窓のガラスなどにも和紙が貼られるようになった。

こういう張り詰めた空気の舞鶴へ５月の初め、第34期前期の永久服役技術科士官が多数赴任し、うち約10名が造機部に着任した。この面々は浜名海兵団での訓練のあと、呉と広の両工廠で計３ヵ月の基本実習を終えてきた人たちだが、そのなかの１人、石塚真一技術少尉は、基本実習さきの工廠で「お前の任地は佐世保」といわれて佐廠造機部へ行った。ところが１週間ほどして見た海軍公報に自分の任地は舞鶴となっているのでびっくり、慌てて舞鶴へ駈けつけたというエピソードがある。新任地を間違えて伝達する方もする方なら、それを引取って１週間もそのままにしておく方もおく方で、戦線の混乱とともに、海軍の人事面などにも当時はいささか混乱があったようである。

その石塚少尉は舞鶴の鋳造工場に配属され、同少尉と同期で学校も同じ山梨高工・機械科卒の武井富士弘技術少尉は、鍛錬工場の係官となったがこれよりさき、この武井少尉は２月１日付で浜名海兵団から基本実習の呉工廠へ配属されたその直後に厳父を亡くした。甲府の実家での葬儀には、教育中ということで参列せず、教育が一段落した４月になってようやく帰郷し、骨になった父の霊前で男泣きに泣いた。上官からは「立派！」と、全同期生の前で褒められはしたものの、武井少尉としては少しも嬉しくなかった。

同少尉は５月１日付の任官と同時に舞鶴転勤の命を受けたが、出発のその日に呉の駅で空襲に遭った。呉工廠が大損害を受け、学徒や挺身隊の人々も大勢犠牲になった、と後で知ったけれども、当の武井少尉自身、そのときすでに広工廠で空襲に遭い、短剣をなくしていた。

水中特攻「蛟龍」（その１）

昭和20年５月に舞鶴へ着任した前記の武井富士弘技術少尉ら第34期（前期）永久服役士官の１人、仲原哲技術中尉は外業工場に配属され、水中特攻兵器「蛟龍」の担当補佐を命ぜられた。

「蛟龍」は開戦劈頭のハワイ攻撃に参加した甲型甲標的、いわゆる「特殊潜航艇」の改良型である。甲型から乙型、丙型と変わり、いま「蛟龍」と名付けられた特殊潜航艇は最終の「丁型甲標的」で、全長26.25メートル、最大内径2.04メートル、安全潜航深度は100メートルという水中特攻兵器であった。また、速力は水上8.0ノット（150馬力ディーゼル・エンジン使用）、水中16.0ノット（500

「蛟龍」の模型

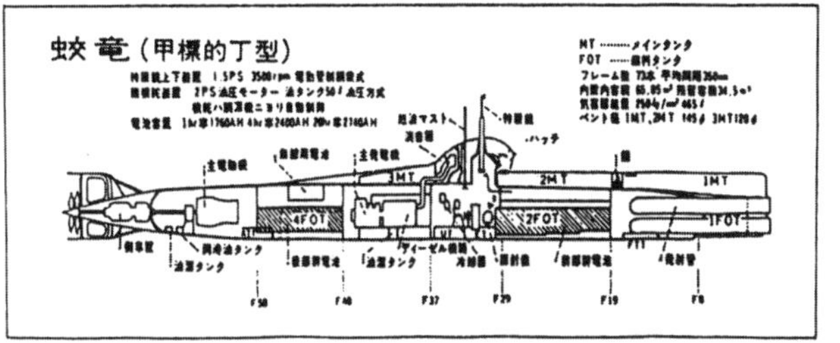

馬力電動機使用）で、魚雷は97式45㎝のもの２本、そして乗員は５名となっていた。

舞廠ではこの蛟龍を同廠の北裏側にあたる第三火薬廠跡地の雁又地区で造ることになった。雁又地区はそこにあった第三火薬廠が東舞鶴東部の朝来（あせく）へ移転したのを機に工廠で整地し、各種の工場を建てたもので、３基の船台のほか、造機部の外業工場（銅工場）、鋳造工場、模型工場などがあり、造兵部の電気工場などもあった。

工廠の本工場から雁又へ行くには、庁舎横のトンネルか、第３船渠渠頭さきのトンネルを抜けて行くのだが、造機部の者は主に前者のトンネルを利用し、造船部の人たちはもっぱら後者のトンネルを使用していた（以上、下の「雁又地区の配置図」参照）。そして雁又地区は本工場とちがい、まことに広々としていた別天地の感があった。

雁又の３基の船台は、それぞれコンクリートのスリップ（滑り台）の上に、むき出しの枕木付きレール（２本で１組）が何基か海中へ導かれており、その上を走る天井走行とクレーンとトタン葺きの船台の屋根を支える支柱は、すべて木材であった。

この船台は昭和20年の初頭、大雪のため潰れたがすぐに復旧

雁又地区の配置図

し、蛟龍に先行する駆逐艦（松型改の丁型駆逐艦）の建造を続けた。雁又ではこの駆逐艦を２～３隻進水させたが、最終艦は栃（第4816号艦）で、同艦は20年５月28日に進水したものの機械類は搭載しないまま放置され、終戦を迎えている。

さて、雁又の造機外業工場の事務所は庁舎横のトンネルを抜け、真っすぐ行って突き当たった海岸ぶちにあった。火薬廠時代のものと思われる小ぢんまりした２部屋ほどの洋風木造建築で、沖には蛇島、烏島が見え、西は防備隊へ続いていた。

ここで造る蛟龍は、特攻の機密兵器とあって一般には「Ｈ金物」といわれ、関係者以外の雁又地区への出入りは厳しく制限された。その建造方法は、多量生産に適したいわゆる「ブロック建造方式」で、一種の流れ作業であった。すなわち断面円形の船殻本体（耐圧部分）を６分割して前部から後部へＡ、Ｂ、……Ｆブロックと名付け、各ブロックは第３船渠と雁又を結ぶトンネルから雁又の船台にかけてのスペースで造った。それができ上がると、各ブロックごとに船台上のトロッコに載せ、主機ディーゼル、主発電機、主電動機、蓄電池、軸系、操舵装置その他の艤装品の据付けを行なった。

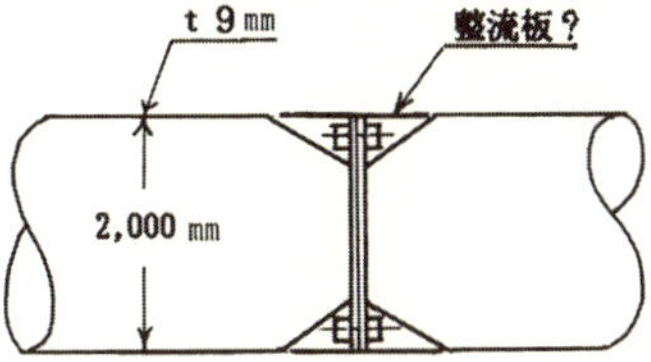

「蛟龍」の船殻ブロック結合図

機器の据付けがすむとブロックの結合がなされたが、その結合面はフランジになっており（このフランジは船体強度を受け持つフレームの役目を兼用していたことはいうまでもない)、相手フランジとの間にゴムパッキンを挟んでボルト締めとした(以上、前ページの『「蛟龍」の船殻ブロック結合図』参照)。フランジ結合ののち、メーンタンク内蔵の上部外板の接合部を溶接し、これで艇は船台上のトロッコに載ったまま、ほぼ完成に近い状態となった。進水は艇を載せたトロッコを艇ごと海中に滑り下ろす方式で行なった。

この蛟龍の造機担当部員は、外業工場の藪田東三技術大尉(短現7期)で、担当補佐官としては、仲原中尉のほかに宮村善之(青島2期の短現)、境顕(浜名海兵団組の短現)の両技術中尉がいた。藪田大尉は本工場にいることの方が多く、したがって仲原中尉ら3人の中尉は、補佐官とはいえ実質的には雁又における現場担当官といえた。そして宮村中尉が舞廠1番艇の第401号艇を担当し、仲原中尉が402号艇、境中尉が403号艇をそれぞれ担当、建造隻数が増えれば同じこの順番で担当補佐を繰り返すことになっていた。

なお、3番艇担当の境顕技術中尉は、仲原中尉と同期の短現でこの年の2月すでに舞鶴へ着任、仲原中尉が舞鶴へきた20年5月の時点では、前出の音外業部員と同じく、蛟龍の艤装技術習得のため、呉工廠へ出張中であった。

水中特攻「蛟龍」(その2)

さて、昭和20年7月の末ころ、雁又では宮村善之技術中尉が担当する蛟龍の舞廠第1艇・401号艇がほぼ工事を終え、乗員が乗組んで沖合で潜航・浮上のテストをやり出した。仲原哲技術中尉担当の第2艇・402号艇も、船台上でディーゼル機関の据付けを行なうようになった。

そんなある日、宮村中尉が頭痛のため午後から休むことになり、同中尉に頼まれた仲原中尉が午後の3時半ころ、宮村中尉担当の401号艇を岸壁へ見に行った。しかしそこにいるはずの401号艇の姿が見えず、「テストにでも出たのかな」くらいに軽く考えて仲原中尉は事務所へ戻った。が、あにはからんや同艇はそのころ、本工場へ回航せんとして尻矢崎沖で沈没の憂き目に遭い、乗員は悪戦苦闘中だったのである。

仲原中尉はそんなことなど無論露知らずにいたところ、その日の夕方、突如宮村中尉とともに本工場の薮田部員に呼び出され、401号艇の沈没を知らされるとともに、こっぴどく油を絞られた。両中尉は初めて聞く同艇の沈没事故に驚いたが、その原因を聞いてさらに驚いた。それはプロペラ軸と主発電機との間のカップリングをつながないまま曳航したのでプロペラ軸が後退し、スタンチューブとプロペラ軸との間に大きなスキマできて、そこから海水が艇内に入ったため、というまことにお粗末な事故で、乗員が全員脱出して無事だったのが不幸中の幸い、といえるものであったのである。

なお、宮村、仲原の両中尉は薮田部員にこそ手荒く叱られはしたものの、その後その筋から責任を追及されるようなことはなかった。平時なら、たとえ小なりといえども1艇を喪失したとあれば大問題となったであろうに……。

また、これら特攻艇の艇長はいずれも学生出身の予備士官であり、部下の4人はこれまたすべて若い17～18歳の予科練出たての人たちであった。そしてこの沈没事件後、仲原中尉担当の402号艇が進水したけれども間もなく終戦となった。つまり雁又製の蛟龍で進水したのは、1番艇の401号艇と2番艇の402号艇の2隻であり、実戦に参加した艇はゼロ、という結末に終わったのである。

ところが『昭和造船史』によると、蛟龍の全国建造隻数（完成）は約115隻で、うち舞廠の完成隻数は、前期の２隻どころでなく14隻もの多きに上り、建造中のもの（ただし内業工程のものを含まず）も約50隻となっている。これについて仲原哲氏は「疑問である」として『舞機の記録』で、大要次のように述べている。

「舞廠の蛟龍完成隻数が14隻もの多きにのぼっていたのなら、船台で艤装工事中のものが多数列をなしていたはずだが、私（仲原哲氏）にはそのような記憶は全然なく、また、乗組員（１艇に５名）もかなり雁又へきていたはずのところ実際にはそんなに多くきてはいなかった。さらに“舞廠14隻説”が成立するなら、進水ずみのものもかなりあったことになり、そうすると満足な係留場所（岸壁）のない雁又では、その置き場所に困ったはずだが、そのような記憶もない。

ともあれ私の記憶する進水ずみの艇は、401、402の２隻くらいで、このうち私の担当した402号艇に主機を据付けた覚えはあるものの、続いて私の担当となるはずの405号艇に主機を搭載した覚えは全くない。したがって“舞廠14隻説”には疑問を感ぜざるを得ず、わが体験からすれば、舞鶴の完工艇は多く見て５隻というところであろう」

ところで舞廠で蛟龍を建造していたころ、毎晩のようにＢ29が飛来しており、夜の舞鶴湾上を飛ぶその機影は、探照燈に照らし出されて銀色に映えて見え、下から撃ち上げる高射砲の弾道は、花火のようにきれいであった。

そんなある夜半、飛来したＢ29が雁又沖に磁気機雷を投下し、それから数日間、漁船転用の掃海艇が気だるい焼玉エンジンの音を響かせながら雁又沖を掃海していた。ある日の昼前、その焼玉エンジンの音が流れる海面に突然大きな水柱があがった。昼の休憩時間になったとき、仲原中尉は部下に誘われ、事務所裏からサンパン（手こぎの平底舟）を漕ぎ出して沖合600～700メートルのその爆発地点へ行ってみた。すると何と、あちこちに40～50センチの魚が白い腹を見せて浮いているではないか。文字どおり「濡れ手に粟」式に収獲したが、魚の大半は“スズキ”で、量は4斗樽2杯分くらいあり、それを雁又外業の全職員に1人2匹くらいずつ分配して大変喜ばれた。なお、爆発地点の周辺には木片も多数浮遊していたが、人体らしきものは一片もなかった。

一方、本工場の造機組立内火班では、蛟龍の主発電機用150馬力ディーゼル機関（大阪機工製？）の調整に手古ずっていた。この機械は一旦内火班で調整し、陸上試運転を行なったのち雁又へ送っていたが、同機はガバナーの効きが悪く、内火班では外業工場の応援を得て全機のガバナーの再調整をした。しかし、なかにはどうにもならないものもあり、担当した組立工場の岩下登技術大尉は、いかに当時の日本の製造技術水準が落ちているかを思い知らされた。だが、蛟龍は特攻潜水艇とあって、少しでも怪しいものは雁又送りを見合わせたので、そのような不良エンジンが8月15日の終戦の日に内火工場に沢山残ることになった。

この岩下部員は、砲術学校から舞鶴へ着任（昭和16年秋）して初めて手がけたのが港内艇用150馬力内火機械の全分解修理であった。そしていままた蛟龍用150馬力ディーゼル機関で終戦を迎えたわけで、いうなれば同部員の舞鶴での海軍現役生活は、150馬力に始まって150馬力で終わったことになるわけである。

賑わう舞鶴軍港

さて、ドイツから譲渡の呂号第500潜水艦の舞鶴入港（昭和20年３月）は、潜水艦、海防艦等の訓練基地が、瀬戸内海方面から日本海の能登半島は七尾湾に移されたことに伴う移動途中の寄港であったことは、そのとき述べておいた。事実、昭和20年に入ってからのわが艦艇は、戦局の劣勢化と燃料逼迫のため、太平洋でほとんど活動できなくなったのみか、隠れひそむべき瀬戸内海もＢ29が落とした機雷のため、航行の自由が大幅に奪われていたのである。

これに対して日本海はそのころ、やはり米潜水艦の出没が伝えられてはいたものの、敵側も「天皇の浴槽」と称してやや敬遠していた海域だけに、安全性は太平洋側と比較にならず、このため行動可能な艦艇の多くは、どんどん日本海へくるようになったのである。

さらには国内の食糧不足対策として、満州産の大豆を北朝鮮経由で日本海側の港へ運ぶ船団の護衛や、内地と北海道・樺太間の物資輸送に当たる船団護衛のため、多くの小艦艇が日本海へくるようになった。かくて日本海方面が俄然脚光を浴び、それに伴って昭和20年春ごろから舞鶴軍港は、出船入船で賑わうようになったのである。

思えば５年前の昭和15年秋、第７期短現の新谷正一候補生らが赴任してきたときの舞鶴は艦影寥々で、「これでも軍港か」と同候補生の首をかしげさせたものだが、それが戦勢の非なる昭和20年になってにわかに活気づいてきたのだから、皮肉な現象といえた。

しかし日本海へきたのは、当時まがりなりにも航行可能な駆逐艦、海防艦、潜水艦などの小艦艇が主であり、これら小艦艇の乗組士官たち（多くは高等商船出身者）は、自他の小艦艇グループを「毛ジラミ艦隊」と称し、日本海入りを「天が下には隠れ家もなく……」などと、後醍醐天皇笠置落ちの御製をもじって表現していた。いずれにしてもこれら士官連中が、こんな自虐的な言葉を使わねばならぬほど、当時の戦局は悪化していたのである。

そのころ舞鶴軍港へ入港した主な艦艇をみると、まず「強運の艦」といわれた駆逐艦雪風と同初霜がいる。両艦は20年4月7日、戦艦大和に従って沖縄特攻作戦に参加したのち、5月16日に舞鶴へきたが、舞鶴も空襲の危険あり、となって宮津湾に回航され、そこで本土決戦に備えた。

この「雪風」「初霜」の属する第31戦隊（対潜部隊）の旗艦である軽巡酒匂も、麾下の艦艇とともに舞鶴へきて、平から佐波賀へ続く海岸の入り込んだところにひっそりと係留された。公試排水量7,710トンの「酒匂」は、阿賀野型軽巡4隻中の最終艦で、半年前に佐世保工廠で竣工したばかりの新鋭艦であ

「強運の艦」といわれた駆逐艦雪風

阿賀野型軽巡の第2艦　能代

る。それが空しく係留されているのを見たある海防艦の航海長は、「日本にはまだこんな大艦があったのか」と驚くとともに、「こんな大艦が燃料不足で動けんようでは日本は負けだ」と思った（『海防艦戦記』）。「酒匂」はやがてすべての砲座を下ろし、海岸に固定して網をかぶせ、木の枝葉などで擬装した。

6月4日にはイタリア客船“コンテベルデ”（18,765総トン）が数隻の海防艦に護衛されて入港してきた。同船は開戦翌年（昭和17年）の夏、日本郵船㈱の浅間丸とともに米国在留邦人の交換船として、アフリカ東南岸のロレンソ・マルケス港から交換邦人を乗せて帰国した船である。昭和18年9月に母国のイタリアが降伏すると上海で自沈したが、同地の海軍第一工作部の手で引き揚げられ、内地回航となったのである。

船名も「寿丸」と変えられたこの“コンテベルデ”は、20年4月20日に上海を出港、海防艦群にリレー的に護衛されながら青島、鎮海を経て1ヵ月半がかりで舞鶴へ到着、平海兵団の海岸に着底して「酒匂」と同じように甲板上にカモフラージュの樹木を植えた。

6月下旬には伊201潜と伊202潜が相携えて入港してきた。基準排水量1,070トンの両艦は、水上性能を押さえて水中性能、特に水中速力を大とした画期的水中高速潜水艦で「潜高大」と称され、水上用主機は1,500馬力の「マ」式ディーゼル機関2基で水上速力15.8ノット、水中は電動機使用で実に19.0ノットという高速を記録した。この年の2月、呉工廠で相次いで竣工し、訓練のため日本海へきたところ、伊201潜が主機に故障を生じたので、202潜ともども舞鶴へ入港したのである。

伊201潜の主機故障は、左舷機（三菱・横浜製）のある1筒のコネクティン・ロッドがクランク・ケースを突き破った、いわゆる「足出し」事故で、原因は同ロッドの締め付けボルトが材質不良で切損したためであった。その修理工事は、内火工場の岩下技術大尉が担当したが、同大尉にとってこの伊201潜型は、シュノーケル装置や電探防御の特種ゴム塗料、さらにはフレオン21を用いた冷房装置など、興味深い点が多々あった。

その岩下部員はまた、7月初旬に入港した大型潜水艦伊400潜と401潜の艦内に入ってその巨大さに驚いている。3機の爆撃機を搭載する本艦の内殻は、2つの円筒を並べたいわゆる眼鏡型であり（ただし、大正年間の海大型潜水艦に前例あり）、22号10型ディーゼル機関4基（合計出力7,700馬力）の主機は、フルカンギヤーで2基ずつ連結されて2軸となっているなど、まさに「潜水空母」の名に恥じないものだったのである。

水中高速潜水艦（潜高大）伊202潜

両艦は「特型潜水潜」略して「特潜」という名称のもと、軍機扱いで建造されたもので、基準排水量は3,530トン、常備状態では約5,200トンにも達する当時世界最大最

特型潜水艦（特潜）伊402潜

強の潜水艦であった。伊400潜は19年12月呉廠で、また、401潜は20年1月に佐廠でそれぞれ竣工したのち、伊13潜、14潜（ともに基準排水量2,620トン、水上攻撃機2機搭載）と一緒に、各搭載機によりパナマ運河を爆撃せんとする特攻奇襲部隊に編入され、七尾湾で訓練していたのである。しかし搭載機を生産する名古屋地区の工場が空襲されたりなどしたため、当初予定の6月出撃は不可能となり、作戦はパナマ指向から米艦隊の前進基地である内南洋のウルシーへと変更された。

かくて伊400潜と401潜は最後の整備のため舞鶴へ入港し、その工事を岩下部員が担当したわけだが、両艦は舞鶴出港後、大湊経由でウルシーへ向かい、まさに奇襲に移らんとしたそのとき、終戦になった。

ところでこのころ岩下部員は舞鶴へ入港した陸軍暁部隊の機帆船の焼玉エンジンの修理、という仕事も経験している。陸軍は船の上でも陸軍式で、舷梯を登ったところにある舷門にはゲートルを巻き、鉄砲を持った衛兵が4人もいて、それが一斉に捧げ銃で岩下部員を迎えた。現われた艇長は中尉殿で、長い刀に革の長靴といういでたちだったのに対し、岩下部員の方は1階級上の大尉でこそあれ、油だらけの作業服に黄線1本の腕章という恰好である。しかし相手の目を白黒させての敬礼に軽く答礼しつつ仕事の打合わせに入ったという。

また、かって岩下部員も製造に当たった中速400馬力ディーゼル機関1基を主機とする小型の波（は）号潜水艦（基準排水量370トン、水上速力10.0ノット）も入港してきた。このフネは甲標的ほどではないにしても、ごく小さな潜

実習にきた海軍委託学生と舞機設計の係官（終戦間近のころ）
前列左から２人目が石川重吉技師、次が岩下登大尉

水艦なので、「ちょっとした乗員の移動でもバランスに影響があろうから操艦がかなり難しいのでは……」と岩下部員は思った。

なお、岩下部員のいる組立工場ではそのころ、工場主任の交替があり、昭和17年以来４年間、工場主任を務めた福間武美技師に代わって、中胡義雄技師（技養３期―大正13年卒）が光工廠から赴任してきた。

人事のことをいえば、これよりさきの20年１月から艦本出仕となって航空援助に打ち込んでいた稲場貞良技師が、６月上旬に舞機へ帰任し、作業係の係官となった。稲場技師としては、半年ぶりの舞鶴復帰であるから嬉しかるべきはずのところ、実はそうでもなかった。というのは、離京に先立って海軍航空本部を訪れたとき、海軍大佐の参謀から日本の航空戦力の現状を聞いて暗澹たる気持ちになっていたからである。

航空本部で説明を受けた日本の航空機の保有量グラフを見

ると、それは数ヵ月前から急カーブで下降しており、「今後の見通しも真っ暗」といわれて稲場技師自身もお先真っ暗になった。「これまで航空機生産に躍起となってきたのに、なおかつこの状況では……」と、大きな衝撃を受けた稲場技師は、自分なりにある覚悟を決めて舞鶴へ帰ってきた。けれどもそれはもちろんわが身一つの胸に秘め、努めて明朗を装いつつ早坂作業主任の下で働いていた。

舞廠七尾出張所

既述のごとく昭和20年に入って潜水艦、海防艦の訓練基地が瀬戸内海方面から敵機・敵潜に比較的安全な日本海は能登半島の七尾湾に移されたが、これに伴ってそれら艦艇の修理のため、石川県七尾市に「舞鶴海軍工廠七尾出張所」という舞廠の出先機関が設けられた。

これよりさき、北陸には福井市に舞廠の地下疎開工場、富山市郊外に舞廠管理工場の日本海船渠工業㈱、若狭小浜に舞船の疎開工場（20年初頭に設置）、そして石川県大聖寺に舞兵機械の疎開工場（20年２月に設置）などがあり、今回の七尾出張所の開設で北陸三県は至るところ舞廠の出先機関だらけ、という状態になった。

さて、七尾出張所へは舞廠から造船、造機、造兵の技術科士官各１名が、それぞれ工員を連れて派遣され、造機部からは昭和20年６月初頭、中尉になりたての酒井秀雄外業部員（青島２期の永久服役）が約20名の工員を連れて出向いた。

これら舞廠派遣の部員は同地の報国造船㈱、七尾造機㈱という２つの漁船造修会社を監理しつつ艦艇の修理を行なったが、仕事の主たるものは同地で訓練している新造海防艦の初期故障の修理であった。海防艦訓練部隊の旗艦は潜水母艦の黄金丸（海軍に徴用される前は瀬戸内海航路の客船）で、この黄金丸の機関長が各海防艦の修理要求をまとめて酒井部員のところへ持ち込んでいた。こうした海防艦の修理に較べれば、潜水艦のそれは比較的少なく、舞鶴寄港ののち七尾へきていた呂500潜でも修理は僅かであった。

そのうち、七尾へは三菱の横浜ドックから大勢の技師や工員がきて、同所は横浜ドックの七尾出張所となった。その七尾出張所長は酒井部員の上司、安武秀次外業主任と同級生とのことで、酒井部員はこの人との折衝は比較的気安くやることができた。

しかし何しろ食糧事情の悪いときで、酒井中尉は連れて行った工員の食糧の確保に骨を折らねばならなかった。同中尉は満州から北朝鮮経由で七尾へ輸送されてくる大豆に目をつけ、陸軍の船舶部隊がそれを埠頭に陸揚げしているとき、同部隊と折衝して少し回してもらった。しかし炊き上がったものは、大豆の間に米が混じっているといったあんばいで、がっかりさせられた。

前記のように酒井部員は中尉になりたてで七尾へ行ったのに対し、造船、造兵の各部員は大尉であり、物資の要求に出向く軍需部でも交渉相手は大尉であった。そんなことから酒井中尉は星１つ少ないことで、何となく肩身の狭い思いをさせられるときもあった。

この酒井部員には艦艇修理のほかに、亜炭鉱山の監督という仕事もあった。七尾から西北20キロほどの山中に舞廠直轄の亜炭鉱山があり、ここから綾部にある舞廠の亜炭乾溜装置に向けて送炭していたので、監督に出かける必要があったのである。酒井部員が連絡のため舞鶴へ帰るとき、その鉱山の親父が能登土産としてフグの粕漬けなどを用意してくれ、それを持ち帰って士官宿舎の酒の肴に提供し、みんなから喜ばれたこともあった。

さて、昭和20年7月1日、富山の日本海船渠工業㈱が舞廠の富山分工場となったことに伴い、七尾は同分工場の七尾出張所となった。そのため、酒井部員は七尾から富山の分工場へときどき連絡に行く必要が生じたが、鉄道で行くと遠回りの上、途中で2度も乗換えねばならず、時間がかかって不便である。これに反して車で行けば、四角形の1辺を走ることになるので時間は3分の1以下ですむ。そこで酒井部員が渡辺造機部長に車を要求すると「車はないがオートバイならある」と、オートバイを1台申し受けることになった。しかしそれが実現しないうちに終戦になってしまった。

舞廠富山分工場の発足

前節でちょっと触れたように、富山市北郊にある海軍の管理工場・日本海船渠工業㈱が、昭和20年7月1日に「舞鶴海軍工廠富山分工場」となった。管理工場指定後2年足らずのことで、その間に同社は舞廠の技術指導のもと丙型海防艦6隻を竣工させ、水上特攻㊃艇「震洋」を量産中に舞廠の分工場となったのである。

分工場になると同時に、それまでの海軍監理官制度は自然消滅し、在来の主務監理官（造船の少佐）に代わって二見仲一大佐（海機27期―大正7年卒）が分工場長として着任、造船課長には呉廠造船部から転勤の福井静夫技術少佐（昭和13年東大船舶卒、第27期永久服役）が就任した。造機課長は辻田正道技術少佐（昭和14年東大機械卒、第28期永久服役）で、その下に岡本孝太郎技術大尉（第10期短現）が配され、分工場長以下これら各課の部員、係員は、管理工場時代の監理官室をそのまま工場事務所とし、そこで一緒に仕事を始めた。ところが皮肉なことにそのころから工事量が激減してきたのである。

建造中の丙型海防艦の第7艦（第89号海防艦）は、進水はしたものの主機械の入荷見込みが立たぬまま艤装岸壁に繋がれ、最終第8艦（第109号海防艦）は、起工しただけで工事打ち切りとなっていた。㊃艇も主機の入荷が極度に落ち込み、どんどんできていくベニヤ板製の艇体だけが空しく工場の片隅に積み上げられていくありさまで、工員や動員学徒は、一般貨物船の修理などに回されるようになった。

そうこうするうち、造船課長の福井少佐が「呉から出した俺の荷物、まだ着かんなぁ。途中、空襲でやられたのかなぁ」と憂い顔でいうようになった。聞けば同少佐は、それまでに集めた造船関係の各種資料を呉から有蓋貨車1車買い切りで送ったというのである。当時、日本本土は米軍機に蹂躙され、列車も客車、貨車の別なく、米艦上機の銃爆撃目標となっていたので、福井少佐が心配するのも無理はなかった。

そのうち7月31日の深夜、富山市はB29の大空襲を受けた。期せずして工場に集まった部員、係員も、8キロ南で燃えさかる富山市の劫火はいかんともすべからず、空しくそれを望見するのみであった。そして「福井少佐の荷物を積んだ貨車がもし富山駅に着いていたとしても、この空襲ではいよいよ駄目か」と、誰しも思った。

だがその数日後、待望の貨車が工場の引込線へ入ってきたのである。諦めていただけに福井少佐の喜びようはいわん方なく、早速貨車へ飛んで行ったが、それに従った者は、開けられた貨車の中を見てびっくりした。貨車中央の横断路の両側に、当時「米櫃（こめびつ）」といわれていた士官転勤用の木箱が、床から天井までびっしり積み上げられており、しかもその中味のほとんどが艦艇の設計・性能・運転等に関する資料や写真だ、と聞いたからである。「蔵書家といわれる人ならこれくらいの本を持っている向きも少なくなかろうが、この大半が艦艇の資料とはねえ」と見る者、聞く者みな嘆息した。

ともあれ、これらの箱はひとまず、工場の門のすぐ前にある艤装員事務所へ搬入された。当時そこには艤装中の第89号海防艦の乗組員が大体揃っており、昼夜を分かたず常に士官か兵員がいるので、工場の倉庫などに置いておくより安全だったからである。

そのうち、福井少佐は資料箱の中から数葉の写真を取出してきて、「これは大改装前の戦艦陸奥、こちらは大改装後の陸奥。これは重巡高雄の全力公試運転中の写真」などと若手部員にいろいろ説明してくれた。しかしそれからほどなくして終戦となり、この膨大な資料の処置が問題となるのだが、それについては追ってまた述べることにする。

広野技師　笏谷に死す

北陸の七尾、富山と見てきたので、次に同じ北陸は福井の地下工場のその後を見ると、舞廠から送られた機械で部分的に生産を開始した同工場では、6月に武岡（現姓、村田）三佐男部員が舞鶴へ去り、代わって組立工場係官・池田保巳大尉（青島１期）が着任した。舞機機械工場主任・山崎浅吉技師（技養２期―大正12年卒）も福井工場長として赴任してきた。

生産は軌道に乗り出し、昼夜交替でやる組も出てきた。しかし夜業組は坑内が高湿度で涼しすぎるため、夏が近いというのに炭火で暖をとるありさまで、それを見た現地責任者の広野英一技師は、かねて計画していた換気孔の掘削を推進すべく、道なき山を精力的に歩き回った。その姿を見た海軍協力の土建業・野島組の野島久米次郎社長、つまりこの地下工事の話を初めて渡辺敬之助舞機部長に持ち込んだ当の野島社長はひどく感激、広野技師を男のなかの男と惚れ込み、神々しくさえ思えて「この人のためにも是が非でもこの地下工場を立派なものにしなければ……」とファイトを燃やした。

そうこうしているうち７月19日の夜半、福井は米軍機の大空襲に見舞われた。工場にほど近い越前石㈱の大久保社長宅に寝起きしていた川井中尉ら若手士官は素早く跳び起き、工場へ突っ走った。

Ｂ29は波状攻撃で次々と焼夷弾を投下、ドドーン、ドドーンという爆撃音とともに福井市は紅蓮の炎に包まれた。避難者がどんどん工場の方へ逃げてくる。しかしその人たちに混じってでも駈けつけねばならない広野部員の姿が見えない。同部員はそのころ市内中央部の二の丸に住んでいたのである。

市内中央部といえば、やはりそこの順化会館に集団投宿している舞鶴からの工員たちの身も案じられた。だが、そのうち、彼らは着のみ着のままながら揃って工場に到着したけれど、水野博という工員が1人行方不明とのことで、みなショックを受けた。

やがてしらじらと夜が明けてきた。しかし広野部員は依然として姿を見せないので、心配になった川井部員ら数名が市内へ捜索に出掛けた。いまだにあちこち燃えくすぼり、死体が散乱している市街地を、ようようにして県庁の濠端にある広野邸付近にたどり着き、あたりを懸命に捜し回った。そして広野夫人とその母堂、それに2人の子どもが折り重なるように死んでいるのを見つけ、それから少し離れた寺島組社長宅の防空壕で、ついに広野技師の屍体を発見した。

一同はガックリとなった。だが気を取直して事務所で急きょ棺を作り、広野一家の5人を納棺して瑞源寺の山門横に埋葬した。かくて笏谷を愛し、笏谷に全霊を打ち込み、「戦争が終わったらここに映画館を造るんだ」といっていた広野英一海軍技師は、34歳を一期として戦死し、その笏谷の土と化したのである。

空襲の翌朝、福井からの急報で広野部員の戦死を知った渡辺造機部長は、「惜しい人物を……」としばし声もなかったという。その渡辺部長を迎えて福井工場では、広野部員と水野工員の慰霊祭を瑞源寺の御堂で執り行なったが、そのとき同部長は、並みいる人々の前で声涙ともに下る追悼文を読んだ。

それから半月経った8月15日は終戦の日である。終戦直前の福井第五十五工場における工作機械の台数は50台前後で、従業員は50名から100名と推定されている。けれどもこの福井工場の正式名称は、これまで書いてきた「舞廠福井第五五工場」であったかどうか、実のところはっきりしていない。「五五工場」という命名の由来も、竣工式が昭和20年5月15日であったことに因んでのものらしい、というだけでこれまた定かでない。

思うにスタート時点では、たしかに舞廠造機部の疎開工場と予定されてはいたものの、そのうち豊川工廠や民間企業の一部もここへくるようになったので、いつか名称も「造機部」をとって「舞廠福井第五五工場」になったものと考えられる。いずれにしてもあれから40数年、しかもドサクサのなかでの建設だっただけに、工場の正式名称すら定かでなくなっている点、歳月の長さを感ぜざるを得ない次第である。

なお、この笏谷の洞窟は昭和23年の福井地震でかなり壊れ、その後さらに崩壊が進んだので、ここを観光洞窟として売り出す予定だった福井市でもついに断念し、入口を塞いでしまったそうである。

痛ましい動員学徒の爆死（舞鶴の空襲――その1）

広野英一技師が戦死した福井の空襲からちょうど10日あとの昭和20年7月29日、今度は本家本元の舞廠が空襲を受けた。しかしそれは他の都市や工場の爆撃のように、内南洋マリアナ諸島からのB29による大規模爆撃でなく、土佐沖に来襲した米機動部隊の艦上機2機による500キロ爆弾たった1発の投下であった。にもかかわらず、その1発で海軍の技手や工員、動員学徒とその引率教師など約90名が痛ましい犠牲となった。

その日は朝から灼けつくような暑い日であった。日曜日だったが月の第5日曜日で、第1と第3の日曜日しか休まない工廠では、いつものように沢山の人が出勤していた。そして朝礼直後で多くの人が路上を行き交っていたちょうどそのとき、警報らしい警報もなく、いわば抜き打ち的に爆弾が落とされたもので、これがたった1発の爆弾にしては驚くほど多数の犠牲者が出た理由とされているところである。

しかしこの日、一瞬の差で九死に一生を得た人がいる。造機部鍛錬工場の高田良一技師がその人で、同技師はその日、当直の明け番であった。朝の8時過ぎ、同僚の原実技師とともに帰宅すべく、作業係事務所の前からダットサンに乗ったところ、その車が工廠の正門を出た途端、「ドカーン」という大音響がし、振り返るとすぐ後ろの職札場の上空に黒煙が濛々と立ち昇っていた。

「爆弾が落ちたぞっ！」と原技師が叫び、運転手は車のスピードをあげた。海岸沿いの軍港道路を突っ走り、やがて到着した東舞鶴の大門三条のあたりで高田技師が車の外へ出て見ると、大勢の市民が不安そうに工廠あたりの空を眺めていた。これが工廠空襲の瞬間の模様であり、ときに昭和20年7月29日午前8時15分ころのことであったというが、いずれにしても高田技師は、危ないところで難を免れたわけである。

一方、工廠対岸の軍需部ではそのころ、「工廠がやられたっ！」と、その方角から立ち昇る黒煙をみな沈痛な面持ちで見守っていた。軍需部では朝礼を終え、各自持ち場につきかけたとき、突然バリバリバリッという物凄い飛行機の急降下爆音が聞こえたと思った瞬間、「ドカーン」と天地を突ん裂く大音響が轟き、その直後に空襲警報のサイレンが鳴った。そして誰やらが「工廠がやられたっ！」と叫んだが一同なすところを知らず、ただ呆然と黒煙を望見するのみだったのである。

やがて軍需部の前を、怪我人を乗せたトラックが３台、４台、５台と工廠方面から海仁会病院の方へ突っ走って行った(瀬野祐幸氏編著『鎮魂碑物語』にある軍需部医務課勤務の斉藤元吉書記の手記)。

では、当の舞廠ではどうであったか。造機部の鋳造事務所にいた徴用工・中西茂氏（前出）は、不気味な警戒警報のサイレンとともに物凄い爆風が事務所へ吹き込んできたので、「これはただごとではない」と、コンクリート製カマボコ型事務所の鉄の扉を閉め、みんなと一緒に床に伏した。そのころ同工場の事務所は従来の木造建物に代わって、分厚いコンクリート製カマボコ型のものになっていたのである。

そのコンクリート製事務所のなかで伏せた中西工員だったがその後は何の物音もしない。恐る恐る外へ出て見ると、鋳造工場の２棟の建物はトタン屋根を吹きとばされて青天井となっており、横の機械工場、鍛錬工場はいわずもがな、工廠内のトタン屋根というトタン屋根はみな吹きとばされていた。人の話ではちょうど黒いチリ紙を撒き散らしたようにトタン板が空に沢山舞い上がっていたという（中西茂氏編『鋳造工場の想い出』)。

前記のとおりこの日の爆弾は工員の出入口である職札場近くの崖、つまり造兵部の地所内に落ちたので、同部は人的にも物的にも最大の被害を受け、しかも犠牲者のなかに多くの男女動員学徒が含まれていた。

この日、造兵部に出勤していた多数の動員学徒のなかに、第二水雷工場で潜水艦用パイプの曲げ作業をやっていた京都師範の本科１年生（満16～17歳の男子)80名もいた。当日、彼らはいつものように天台の寮から隊列を組んで午前7時に工廠へ出、朝礼を終えて配置に就こうとしたとき突然警戒警報が鳴った。警報が出ると女子作業員と勤労学徒が優先的に防空壕へ入ることになっていたが、壕へ入ると便所へ行けなくなるので、彼らの何人かはまず便所へ行っておこうと外へ出た。その途端、第二水雷工場向かい側の山腹で1発の爆弾が破裂し、外にいた者は爆風で圧死したり、口から内臓を吐き出して倒れ、80人の京都師範生中、1割以上の9人が死亡するに至った。

彼らはこれよりさき、名古屋の工場に動員されていて爆撃に遭い、死傷者2名を出していた。その工場が操業不能となって7月11日から舞廠へきていたが、ここでまた9人もの空襲犠牲者を出したのである。悲痛の極みとしかいいようがない。

この京都師範生に次いで多くの犠牲者を出したのは、京都市立洛北実務女学校の生徒たちであった。彼女らの犠牲者は7名だが、総勢が47名というから、7名の死亡者では率的

空襲で大破した舞廠造兵部の建物
(『舞鶴市史』から)

に見て京都師範生の１割を上回る２割近くの犠牲者となる。

彼女らは20年の２月から造兵部の魚雷工場で魚雷を挽き粉（おかくず）で磨く仕事をしていた。朝、どろんとした汁１杯だけの腹ごしらえで工廠へ出ると、そこで配給される昼の弁当は、誰かが抜き取って食べるのかご飯が半分しかないことがあり、15～16歳の食べ盛りの毎日をひもじい思いで過ごした。実家から送ってもらった米や白豆を非常鞄に隠していて盗まれたり、軍の工作庁だから風紀がきびしいと思っていたのに、女便所は外から穴をあけられて“のぞき”をされる、などのいやな思いもさせられた。そうしたもろもろの苦しみのなかで、７名もの学友を失った彼女らである。空襲の終わったあと、みな声をあげて泣いたという。

ところで同じ工廠内にいながら、この空襲を全然知らなかった、という人もいるから舞廠もなかなか広い。とくに戦争末期は、第三火薬廠跡の雁又地区にも進出していたので、工廠は相当の広さになっており、空襲を全然知らなかったというこの人――造機鋳造の分析工場にいた花崎清志氏――も、実は雁又に疎開していた鋳造の分析工場（場所は本廠庁舎横から雁又へのトンネルを出た右手の山の中腹）に務めていたからである。

その日、爆弾の落ちた30分ほどあとの午前９時ころ、花崎氏のいる工場では窓の近くの机の上などに、緑の木の葉が沢山降ってきたので不思議に思っていると、９時半ころ鋳造の女工員が２人、「爆風でこわれた窓ガラスで怪我をしたからヨジウムチンキを塗って下さい」といってきた。それで初めて花崎氏は工廠のどこかに爆弾が落ちたことを知ったということである（以上、瀬野祐幸氏編著『回想の造機設計』から）。

空襲犠牲者の火葬（舞鶴の空襲――その２）

舞廠が空襲を受けた７月29日の午前11時、舞鎮はいち早く空襲に関する次のような公式発表をした。

「本29日８時35分敵機２機舞鶴市に来襲、内１機は撃破せるも他の１機は小型爆弾１個を海軍作業庁に投下遁走せり。我方の被害は僅少にして戦力の増強には何らの影響なし」

なるほどこの発表のとおり、たしかに工廠の被害は「僅少にして戦力の増強には何らの影響なし」であったか知らないが、500キロ爆弾たった１発にしては、人身の被害は驚くほど大きかったことは既述のとおりで、犠牲者は工廠の従業員約60名、男女動員学徒とその引率教師約20名など、総計おおむね90名前後と推定されている。そしてこの爆弾は、飛来機が鎮守府を狙ったのがそれたとも、軍港内の病院船氷川丸を狙ったもの、ともいわれるが、どちらにせよ米軍機にとっては“行きがけの駄賃”か“帰りがけの駄賃”か、まずは気まぐれ的に落とした１発だったのであろう。

ちなみに戦争末期に空襲を受けた内地の海軍工廠で、人的被害が最大だったのは豊川海軍工廠だといわれている。同工廠は昭和20年８月７日の午前、Ｂ29の大編隊によるいわゆる「じゅうたん爆撃」で従業員、学徒、女子挺身隊員等計2,544名の尊い命が奪われたのだが、このときの爆弾・焼夷弾の数量や大きさははっきりしていない。しかし種々の仮定のもとに計算すると爆弾１発当たりわずか１人前後の犠牲にとどまる。人的被害最大といわれる豊川工廠ですらこのような状態であるのに対し、舞鶴の場合は500キロ爆弾たった１

発で90人もの死者である。何ともいいようのない悲惨事ではあった。

ところでこの日、爆弾が落ちてから30分もしてようやく爆撃を知ったという前出の花崎清志氏（雁又の造機鋳造分析工場勤務）の記憶ではその日、工員養成所の庭に誰のものとも分からぬ千切れた手や足がゴザで覆われて置いてあり、午後にはどこかに保管されていた沢山の遺体が、予科練生に1体1体背負われて分析工場裏手の150坪ほどの空地に運ばれたという。そしてその夜、花崎氏らの手で照明の配線をし、山の中腹に掘られた穴にレールを渡してその上に遺体を安置、薪と重油で荼毘に付したが、作業は灯火管制下での仕事だけに当事者はひどく苦労していた由である

また、この犠牲者の火葬に先立ち、遺体の通夜の立番をした、という鶴桜会会員もいる。前出の鍛錬工場係官・武井富士弘技術少尉がそれで、同少尉はその日の朝、空襲があったことは知っていたが、「多数の動員学徒や女子挺身隊員が死んだ」と聞いたのはその日の夕方であった。

ところがどういうわけか武井少尉はこれら犠牲者の通夜の立番を命ぜられたのである。「遺体は庁舎横のトンネルを雁又側へ抜けた右手の山の上に集めてある」といわれて行ってみると、そこには天幕が張ってあり、その下のシートの上に毛布に包まれた遺体が20体ほど横たえられていた。どの遺体も男女の区別がつかないほど傷みがはげしく、また、首のないものや手足のないものも多く、目をそむけさす惨状であった。

そこには机1つと椅子2つがおいてあり、従兵が1人いた。数個の裸電球が吊されているだけの山の中腹のちょっと

したその空地は、迫りくる暗闇とともに鬼気また迫りくるものがあり、武井少尉は生きた心地がしなかった。が、初めての顔合わせである従兵の手前、あまり心細げな態度もとれず、従兵とは事務的な会話を交わす程度でいらいらしていた。

ほどなく数台のトラックがきて多くの棺を下ろした。工廠の専門のところで大至急作ったものらしいが、それは驚くほど立派な棺であった。ところが遺体を納める段になって各遺体と名前の関連が全くつかず、武井少尉は困惑した。時間は迫るわ、トラック隊の責任者（少尉くらいの士官）にせかされるわで大慌てに慌て、この大役を自分に課した鍛錬工場主任・一藤敏男技師（京大理学部卒）を恨めしくさえ思った。それでもどうやら納棺した武井少尉は、それこそ「仏に祈る気持ち」で棺の上に名札用の５センチ×20センチほどの厚い紙を置いていった。

やがて棺を積んだトラックが火葬の場所へ向かって動き出した。武井少尉は従兵とともに挙手の礼で見送ったのち、懐中電灯を頼りにふたたびトンネルの道を工場へ戻った。

後年、葬式に参列する機会も多い年輩となった武井富士弘氏は、しみじみ述懐していわく。「人の葬儀に参列するたび、あのときのご遺族はどんな気持ちで遺骨と対面されたか、それを思うと身を切られるような思いがする。戦時下の混乱期とはいえ、もっと何とかならなかったかと残念に思う。しかし工廠としても精一杯の努力はしたようで、その表われがあの立派な棺に象徴されていたと思う」と。

一方、この夜、遺体の荼毘に立会った人の手記もある。『舞鶴市史』所載の「泉源」という京都府立東舞鶴高校発行の雑誌にある記事で、筆者はこの日犠牲となった舞鶴第二高女の藤田という先生の同僚と思われる男性だが、その人を仮に「A先生」として手記の内容を要約すれば次のようなことになる。

A先生は工廠の辺りに立ち昇った黒煙を東舞鶴の第二高女から望見しながら「派遣している生徒たちに何ごともなければ……」と案じていると、工廠から「藤田教諭が即死した」という連絡が入った。藤田教諭は生徒の働いている工場から次の工場へ移ろうと外を歩いているとき爆風にやられたらしい、ということで、A先生は取るものも取りあえず教頭とともに工廠へ飛んだ。工廠では誰も説明にきてくれず、いらいらと待つうちに夜になった。

夜になるとやっと工廠の案内人がきた。工廠の広さに驚きながらA先生は案内人のあとを歩き、月も星もない真っ暗な山道を登って、とある台地に着くと、「ここで今日の犠牲者の火葬を行ないます」といわれた。

そこにはすでに数人の人がきており、亡くなった藤田先生の夫人も見えていた。みな無言である。目の前に並んだ白い寝棺も、幾つあるのか真っ暗闇でしかと分からない。が、その棺に付けられた名札のひとつに藤田先生の名前が書いてあるのがはっきり見て取れた。

棺の後ろに細長い濠が掘ってあり、その上に2条のレールが渡されていた。依然、誰も言葉を発しないなか、棺はレールの上に移され、やがて一斉に点火された。そしてその火は夜空に赤く燃え上がった……。

以上が「A先生」の手記の大要だが、これら犠牲者の遺骨は、一時工員養成所の講堂に安置され、簡単な慰霊祭ののち

旧舞鶴海軍工廠殉職者鎮魂碑（共楽公園内）殉職者のなかには戦没者182名および工廠空襲で斃れた男女動員学徒が含まれている

各遺族に引取られた。そしてずっとあとになって、これら犠牲者の鎮魂碑を建立すべく、舞鶴の有志が「建立の会」（会長は鶴桜会会員・入江重郎氏）を結成、空襲の33回忌に当たる昭和53年にその碑を中舞鶴の共楽公園に建てた。

この鎮魂碑建立に際し、最も多額の拠金をしたのは、舞鶴の空襲で多くの犠牲者を出した京都市立洛北実務女学校の卒業生で、橋本時代さんという京都在住の女性であった。しかもこの橋本さん、舞鶴の空襲がもとで、全盲かつ難聴という生れもつかぬ身になった人と聞いて舞鶴の関係者は粛然たる気持ちになると同時に、いわん方ない感激に浸ったという（以上、瀬野祐幸氏編著『鎮魂碑物語』から）。

よく闘った在泊艦船（舞鶴の空襲――その3）

無慮90名の死者を出した7月29日の工廠爆撃に続き、翌30日には舞鶴軍港を中心に宮津湾、伊根湾、小浜湾等に在泊する艦船に対して爆撃があった。前日の工廠爆撃は、グラマン2機の気まぐれ的、かつ、短時間のものだったのに比し、この29日の艦船爆撃は、早朝から夕刻まで、延べ230機の艦上機が数次にわたって襲いかかる本格的大空襲で、舞鎮では空襲終了から３時間後の午後８時、次のような発表を行なった。

「１．本30日午前午後にわたり敵小型機約230機数次に分け舞鶴地区へ来襲、主として艦船及び軍事施設に対し爆撃を行ひたるも被害は極めて軽微なり。

２．現在までに判明したる戦果次の如し。撃墜20機、撃破約25機」

この日、舞鶴軍港を襲った米軍機は、機関学校裏手の山上から港内の艦船めがけて次々と急降下、船のマストすれすれまで降りてきて攻撃した。轟音と水煙で辺り一面濛々たるなか、在泊艦船は右に左に移動しつつ実によく闘った。

当日、軍港にいた艦船の名前や隻数ははっきりしないがそのなかの１隻、海防艦沖縄は係留中の病院船氷川丸の隣に繋がれたまま、執拗に来襲する敵機によく応戦、最後にはほとんど水没した艦首でなおかつ高射機銃を撃ち続けてその場に海没し、戦死１、戦傷３を出した。

同艦は舞鎮所属で、イタリア客船“コンテベルデ”（日本名「寿丸」、18,765総トン）を上海から舞鶴へ護衛してきたのち、僚艦と協力して能登沖で米潜１隻を撃沈するなどのほか、海防艦単艦として敵機撃墜17機という最多撃墜艦の栄誉も担っていた。空襲の少し前に修理のため舞鶴へ入港、主機は両舷機ともピストンを抜き出すことになったが、日程の都合で外業工場と内火工場とで片舷ずつを受け持ち、両舷機を同時に解放した。そしてピストン全部を陸揚げしたとき空襲となり、前記のような大奮戦ぶりを発揮したわけで、それを見た修理担当の岩下登内火工場係官は「さすが歴戦の艦だけに違うなぁ」と強い感銘を受けた。

水中高速潜水艦の伊201潜と202潜も当時舞鶴に寄港在泊中で、既述のごとく主機ディーゼル機関のいわゆる「足出し事故」を修理中の伊201潜は、空襲開始と同時に曳船に曳かれて退避潜航し、空襲後に無事浮上した。一方、姉妹艦の伊202潜は、自力で退避潜航したが、艦長の今井賢二大尉（海兵67期）は、呉で開かれた作戦会議からその日の朝ようやく舞鶴へ帰ってきたところであった。敵機の乱舞する下を機関学校のところまでくると、何とわが伊202潜が工廠岸壁を離れて行くではないか。「あれっ」と思いながらも同艦長は工廠岸壁で待ち受け、長い沈座ののち帰ってきた同艦の先任将校から大したことはなかった旨報告を受けて安心したという（『日本海軍潜水艦史』）。

舞鶴軍港から眼を外へ転じると、小浜湾に仮泊していた海防艦高根はこの日の朝、他の２隻の海防艦とともに敵潜掃蕩のため能登沖へ向かう途中で敵の機上機群と遭遇した。そして「若狭湾対空戦」ともいうべき熾烈な戦闘を３時間余に亘って展開し、３隻で敵機４～５機を撃墜したが「高根」は36名の戦死者と40余名の重軽傷者を出し、被害最大艦となった。ために越前岬の西で舞鶴帰投を命ぜられ、帰る途中で米パイロット救出のためか悠々着水している敵の大型飛行艇を発見してこれと交戦した。だが惜しくもとり逃がし「高根」は夜も遅い10時ころ、ようやく舞鶴へ帰投としたという（『海防艦戦記』）。

舞鶴の西の宮津湾には、駆逐艦雪風と初霜がいた。両艦はその日の朝早く来襲した米艦上機30機に対し、狭い湾内をぐるぐる回りながら応戦して５機以上を撃墜したが、「雪風」

は戦死１、負傷者若干を出し、「初霜」はＢ29の敷設した機雷に触れて近くの海岸にのり上げ、沈没を防いだ。

このように舞鶴軍港内外の在泊艦船はよく闘ったものの、大半が沈められたり坐礁したりする一方、各所で軍人、軍属、工員など83名の死者と247名の重軽傷者が出た。このうち工廠の死者は工員３名、負傷者も工員３名で、いずれも流れ弾ともいうべき爆弾５発が造機部機械工場などに落ちたためであった。

ところでこの日の工場の模様はどうであったか。前出の造機部鋳造工場の中西茂徴用工は、退避のため工廠と防空壕の間を何度となく往復したが、退避のとき鐘叩き役だった中西工員は、足が遅いのでいつもみんなの後から走った。そのうち退避した防空壕の上にも250キロ級の爆弾が落ち、中西工員の身体も飛び上がった。けれども頑丈な岩盤の防空壕だったのでことなきを得た。

この日、工廠は早仕舞いだったので午後４時、中西工員は丹後由良の自宅へ向け、同じ方面からの通勤女工10人ほどを連れて工廠を出た。汽車が不通なので中舞鶴から西舞鶴の駅まで歩いたが、その間にも敵機がくるたび、山の木の陰に隠れたりなどした。ようやく西舞鶴駅へたどり着くと、その日の宮津湾空襲で不通となっていた宮津線がちょうど開通したところで、これが最終という列車に辛うじて間に合うことができた（中西茂氏編『鋳造工場の想い出』）。

一方、工廠対岸の軍需部では、これも前出の同部医務科の斉藤元吉書記が「昨日と違って今日は空襲警報の出方がいやに早いなぁ」と思いつつも部下を督励し、午前７時40分ころ退避壕へ逃げ込んだ。やがて身の縮むような大編隊の爆音に続いてキーンという急降下音、次いでドドーン、ドドーンと矢継早な爆撃音。そのたびに防空壕内にはバラバラと土砂が降り注ぎ、みな顔色をなくした。するとすでに南方戦線で空襲の洗礼を受けていた軍医長が、「この濠の天井の土は分厚く、直撃でも大丈夫だからみんな落着け！　今日はどうも海上艦船の攻撃らしいぞ」と、一同を励ました。

そんななかで何回かの波状攻撃音を聞き、空襲警報解除となった12時5分前に壕から出ると「総員急いで昼食をとれ」という庁内放送があった。「この物凄い空襲下、飯なんか炊けたのだろうか」と半信半疑で詰所へ行ってみると、豆飯はちゃんとできていたのでみなびっくり。聞けば責任感旺盛な烹炊長が「腹が減っては戦はできまい」とあの猛烈な空襲のさ中、泰然として釜場を離れず炊き上げたもの、とのことで一同心から彼に感謝した。

食事が終わって一息つく間もなく、またもや空襲のサイレンである。食器を放り出してもとの壕へ飛び込み、「食事の時間だけ休むなんて、いかにもアメリカらしい戦法だ」などと感心し合っているうちにも爆音が近づき、またしても例の波状攻撃である。かくて敵機が完全に引揚げたのは、夏の太陽も大分西へ傾いた午後5時半ころであった。

空襲が終わって岸壁へ出て見た斉藤書記は驚いた。今朝方まで病院船2隻、海防艦や小汽艇が数隻、それに約3,000トンの輸送船等が投錨していた港内では、病院船以外はことごとく傾いたり半沈没の状態だったのである。煙突だけ水面に出しているものがあるかと思えば、いまなお黒煙濛々と火災中の輸送船がある。その船内では積荷の機銃弾が自爆を起こしてパーン、パーンと跳ね返り、折角出動した消火隊も危なくて近寄れない、というありさまであった。また、これら輸送船から近くの岸壁へ泳ぎ着いた船員のなかには、札束をくわえている者もいた、という笑えぬ話もあったけれども、

舞廠岸壁にて空襲で沈没した敷設艇戸島

とにかく軍港にいた艦船は完全に一掃された観があり、惨たるその光景に一同ただ呆然自失だった（瀬野祐幸氏編著『鎮魂碑物語』)。

同じその海面が、腹を見せて浮かび上がったおびただしい魚のため、真っ白になっているのを見てびっくりした工廠の造船工もいる。その魚を「原因がはっきりしているのだから食えるだろう」と誰かが竹で突ついていたが、魚は爆撃で背も腹も細かく砕かれ、それに重油がしみ込んでいて臭いも強く、とても持って帰る気にはなれなかったという（萩原勉氏著『海軍のまち』)。

かくて貴重な資料は残った（終戦時のあれこれ——その１）

さて、富山市郊外の舞廠富山分工場（旧、日本海船渠工業㈱）の造機課にいた岡本孝太郎技術大尉は、８月10日過ぎには終戦を予感していた。そのころ仕事量の激減で暇を持て余した同大尉は、分工場のすぐ前にある海防艦の艤装員事務所へよく遊びに行き、そこの短波受信機でハワイやサンフランシスコからのいわゆる「敵性放送」を聞いていたからである。

その放送は「本日、わが米軍長距離爆撃機の編隊は、四日

市にある日本海軍の重油タンクを何基爆破し、何トンの重油を炎上させた。したがって日本海軍の重油保有量は、残存艦艇の何日分にしか相当しない微量になった」などというようなことをいっており、それを聞く艤装員の士官たちは、「また敵さんの謀略放送か」とせせら笑っていた。

だが、8月6日の広島原爆、8日のソ連参戦、9日の長崎原爆と続き、日本が連合国側のいわゆる“ポツダム宣言”の受諾止むなし、という状態になった8月10日過ぎには、敵側放送は「日本政府はいま、ポツダム宣言受諾をめぐって真剣な討議を交わしています。日本のみなさん、あなた方は日本の民主主義の先覚者・尾崎行雄をお忘れでないでしょう」といったり、「朝鮮のみなさん、日本はいずれこの戦争に負けますから、間もなくあなた方の天下がきます」などというので、岡本大尉は敗戦の予感に襲われざるを得なかった。したがって8月14日の夕方、「明15日正午に天皇陛下の重大放送がある。日本として考え得る最悪の事態に立ち至った模様」という予告を受けたときは「ついに来たるべきものが来たか」という感じがした。

しかし、8月15日のその玉音放送は富山でもよく聞き取れず、二見分工場長は工場の広場に集まった総員に、「ソ連が参戦したことでもあり、みんなさらに頑張って……」式の当たりさわりのない訓示をして解散となった。

岡本部員も「“日本にとって最悪の事態”と聞いていたが、大したことはなかったじゃないか」と、少々拍子抜けしながら事務所で食事をしていると、海防艦艤装員の士官2〜3人がやってきて「いまの玉音放送は、終戦の詔勅ではないか」という。悲憤の涙を流しながらいう彼らの言葉によって分工場でも大騒ぎとなり、ばたばたしているうちにその日の夕方、中央から舞廠を通して機密書類焼却の命令がきた。

富山分工場の各部員の持っている機密書類といっても大したものでなかったが、問題は造船課長・福井静夫技術少佐の所有する膨大な資料であった。それは同少佐が、昭和13年の造船中尉任官前の海軍依託学生時代から収集してきたものというだけに、膨大かつ貴重な資料で、焼却命令がきたとたん「俺の持っているあの資料はわが子のようなものだから絶対に焼きたくない」と、少佐の強調してはばからないものであった。そんな福井少佐に各部員も協力し、「この資料だけは何とか温存しなければ……」と、真剣に考えたが「さて、その方策は……」となるとよい知恵が浮かばず、モタモタしているうちに翌16日となった。

その16日の午前、福井静夫少佐は工場長の二見仲一大佐に、「私の所有する資料は確かに焼かねばならぬ性格のものですが、私は絶対に焼きたくありません」と申し出た。

「いま日本は負けましたが、あと10年も経つか経たぬうちに、日本はふたたび『海軍』とはいわないまでも『海上保安隊』とか、『海上自衛隊』とかいう名の海上兵力が必ずできるはずで、そのとき私のこの資料がきっと役に立つと思います。よし、そのような海上兵力ができなくても、日本海軍は明治初年以来70年、かく建艦技術を磨き、かく滅んでいった、という歴史的史料としても貴重なものと確信します。また、口幅ったい言い方ながら、これほどまとまった資料を持っている人は、海軍広しといえども私以外にはない、と自負してもいます。

そんなこんなで、私としては絶対にこの資料を焼きたくありませんので、ついては工場長は、私がこのようなものを持っていたことを知らなかったことにして下さい。私が責任をもって始末しますから……」

こういう福井少佐の弁舌は、まさに「声涙ともにくだる」といったもので、周りにいた人々はすこぶる心打たれた。そしてまた、人みなボーッとなっている終戦直後に、「あと10年経つか経たぬかで日本にはふたたび海上兵力が復活するはず」といい切った福井少佐の先見の明はさすがであった。そのとおり、日本では戦後5年にして朝鮮動乱の影響から警察予備隊ができ、9年後の昭和29年には防衛庁、自衛隊が発足しているのである。

さて、二見工場長は熟慮のすえ、福井少佐の申し出を全面的に受け入れてくれた。それはよかったが、肝心のブツをどこへ隠すかでまた難関にぶち当たった。焼却すべき軍の秘密資料であり、しかも膨大な量である。工場や艤装員事務所に置いたのでは、ただちに進駐軍の目にとまって押収されるは必定であり、民間人に預かってもらうにしても問題がある。火薬や砲弾のような危険物でないにしても、物騒なものであることには違いなく、量も大量で、あちらに3箱、こちらに5箱という分散保管は避けねばならない——となったら、民間の誰が一括預かってくれようか。

現に、艤装員のなかに富山市近郊出身の兵曹長がいたので、その人に福井少佐自身、頼んだところ、「考えさせて下さい」といって結局断わってきた。岡本部員も下宿していた家がかって回船問屋として栄えた大きな家で、土蔵が2つもあったところから、「あの土蔵でも使わせてもらえませんか」と、頼んだがやはり駄目であった。分工場近くにある尼寺の本堂床下にでも置かしてもらおうか、という話も出たが、「いかに何でも尼寺に頼むのは……」と、これは沙汰やみになった。

福井少佐始めみんなが困っていると、分工場の医務課長をしていた桃井という軍医大尉が、「私の生家の土蔵をお使い下さい」と申し出た。同大尉の生家は富山市の南西約40キロ、秘境五箇山に近い村で古くから開業医を営んでいる家だそうで、3つある土蔵のうち1つは空いているから、しばらくはそこへ入れておいたらどうか——というのである。

「いくら米軍が物好きでも、あんな草深い田舎へまではやってこないでしょうから……」と、桃井軍医大尉にいわれた福井少佐は大喜びで早速トラックを手配し、例の木箱を全部積み込んで桃井医院へ向かわせた。同時に少佐自身も同医院へ出向き、軍医大尉の厳父である桃井院長に懇ろにお願いした。かくて同少佐の艦艇資料は、桃井医院に眠ること約半年、ほとぼりの冷めた翌21年の春ころから逐次、東京の福井氏の自宅へ移されたのである。

以上が福井少佐の、というよりは日本にとってもまことに貴重な艦艇資料が残った経緯だが、そこには偶然ともいうべき数々の幸運の積み重なりがあった。

その第一は、福井少佐がちょうどよいとき、戦災のおそれの比較的少ない富山へ転勤になり、呉工廠が爆撃される直前に荷物を送り出し得たことである。第二には、鉄道もかなり空襲を受けていた時代にかかわらず、資料積載の貨車が呉から富山までの長道中を無事に到着したことであり、第三には富山分工場長・二見大佐が善処してくれたことである。もっともこの二見大佐と福井少佐は、かってシンガポールの工作庁で一緒だったというよしみがあったそうだが、それにしても二見大佐が「どうしても焼け」といったら、福井少佐としてもその命令には抗し切れなかったのではなかろうか。

第四はいうまでもなく桃井軍医大尉の存在である。富山県下の旧い医家の出身であるこの軍医大尉が分工場の医務課長をしていなかったら、そしてまた、この人からの申し出がなかったら、この資料の運命はどうなっていたか計り知れないものがある。

しかし、この貴重な資料が残った最大の原因は、何といっても福井少佐自身の熱意である。「この資料はわが子のようなもの」という福井少佐の燃えるような熱意があったればこそ、幸運の女神もたびたびその頭上に微笑んだのではなかろうか。

人それぞれの動き（終戦時のあれこれ——その2）

8月15日の終戦の日の朝、能登の七尾に向けて舞鶴を後にし、しかも翌日まで終戦を知らなかった、という舞機部員もいる。前出の舞廠七尾出張所勤務の酒井秀雄技術中尉がそれで、同中尉は終戦の数日前、舞鶴へ修理資材や食糧を受け取りに戻り、それを貨車に積み込んだうえ、終戦の日の朝、七尾へ向けて舞鶴を出発した。そのとき酒井中尉は、上司の命令で七尾へ運ぶ軍極秘の図書を一杯つめた大きなリュックを背負い、また、ちょうど七尾出張所の新所長として赴任するという機関科の少佐がいたので、その人の案内役も務めることになった。

さて、新所長と酒井部員は小浜線で敦賀へ出たが、北陸線への乗換え駅であるその敦賀も、空襲にやられて一面の焼け野原である。乗換えの待ち時間の間に昼食をしておこうと、２人は戦災に遭っていない敦賀港の近くまで行って食事を摂ったそのとき、終戦の玉音放送があった。けれども録音の音質が悪く、２人とも何のことかさっぱり分からぬまま北陸線に乗換えた。

両人は芦原温泉（福井県）の水交社で１泊して七尾へ行く予定だったが、車内が混んでいたので互いに別れ別れになり、酒井中尉が芦原温泉への乗換え駅である北陸線金津駅で下車すると所長の姿が見えない。「ははぁ、所長は福井から私鉄でこようと福井で下車されたな」と合点はしたものの、金津から芦原まで１里近くの道を、重いリュックを背負って歩かねばならないことになってゲンナリした。当時、金津から芦原温泉へ行く三国線の鉄路が、鉄材供出のため撤去されていたのである。

やっとの思いで芦原温泉にたどり着いた酒井中尉は、所長が到着していないのを心配して、福井からの私鉄電車が着くたび駅へ迎えに出た。ところが所長はそのころ、ちょっとした手違いから芦原のはるか北方、石川県は片山津温泉の水交社へ行っていたのである。

それとも知らぬ酒井中尉は、芦原温泉駅へ何度も迎えに出たその疲れと、重いリュックをかついで長途を歩いた疲れとで、その夜は電灯を消すのも忘れ、芦原の水交社でぐっすり寝込んでしまった。もちろんその日に戦争が終わったことも知らずに――である。

翌朝、宿の人から「戦争が終わったから電灯をつけて寝てもよいのですね」といわれてびっくり、差し出された新聞の一面に「大東亜戦争終結」とある大きな文字を見て初めて酒井中尉は終戦を知った。
同日、その酒井中尉は金沢駅で所長と落ち合って七尾へ行き、終戦処理に当たった。舞廠七尾出張所の工員は地元・能登の人が多く、大ていは漁業や農林業に復帰する人たちだったので、利用可能な資材は持ち帰ってよいことにして徴用を解除し、同時に軍需部から赤飯の缶詰を放出してもらい、大豆で苦しんだ各自の腹に思い切り赤飯を押し込んだ。しかしその酒井氏は、自分の肩にめり込んだあの機密図書がその後どうなったか、また、どうしたかはさっぱり記憶にないとのことである。
この酒井中尉の行った能登七尾近くの舞廠富山分工場にいた岡本孝太郎技術大尉は、終戦翌々日の8月17日、舞鶴へ向けて富山を発った。それまで舞鶴と富山の間を頻繁に往復していながら、ほとんど使ったことのない昼間の汽車に揺られつつ岡本大尉は、「舞廠富山分工場は何とはかない運命だったことか」と思った。同工場は20年7月1日に分工場の看板を掲げたばかりなのに、それから僅か1ヵ月半、45日後にはその看板を降ろすことになったのだから、そこで苦労した身には、いささかの感懐があったのである。
そのとき、岡本大尉は「もしもの場合に」と、分工場の桃井軍医大尉から渡された少量の青酸カリを懐にしていた。終戦の日に陸軍大臣・阿南惟幾大将が自決し、森近衛師団長が決戦派将校に射殺された。翌8月16日には大西滝次郎海軍中将が自決し、このあとも戦争指導者層の自決の報が相次いでいたので、同大尉は「舞鶴でも高官の1人や2人は自決しているのでは……」と思って帰ってきたのである。だが、舞鶴ではそんな風はさらさらなく、少々拍子抜けした同大尉は、「縁起でもない」と例の青酸カリを早々に処分した。
一方、この年の３月から「蛟龍」の建造実習のため呉工廠へ行っていた舞機外業工場の音桂二郎技術大尉は、舞鶴へ帰任途中で終戦を迎えた。同大尉は呉工廠で実習中、近くの麗女（うるめ）島でＢ29の爆撃に遭ってふっ飛ばされたり、空襲を受けた呉の市街地へ救援に出かけたり、さては広島原爆の翌日、原爆であることも知らずに捜索隊に加わり、炎天下の同市内をトラックで５時間も駆け巡る、というようなことをしていた。しかし同部員はそのころ、３ヵ月予定の呉滞在が４ヵ月を過ぎても艦本から舞鶴帰任の命令がなく、心安らかでなかった。
８月10日ころ、やっと舞鶴帰任の辞令を受け取った音部員はホッとし、帰鶴の途中、西宮の実兄の家で１～２日休息した。そしてそこで終戦の玉音放送を聞いたが、天皇のお言葉はやはりよく聞き取れなかった。しかし「日本は負けたんだな」と大要は理解でき、驚天動地の心地がするとともに、いいようのない虚脱感に襲われた。
また、転勤の途中で敗戦を知った者としてどう身を処したらよいか、音部員はちょっと迷った。「転任辞令は貰っていても、その辞令を出した海軍がなくなるのだから、今日この場で自分は一般世間へ放り出されたことになる。しかし辞令を貰っている以上、戦争遂行の任務はなくても残務整理などはせねばなるまい」と、とにかく舞廠工場へ帰任することにし、音大尉は西宮から舞鶴へ向かう車中の人となった。

Ⅰ章　閉幕期

——昭和20年8月(終戦)から同21年3月(民営移管)まで——

戦後自沈した艦船

終戦直後の潜水艦の出撃騒ぎとは別に、そのころ若狭湾の冠島付近で密かに自沈処分に付された船がある。総トン数6,076トンの海軍病院船・天応丸（別名「第二氷川丸」）がそれで、同船は元オランダの客船で原名は“オブテンノール”といった。昭和17年初めのジャワ沖海戦でわが軍に捕獲され、以後、海軍の病院船として使われていたところ、終戦直後、中央の命により舞鎮が冠島付近で自沈させた、といわれているのである。

ところが戦後も昭和50年代になって、同船には錫や工業用ダイヤモンドなど2,000～3,000トン（時価にして50～80億円）が積み込まれていた、との話から、にわかに引揚げ問題が起こってきた。本船の自沈作業に従事した舞鶴市在住の某氏は、「作業は12人で行なったが、船内には戦傷病者はいなかったし、錫などの軍需品もなかった」と証言しているにかかわらず——である。

自沈といえば、前記日本海船渠工業㈱で建造した海防艦の最終第6艦「第75号海防艦」（昭和20年4月21日竣工）も、日本海で謎の自沈を遂げている。しかもこのフネ、戦後長らく「8月10日大泊（樺太）発、以後消息不明」とされていた海防艦で、戦後「消息不明」とされたただ1隻の海防艦だが、昭和57年5月に「海防艦顕彰会」が刊行した『海防艦戦記』により、初めてその自沈が分かったフネである。

この「第75号海防艦」は20年7月、漁船団をカムチャッカへ護送したのち、北千島の占守島で陸海軍守備隊500名を収容して8月10日同島を出港、終戦5日目の8月20日に小樽に着いて全収容者を下艦させた。その後、生れ故郷の日本海船渠工業㈱で修理すべく小樽を出港、日本海を南下中に秋田沖、新潟沖などで復員希望者を次々下艦させてなおも南下し、目ざす造船所の北東約80キロの海上（新潟県西部・糸魚川市の沖合）に達したとき、なぜか自らキングストン弁を開いて自沈したのである。

ときに終戦8日後の20年8月23日の午前3時ころのことであり、自沈は准士官以上の合議の結果だったという。けれども目ざす日本海船渠工業㈱を目前にして、しかも戦争終結後8日も経っているのになぜ自沈したか、いまもって謎とされているところである。

ところで戦争末期に多くの小艦艇が日本海へきていたことはすでに述べたが、終戦とともにこれら艦艇が続々舞鶴軍港へ出入りするようになった。それにまじって8月24日の夕方、総トン数4,730トンの中型貨客船・浮島丸も舞鶴へ入港してきたが、大阪商船㈱所属の同船は戦時中海軍に徴用され、このときは特設輸送艦として大湊から多数の帰国朝鮮人を乗せ、釜山へ向かう途中であった。

ところが入港した浮島丸は、投錨直前の同日午後5時20分、軍港内の下佐波賀沖約300メートルの地点で触雷沈没し、乗ってきた帰国朝鮮人3,735人

貨客船浮島丸（大阪商船㈱時代のもの）

のうち524人と、乗組みの海軍軍人255人中25人が死亡するという大惨事を惹き起こした。

同船の沈没は、諸般の状況から推して米軍が舞鶴湾内に撒布した磁気機雷に触れたためであることは明らかだが、沈没当時から在日朝鮮人のなかにはこれを疑問視する向きがあった。そして昭和59年に韓国人・金賛汀（キム・チャンジャン）氏が『浮島丸釜山港へ向かわず』を著わし、「浮島丸の沈没は日本政府の指令による自爆ではないか」と世に問うたことはまだ記憶に新しい。

他所（よそ）者と土地者

さて、呉工廠で「蛟龍」の建造実習を終え、舞鶴へ帰る途中で終戦を迎えた外業工場の音桂二郎技術大尉は、8月17日、舞鶴へ帰着し、当時、煉瓦造りの鋳造模型工場の奥の中二階に移っていた外業工場の事務所に落ち着いた。そしてその斜め下にあるコンクリート製カマボコ型の造機部長室へ帰任の挨拶に行き、部長室向かいの作業係へも顔を出した。ところが挨拶すべき早坂浩一郎作業主任が不在だったので帰ろうとすると、そこにいた年輩の部員がある綴りを広げ、これに署名捺印するようにといった。

何のことか分からぬまま署名捺印して表紙を見ると、そこには何と「潜水艦関係戦争犯罪人容疑者名簿」と書いてあるではないか。「俺は一介の技術大尉に過ぎず、戦犯などに指名されるような大物じゃない。さては一杯食わされたか」と音部員は悔やんだが、外業で潜水艦の仕事をしていたことは事実なので、「それをあえて戦犯に問われるのなら致し方ない」と覚悟を決めた。

この戦犯名簿はなぜ作られたのか、あとになってもさっぱり真相の分からない一種のミステリーもので、音氏の想像では恐らく米軍から追及されたときの用意のため、工廠の上層部の誰かが気を利かせて作ったものらしいという。そして4ヵ月半も舞廠を留守にし、周囲の事情をまだよく呑み込めないでいる音大尉が、海軍得意の員数合わせのため、この戦犯名簿に記名させられたのではないかと思う、とのことである。

いずれにしてもこの戦犯容疑のため、音氏は戦後しばらく奈良県の山奥で自動車修理などをしながら自分に対する処置を待った。が、さっぱり音沙汰ないのでシビレを切らし、昭和23年に東京へ出て一つの会社を興した。そしてそれを今日の一流会社、日機装㈱に発展させたわけで、その会長となっている音氏はいう。「因縁というものはまことに不思議なもので、私が戦犯容疑者になっていなかったら恐らく他の同僚と同様、どこかの造船会社にでも就職し、いまごろは定年退職となっていたであろう」と。

それはそれとして、呉から帰った音部員の見る舞廠は、当然のことながら本来の艦船造修の仕事はなくなり、同部員が担当するはずだった特攻兵器「蛟龍」の建造計画も雲散霧消、そして係員や工員の部員に対する妙な噂だけが耳に入ってきた。いわく「○○部員は工員に威張り散らしていたので、終戦と同時に誰もいうことを聞かなくなった」とか、「□□部員は防空壕へ連れ込まれ、部下たちにさんざん殴られた」とか、あるいは「△△部員が姿を見せないのは、米軍の舞鶴進駐を恐れて密かに夜逃げしたかららしい」等々、どれひとつ取っても部員連中には芳しからぬ話ばかりであった。

部員が何人か組になって動いているらしいことは帰任早々の音部員にも分かったが、それは米軍の進駐に備えて工廠内の物資をどこかへ隠そうとか、機密図書類を早く焼却しようとかいった動きのように見えた。

そんなある日、音部員は外業の先任係員・酒井松吉技手に乞われ、ある夜密かに同技手の家を訪ねた。戦前戦中、部員が係員の家へ行く、などは考えられもしないことだったが、酒井技手のたっての希望で出かけて行ったのである。すると酒井技手は、お銚子１本つけた心尽しの膳をすすめながら「音部員、本当にいいときに帰ってきてくれました。今夜はひとつ、私の愚痴でも聞いて下さい」と語り出した。

40年も舞廠に務め「舞廠の主」的存在である酒井技手は、工員から「頑固オヤジ」と畏敬されていただけに、部下を怒鳴りつけたり、無理な仕事もさせてきた。「でも、それはみな戦争に勝つため、と思ってのことでしたが、いま考えると、やはり海軍というものを背景にしてものをいっていたのですね」と、告白する酒井技手はさらに語をついで、

「終戦後は部下もいうことを聞かなくなったのみか、白い目で見る者さえいます。でも、それは工員のことだからまだ許せますが、このごろの部員さんたちときたら一体どうしたことですか。まるで私利私欲だけで動いているふうじゃありませんか」と、今夜の本論のようなものに触れてきた。

工員たちのなかには、このさき舞廠はどうなるか、米軍に占領されたら自分たちはどうなるかなど、真剣に心配している者もいるというのに、部員連中ときたらそんなことにはおかまいなく、ただ私欲を満たさんがために走り回っているや

に見えるのはまことに心外で、そういう部員からそんな行動のための命令を受けても従う気にはなれない、という酒井技手は、さらに言葉を続けた。
「工員の間でも、ずる賢い奴が部員の手先になって甘い汁を吸っているのではないか、などと互いに疑心暗鬼となり、不穏な空気が流れています。そうした工員と部員の間に挟まれたわれわれ係員としては、毎日工廠へ出るのも本当にいやになってしまいます」
こういって嘆息する酒井技手の話で、音部員はしばらく留守にしていた舞廠の係員・工員の考えや動きなどがいくらか分かってきた。部員の大部分はいわゆる「他所（よそ）者」であるのに対し、係員以下の大多数は、この舞鶴の地に根をおろした「土地者」である。だから工廠の将来を心配するのは、これら技手以下の「土地者」の方が遙かに真剣であり、深刻である。それは分かるが当の音部員自身が「他所者」であり、また、終戦という大変化に対して身の振り方も決まっていない現状である。酒井技手ら「土地者」の係員連中の不満にどう答えたらよいか、うまい考えが浮かぶはずもなかったけれども、考え考えして大要次のように話をした。
「いまは終戦直後で誰も気が動転しているだろうし、人々の行動にも常軌を逸した面があろう。だから部員のなかに妙な動きをする人もいようが、かといってそれは私利私欲で動いているのか、米軍の占領に対応して物を移動させているのか、真意は分かりかねる。あなた方に対しても、今後どうしたらよいかなど私としていえるはずもない。
ただ、いえることは米軍がこの舞鶴を占領し、戦犯を追及するような事態になっても、それはまず高等官の身分の者に限り、高等官でも文官の技師には禍は及ばないであろう。だから判任文官である技手・工長のあなた方には、絶対に生命の危険はないと思う。

米軍がこの工廠を何らかの形で利用しようとするときは、事情を最もよく知っているあなた方に協力を求めてくるだろうが、そのときも無益な反抗さえしなければ、酷い仕打ちはないだろうから、安心してよいと思うよ」

このようなことがあったのち、音部員も物資移動の雑用などに駆り出されたが、工員たちの白い目を見ると、やはりいい気持ちはしなかったという。

軍刀量産計画の結末

既述のように音桂二郎外業部員は、呉工廠に派遣されていたとき、広島原爆の翌8月7日に同市内をトラックで長時間走り回っていた。そのせいか、舞鶴へ帰ったころから頭髪が抜け出し、それが原爆の影響であることはうすうす分かっていたので、ある日、工廠の医務室へ相談に行った。

医務室の軍医もそれと知ってはいたものの、治療法までは分からず、「毎日できるだけ多く重曹を飲むほか、ドクダミでも煎じて飲んだらどうか」という。ドクダミはさておき、重曹は一応理に適っているように思ったので、音部員は毎日コップ1杯くらいの重曹を飲んだ。が、そのうち胃の調子がおかしくなり、毛髪も抜けなくなったので重曹療法は中止した。

他方、鍛錬工場係官・武井富士弘技術少尉は、舞鶴着任以来3ヵ月間、1日も休んでいないことに気付き、戦後1日だけ休んだ。

この武井少尉のいる独身士官宿舎では、８月の下旬ころ、「ソ連がきたら士官はみな沖縄へ送られるだろう」という噂が拡まった。そこで同少尉は、同期の組立工場係官・三輪国男技術少尉にトラックを持ち出させ、自分は寮から米１俵貰って２人で長野県へ逃げ出そうと真剣に考えた。けれども２〜３日後、某中尉に説教されてこの逃亡計画は幻に終わった。

そのころ、中央の高位高官者だけでなく、地方の兵科少佐すら自決した、という話が伝わってきた。この年の５月まで１年とちょっと舞廠長を務め、終戦時は大阪の海軍監督部長であった森住松雄中将が９月２日に自決したというニュースも流れた。そんなニュースを聞いた武井少尉は死を覚悟し、遺書をしたためて故郷の甲府へ送るとともに、「久子を連れてすぐこい」という電報を母親あてに打った。「久子」というのは、同少尉が結婚相手として決めていた女性である。

遺書を見てびっくりした母親は、許婚者ならぬ武井少尉の実妹を連れて舞鶴へ飛んできた。だが、息子が元気でいたので安心し「早まったことだけはしないで……」と哀願するようにいって帰った。それでも武井少尉は同期の古川徹少尉と切腹の作法を話し合ったりなどしていたけれど、そのうち何となく死ぬ気を失くし、ある夜２人で飲めないビールを飲んで酔いつぶれてしまった。

後年、武井氏は述懐していわく。「海軍生活は夢のまた夢であったけれども、とにかく海軍の１年間は、新聞を読んだ覚えが全くない。ただもう、月月火水木金金の明け暮れで、１日１日が大変であり、私の人生で一番変化の多い日々であった」と。

ともあれ、このように舞廠が混乱していた８月下旬、さきに造機部の野村大一郎器具工場主任が軍刀作りを命じた福井県武生の軍刀製作組合の代表者たちが、その野村少佐を訪ねて舞廠へやってきた。納入ずみの軍刀と、仕掛り品の工事費請求のための来廠で、経費請求の交渉だから、技術官の野村少佐が対応するのは筋違いといえたが、終戦直後の舞廠では軍刀問題の後始末どころの話でなく、やむなく野村主任１人が対応に当たり、次のごとく彼らに諄々と説いた。

「敗戦後はカネではなくモノだ。あなた方には燃料、工具鋼等の官給資材は仕掛り品の分も含めてすべて無償で提供するから、それで工事代金はキャンセルということにしてほしい。そしてこの無償資材を活用してもとの農器具生産に立ち戻り、農業復興の力となって貰いたい」

いわれて彼らは喜んで帰り、彼らに無理な仕事をさせた野村主任も、これでいささかなりとも罪滅ぼしができたような気がして、胸のつかえがいくらか下りた。と同時に野村主任は、まことに不本意な結果に終わった軍刀緊急量産計画ではあるが、ものは考えようだと思った。

「こんな軍刀が実戦に使われるような事態となったら、終戦はさらに悲惨な形で訪れたであろう。だからこの計画が龍頭蛇尾に終わったのはむしろ幸せ、もって冥すべしだ」と。

このような終戦直後の混乱と物資不足のなか、すでに舞廠を離れていた吉村常雄技術大尉の尽力で、造機部員１人１人に弁当箱１杯のサッカリンの配給があってみんなを喜ばせた。また、仕事のなくなった鋳造工場では、石臼ならぬ鋳鉄製の鉄臼を作り、造機部員各自に１セットずつ配ったりなどした。

「鶴桜会」の誕生

さて、各海軍工作庁では、終戦とほぼ同時くらいに徴用工員の徴用を解除し始め、舞廠でも8月18日ころから徴用工の帰郷が始まって、廠内は日1日ガランとなっていった。

陸海軍の実戦部隊でも8月23日から兵員の復員が始まっていたが、工廠の技術科士官に対しては、中央からなかなか司令がこなかった。しかし、いずれはみな復員しなければならぬことに変わりはなく、それを見越した造機部の独身士官宿舎では「やがてみんなバラバラにならざるを得ないが、われわれ舞機にいた若手技術科士官だけでもあとあと連絡を密にしていこう」と申し合わせ、現在の舞機高等官の親睦会「鶴桜会」の前身であり、名称も同じ「鶴桜会」なるものを結成した。「鶴桜会」という名称は、「舞鶴」の「鶴」と海軍のシンボルの一つである「桜」を組み合わせたものであることは断わるまでもなく、結成時のメンバーは、松本義彰技術大尉（第10期短現）、山本新弥技術大尉（第32期永久）ら、53名の造機部独身士官であった。

これよりさき、この士官宿舎では誰からともなく「十九の春」という歌が歌われていた。西条八十作詞、ミス・コロムビア（？）歌うところの「流す涙も輝き満ちし／あわれ十九の春よ春……」という甘ったるいこの歌は、そのころから4〜5前にはやったものだが、感傷的なそのムードが敗戦に打ちひしがれた青年士官の心情にピッタリだったのか、「だらしない」とかいう声もなく、スンナリとみんなに受け入れられ、「鶴桜会」ができると「これぞわが鶴桜会の歌」とばかりその「会歌」にしてしまった。

そうこうしているうち、20年9月には東京湾の米戦艦ミズーリ号上において日本の降伏調印式があり（2日)、次いで占領軍総司令部から東条英機元首相ら、戦犯容疑者の逮捕が指令された（11日)。9月27日には天皇陛下が総司令部にマッカーサー元帥を訪問された。

その前後の9月中旬、いよいよ技術科士官からも復員者が出るようになった。その第1号はやはり舞鶴へ最も遅くきた浜名海兵団組の面々で、これら復員士官は、所属の工場で昼食休憩時間などの折、集まった係員・工員に挨拶するだけで退庁していった。かってのように、庁舎前で手空きの各部部員から挙手の礼や「帽振れ」で見送られる、といった晴れがましい退庁風景は見られず、敗戦の当時の帰結とはいえ、まことに寂しい限りであった。

しかしこの復員士官には、従来と同じ国鉄の二等車4割引きの「公務運賃割引証」(写真）が与えられ、人によっては、粗末なものながら「解員証明書」なるものも交付された。

また、前出の三輪国男技術少尉のように、退職金ならぬ退職賞与を支給された人もいる。ただし同少尉の場合、海軍から安田銀行東舞鶴支店振込みで1,675円の退職賞与が支給された、との支給票（20年10月20日付）を1枚貰っただけで、現金の顔は見ていないという。さらに三輪氏は、この安田銀行（のちに「富士銀行」と改名）と全く取引きがなく、問い合わせもしていないので、この金はどうなっているか全然知らないとのことである。

それはさておき、東舞鶴・森の造機部独身士官宿舎では、続々と出る復員者に対してその都度、盛大な送別コンパを開き、よく呑み、よく歌った。けれどもそれは復員者を送ると

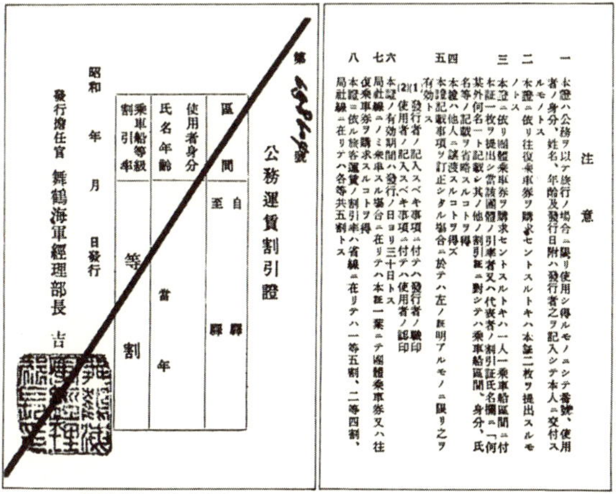

第　　號

公務運賃割引證

區間	自　　驛 至　　驛
使用者身分 氏名年齢	當　　年
乘車船等級 割引率	等　　割

昭和　　年　　月　　日發行

發行擔任官　舞鶴海軍經理部長　吉

注意

一　本證ハ公務ヲ以テ旅行ノ場合ニ限リ使用シ得ルモノニシテ番號、使用者ノ身分、姓名、年齢及發行日附ハ發行者之ヲ記入シテ本人ニ交付スルモノトス
二　本證ニ依リ往復乘車券ヲ購求セントスルトキハ本証二枚ヲ提出スルモノトス
三　本證ニ依リ團體乘車券ヲ購求セントスルトキハ一人一乘車船區間ニ付本証一枚ヲ提出シ當該團體ノ引率者又ハ代表者ノ割引証氏名欄ニ「何某外何名」ト記載シ其ノ他ノ割引証ニ對シテハ乘車船區間、身分、氏名等ノ記載ヲ省略スルコトヲ得
四　本證ハ他人ニ譲渡スルコトヲ得ズ
五　本證記載事項ヲ訂正シタル場合ニ於テハ左ノ証明アルモノニ限リ之ヲ有効トス
(1)發行者ノ記入スベキ事項ニ付テハ發行者ノ職印
(2)使用者ノ記入スベキ事項ニ付テハ使用者ノ認印
六　本証ノ有効期間ハ發行ノ日ヨリ三十日トス
七　本證ハ局社線ニノミ乘車スル場合ニ在リテハ本証一葉ニテ團體乘車券又ハ往復乘車券ヲ購求スルコトヲ得
八　本證ニ依ル旅客運賃ノ割引率ハ省線ニ在リテハ一等五割、二等四割、局社線ニ在リテハ各等共五割トス

表面（斜線は実物では赤）　　裏面

公務運賃割引証

いうよりは去る者、残る者の虚無感を払いのけんとするかの趣があった。そしてそのころ、どうした風の吹きまわしか、寮では渡辺造機部長、早坂作業主任、一藤敏男鍛錬主任、石川重吉設計係技師らを一夕、食事に招いた。そのとき酔った一藤鍛錬主任が、「サーカスのジンタのマネだ」と、トロンボーンを吹く手つきよろしく「パーパパア、パーパーパー……」と大声でやり出し、たちまち「一藤パーパーさん」なるニックネームを奉られた。

その一藤鍛錬主任の下にいた高田良一技師は、９月29日に依願免官となり、29年に及ぶ海軍の技術者生活に終止符を打った。月が替わって10月の５日には、武官に転官していた稲場貞良技術大尉が退官した。かくて10月も中ごろになると、造機部の部員は寥々たるものになり、若手士官も比較的古参の大・中尉５〜６人のみとなった。そしてこれら残留士官はいつの間にか帯剣をはずし、丸腰となっていたが、その残留士官の１人、岩下登技術大尉は、短剣をはずすことに非常な抵抗感を感じた。海軍のスマートさからはおよそ縁遠いあの第三種軍装にはついに馴染めず、早々にそれを脱いだ岩下大尉ではあったが……。

そのころのある夜、この造機部残留部員が打ち揃って宮津へ清遊に出掛けたことがある。しかしそれは、美女を侍らせてどうのこうのというイキなものでなく、ただただ新鮮な海の幸で鱈腹呑み、かつ食べようという文字どおりの「清遊」で、翌朝は仕事に間に合うよう、早々に朝帰りというわびしいものであった。

またそのころ、かって舞鶴の造機部長だった艦本の甘利義之技術少将がヒョッコリ古巣へ顔を見せた。当時、模型工場の裏山あたりにあった部員食堂で残留部員と昼食をともにしたが、そのとき、この甘利少将は吐いて捨てるようにいったものである。「今度の敗戦は、陸軍幼年学校出身者と東大法科出身者の犯した大罪だ」と。

急ぎ復員艦船を整備せよ

これまで述べきたったとおり、終戦によって舞廠も混乱と虚脱の極に陥ったが、さりとて舞廠はこの間、何もしないでいたわけでないことはもちろんである。終戦直後から細々ながら復員艦船の整備をやっており、その第１号が内火工場係官・岩下登部員の担当した第21号駆潜艇であった。

終戦直後、数隻の潜水艦が旗差し物を押し立てて舞鶴軍港を出撃するやら、艦船みな復員を急ぐやら騒ぎのなか、公試排水量460トンのこの小さな第21号駆潜艇では、艇長以下ほとんど総員がそのまま残り、「われわれの武装解除は仕方がない。それより朝鮮でひどい目に遭っているという同胞救出のため、一刻も早く釜山へ急行しなければ……」と、解放中の主機（「マ」式内火機械で２基合計1,700馬力）の復旧にかかり出した。同艇は終戦のその日に、主機のピストン全部を修理のため陸揚げしていたのである。

このような艇を挙げての張り切りぶりに担当の岩下部員らも大いに感激、全面的に協力して試運転をすませ、８月20日過ぎに同艇を出港させたがそのとき、岩下部員は「人間愛の極致」というものを見る思いがし、また、「帝国海軍は不滅だ」との感を深くしたともいう。

次に、外業工場の山本新弥技術大尉が担当した病院船氷川丸の緊急整備がある。同船は日本郵船㈱所属の貨客船で、姉妹船の日枝丸、平安丸とともに日本郵船の「Ｈクラス」といわれた優秀船で、総トン数11,622トン、主機はオランダのＢ＆Ｗ社製の４サイクル複動ディーゼル機関２基２軸の合計11,000馬力、そして通常の航海速力は16ノットであった。

この氷川丸はいま、横浜の山下公園の一角に係留され、海事思想の普及に一役買っているが、戦前は昭和５年の竣工以来、日本郵船のシャトル航路定期船として活躍し、戦争中は海軍の特設病院船となってい

海軍の特設病院船時代の氷川丸

て、舞鶴で終戦を迎えた。
真っ白な船体の前後部２ヵ所に赤の十字を大きく描いたこの大型貨客船は、薄汚れしてはいるものの見た目に美しくし、また、駆逐艦や海防艦など、いわゆる「毛ジラミ艦隊」しかいない当時の舞鶴軍港では、まさに「港の女王」ともいうべき存在であった。絵心のある岩下登部員などは士官宿舎でよく本船の絵を描いていたものである。
この氷川丸の修理に当たる舞廠の関係者は、船ではデッキハウスからエンジンルームへ降りるエレベーターがあるのにまず驚いた。そしてそのエレベーターを出ると、両舷に坐っている主機ディーゼル機関が、海軍の内火機械とは較べものにならない大きさなのにまた驚いた。けれども小山のようなこの主機の出力が１基5,500馬力、両舷合計で11,000馬力と聞き、これまた海軍の常識からすれば意外に小さいパワーなのに誰しも三たび驚いた。
このように本船の主機は、通常の海軍艦艇のものと大分勝手が違っていたので、修理を担当した山本部員もかなり苦労したようだが、８月末に工事完了、外地の傷病者を迎えに舞鶴を出港して行った。
このような復員艦船の整備が「復員艦艇緊急整備工事」として本格化したのは、９月下旬からであった。つまり「急ぎ復員艦船を整備せよ」というわけで、それは20年９月15日に連合軍総司令部（ＧＨＱ）の発したいわゆる「続行船工事」（終戦時に施工中だった新造船の継続工事）と、損傷船舶の緊急修理を許可する旨の指令に基づくものであった。これにより舞鶴鎮守府では、その第一次として９月20日付で「国後」「奄美」など５隻の海防艦の工事予定を発表し、９月

24日に第二次として海防艦５隻、さらに翌25日に第三次として軽巡酒匂ほか海防艦６隻の工事予定を発表した。

舞廠が行なうこれら整備艦艇の個艦の工事量は微々たるものであったが、何しろ数が多い上に工期が短く、各艦の入渠日や係留場所が猫の目のように変わるので、外業現場の若手部員は文字どおり東奔西走させられた。当時、造機部の独身士官の多くはすでに復員し、艦艇の現場を走り回れる若手部員といえば平岡正助、山本新弥、岩下登、岡本孝太郎、大丹生隆の各氏くらいしかいないのに、工期切迫で深夜業や徹夜をしなければならぬこともたびたびで、「これじゃあ戦争中より忙しいじゃないか」と互いに顔を見合わせた。

そのころ、これら若手部員のうち、組立工場の平岡部員はすでに若狭高浜に世帯を持っており、機械工場の川井彰部員は中舞鶴の自宅から通勤、残る山本（新）、岩下、岡本の３人の独身者は、士官宿舎の閉鎖に伴ってあちこち頻繁に宿替えをさせられた。森の工員寄宿舎から北吸の部長官舎、果ては中舞鶴上通りの若宮神社前にあった元女工員の寄宿舎に移されるなど、それはまさに終戦直前の「毛ジラミ艦隊」で開かれたように、「天が下には隠れ家もなし」の状態であった。また、これら３人の残留独身士官は「食糧手帳」なるものを持っていないので米の配給は受けられず、エサ集めのベテラン・鞍掛嘉秀技術大尉もすでに復員していたので、止むなく自由に買える松茸と柿で露命をつないだ。その年は松茸と柿が大豊作だったので助かったのである。

さて、10月に入ると、今度は15隻に及ぶ行動不能艦艇の処理が鎮守府から発表された。それは潜水母艦長鯨を始めとして、駆逐艦では「雪風」「初霜」など３隻、海防艦では

「八丈」「粟国（あぐに）」など10隻と、それに敷設艇の「戸島」であって、舞鶴湾、宮津湾、小浜湾、七尾湾等にいるこれら損傷艦艇のうち、損傷が比較的軽微な「長鯨」「雪風」および２隻の丙型海防艦は、１ヵ月前後のうちに修理をして復員用に使用し、その他の艦艇は、損傷甚大のため「放棄または解体」としているものであった。

11月に入ってからは艦艇より商船の整備の方が多くなったが、いずれにしても同月末まで数次の工事予定表に記載された艦船は、軍艦では「長鯨」「酒匂」の２隻、駆逐艦は「雪風」「楠」等６隻、海防艦は「占守」「国後」等の19隻と駆潜艇１隻、そして商船は18隻で、以上合計46隻となっている。このあと、年末にかけて整備艦船は漸減したものの、舞廠では終戦からその年の年末までのわずか４ヵ月余の間に、60～70隻の復員または掃海用艦船の整備を行なったものと推定される。

舞鎮の工廠処理案

舞廠造機部の外業工場主任・安武秀次中佐が英国駐在の英語力を買われ、戦後ほどなく舞鶴鎮守府出仕を命ぜられて占領軍との連絡業務に当たるようになったことは、ずっと前に記したが、その安武中佐があるとき、「特攻基地の兵器はすべて工廠埠頭に集めよ」という米軍の指示で、鎮守府首脳と視察に出かけた。すると目の前でその１隻（「蛟龍」か）が沈んでいくではないか。わけを聞くと、プロペラの軸がつながっていなかったためらしく、担当の若い技術少尉がベソをかいていた。それを見て安武中佐は考えた。

「兵学校、機関学校、経理学校の海軍三校数千人の卒業間近

な生徒や若い少尉たちは、すでに旧制高校卒業の資格を与えられ、進学の道も開けているというのに、いま目の前にいる若い技術少尉らは、進学するにも就職するにも、しかるべきよりどころがない。その上、海軍でこんな大ミスをやらかしたとあれば将来、決して好結果は得られまい」と。

かく考えた安武中佐は、「彼らの進まんとする相手方には、私の教育が足りなかったと話して何とかするから、海軍として今回のことは不問に願う」と、司令部の首脳に謝って一応のケリをつけた。

ところで、安武中佐の肝心の仕事といえば、舞鎮内に設けられた旧軍財産の転換活用のための委員会委員としての業務であった。この委員会は「処理委員会」といわれ、安武中佐自身の提案で設けられたものであった。すなわち終戦後、すべての軍の施設と物資は、ひとまず内務省所管の国有財産となったので、その転換活用を図るには内務省との折衝が第一であり、それにはそれを専門とする委員会を設けなければ……という安武中佐の提案で、舞鎮内に同委員会が設けられたのである。その提案者だけに安武中佐は同委員会で縦横の活躍をしたが、同中佐としては舞廠は世帯が大きいので、中央処理を適当と思いつつも、引受け手は小企業でもよい、何とか地元の造船会社１社に絞りたいもの、と考えていた。

そのころ、舞廠を希望する企業には、舞鎮の望む造船会社はほとんどなく、すべて商事会社であった。当時、国内の有力造船会社は、自社の建て直しと激しい労働攻勢のため手を出しかねており、また舞廠を望む商事会社にしても、舞鶴は日本海側の田舎町であることから、工廠の施設そのものよりは、舞廠の有する資材の方により魅力を感じている様子であった。そんなところから安武中佐は「舞廠の引受け手は小企業でもよい、何とか地元の造船会社１社に……」と考えたのだが、結果はそのとおり地元の飯野産業㈱が引受けることになり、同中佐は安堵の胸を撫で下ろした。

ところでそのころ、米軍と折衝に当たる人は物資不足の一般世間からすると、とかく派手に見え、あらぬ非難中傷の的となった。安武中佐もその例外でなく、連合軍総司令部（ＧＨＱ）の特高へも、同中佐関係のそんな投書が行ったか、あるとき、そのＧＨＱの特高と称する連中がやってきて安武中佐を責め立てた。いくら責められてもない証拠は出せないので、中佐が頑張っていると、彼らは安武中佐の月給や司令部職員の手当などを聞いてきた。

私財うんぬんとなるとプライバシーに関することなので、安武中佐は上司の了解を得て鎮守府職員の貯金通帳を見せると、そこには将官級で10,000円前後、大・中佐級で6,000円から8,000円、少佐級で4,000円から5,000円の貯金となっていた。それを見た彼らは、初め「ふふん」だった顔付きが「うーん、清貧だな」という顔に変わり、厳しい公務訊問をしたお詫びにか「ご苦労だった」といった。

このＧＨＱ特高連の顔付きが変わったとたん、安武中佐は「ゴルフではFair Wayさえ外さなければ、さほどスコアを崩すことがないのと同じように、わが国ではこれだけの収入があれば結構Faie Lifeは送れるよ」といった。その言葉で彼らはようやく笑みを見せ、納得して帰って行ったという。

上田博部長着任す

舞鶴鎮守府が工廠の処理を考えていた昭和20年の10月こ

ろ、当の舞廠では、「この工廠のあとは、どうも飯野産業が引受けるらしい」という噂が流れていた。そしてそれが真実味を帯びてきた20年11月初旬、艦本五部の首席部員・上田博大佐（海機32期―大正12年卒）が造機部長として舞廠へ赴任してきた。

上田大佐にとって舞鶴転勤は寝耳に水だったので、家族は疎開先の千葉県佐倉市に残したままの単身赴任だったが、着任してみると舞廠は終戦後すでに2ヵ月余を経過していたせいか、予想外に落ち着いていた。最盛時には本工、徴用工、動員学徒、女子挺身隊員などで40,000人にも膨れ上がっていた工廠の全従業員も、わずかその6％、2,500人に激減していて、寂しいくらい静かであった。

上田部長着任記念（昭和20年11月）
後列左から
大丹生技師、平岡技大尉、一藤技師、山本技大尉、岡本技大尉
前列左から
三好技少佐、早坂技大佐（作業主任）、上田大佐（造機部長）、倉持少佐、入江技師

造機部でも、渡辺敬之助前部長はすでに大湊の工作部へ転出しており、幹部としては、作業主任の早坂大佐を筆頭に倉持、三好、野村の各少佐、平岡、山本、岩下、波多野、岡本の各大尉、それに一藤、入江、大丹生の各技師ら、計10数人が残っているに過ぎず、独身士官だけでも50名を超えた終戦直前の盛況は、想像だにできないありさまであった。

そのころ造機部では、復員船の整備作業のほかに魚雷や機雷、その運搬器具等、いわゆる「残存兵器」の廃棄という仕事があった。この残存兵器の廃棄作業は、海軍機関学校跡へ進駐してきた米海兵隊工兵第4特別大隊の指令によるもので、本来の造機とは全く別のこの仕事のため、大型プレスやガス切断の作業で、造機部は大変忙しかった。

上田部長は毎日、廃棄処分に付した兵器類の名称と数量はその日の夕方、米軍のところへ報告に行くのが日課のひとつとなったが、出かけるこちらは大佐なのに、先方の担当者は大尉だったので、いつも馬鹿馬鹿しい思いが先に立った。せめてもの慰めといえば、こちらは丸腰とはいえ一応大佐の襟章を付けていたので、先方から先に挙手の礼をしてくれることくらいであった。

そんなある晩、山本、岩下、岡本の3大尉が、北吸の官舎に上田部長を訪ねてスキヤキ鍋を突ついた。そのとき、部長の英国駐在話が出、「この自動巻き腕時計も英国駐在中に買ったものだよ」と聞いて3人の大尉はびっくりした。いまでこそ腕時計はほとんどが自動巻きだが、40余年前のそのころ、いや、それを遡ることさらに数年前、すでに上田部長はそれを英国で、しかも部長の下宿へ訪ねてきた時計のセールスマンからいとも気軽に購入していた、というのだから驚きであった。
それはとにかく、この上田部長着任20日ほどのちの昭和20年11月30日に海軍省が廃止され、同時に舞廠も廃止となった。そして翌12月1日発足の第二復員省のもと、舞廠は「舞鶴地方復員局管業部」として新発足した。
上田大佐は引続き同管業部の造機課長になるのだが、いずれにしても舞廠最後の造機部長は、この上田博大佐であり、また、上田氏は舞鶴との因縁浅からぬものがあった。その辺の事情は、『舞機の記録』に寄せた上田氏の所感によって見ると、次のようなことになる。
「ずっと昔、私の祖父・植松千春と父の上田健三郎は、ともに舞鶴で日露戦役の戦勝に酔った。当時、祖父の植松千春は海軍書記として舞鶴鎮守府に勤務しており、父の上田健三郎は海軍技手で、舞鶴工廠に勤務していたのである。
しかるに三代目の私は、終戦後の数ヵ月という短期間ながら、同じ舞鶴で帝国海軍の跡始末という苦渋の日々を送ったわけで、それを思うと少々情けない気持ちがする。しかし、何といっても舞鶴と私とは、浅からぬ因縁で結ばれていると痛感せざるを得ない。
なお、舞鶴工廠第2船渠の側壁銘板にある『竣功　明治三十七年三月』なる文字は、舞鎮の書記であったわが祖父、植松千春の筆に成るものである」

舞廠の終幕

さて、昭和20年11月30日の海軍省廃止とともに、舞廠も明治34年10月1日の創業以来、44年目にしてその輝かしい歴史に終止符を打った。かえりみれば同工廠は、途中ワシントン軍縮条約のあおりでかなり長期間（大正11年から昭和11年まで14年間）工作部に甘んじる、という他の工廠に類例のない辛酸を嘗めているほか、これまで縷々述べきたったような曲折を経て、ついに昭和20年11月30日、静かにその幕を閉じたのである。

冒頭でも述べたように、舞廠は小なりといえども駆逐艦の専門工作庁として非常に特色のある工廠であり、特に造機部においてしかりであった。というのは、舞鶴が専門とする駆逐艦は、高速を生命とする艦種だけに、小さな船体に大馬力の機関を搭載していたが、その大出力機関を製造し、その艤装工事を仕事としていたのが、ほかならぬわが造機部だったからである。ちなみに艦艇の機関重量は、戦艦では扶桑型戦艦で排水量の約10％、巡洋艦は那智型で約20％に過ぎないのが、駆逐艦では排水量の実に60％前後にも達していたのである。

また、駆逐艦は、駆逐隊を編成して敵の主力艦に肉迫攻撃を加える、という使用目的から、同型のものをある一定数揃える必要があったがその点、小型で建造費が安く、建造期間も短くてすむ駆逐艦はそれに向いていたのみならず、この面で駆逐艦はまた、日進月歩の軍事技術によく対応できる艦種でもあった。すなわち、軍事技術の進歩により、艦艇用機関も次々と新型高性能のものが現われるから、これら新型式機関は、短期間で多量にできる駆逐艦にまず搭載し、実績を積んだ上で巡洋艦、戦艦に順次搭載していく、というのがわが国はじめ列強海軍国の常套手段であった。

したがってその駆逐艦を多く手がけ、しかもわが海軍の新型式駆逐艦の第１艦をほとんど全部担当した舞廠、とりわけそこの造機部は、特徴的な部門といえたのである。元海軍技術少佐で終戦前後に舞廠造船部員であった艦艇の神様・福井静夫氏も「舞廠といえば造機部」といっていることは冒頭で紹介したとおりである。

また、前出の鶴桜会会員の1人、曽我清氏（海機31期—大正11年卒）も、「舞廠造機部は非常に特徴のあるところだけに、造機官はいざ知らず機関官の場合、優秀な人材は若いときにまず舞機に配属されたものである」といって、最後の艦政本部長・渋谷隆太郎元中将を始め、吉成宗雄、石井常次郎、都築伊七、足立助蔵、鈴木重初（しげもと）ら各氏の名を挙げているが、そういう曽我氏自身、少壮にして舞廠造機部に配属（設計主任）された優秀な人であることは、断わるまでもない。

舞鶴管業部となる

昭和20年11月30日に閉幕した舞廠は、翌12月1日から「舞鶴地方復員局管業部」となって管業課、造船課、造機課および計電課が置かれ、意欲も新たに復員艦船や一般商船の修理を開始した。この時点で残留の現役軍人は、全員予備役に編入されると同時に、即日充員召集を受け、第二復員官として舞鶴管業部部員に補せられた。管業部長には今田乾吉氏が就任し、前造機部長の上田博大佐は、造機課長を命ぜられた。

その上田課長にとって、日本海沿岸の越冬生活は初めてのことであった。寒さとどんよりした空模様の連続には閉口したが、そんなうちにも年が改まって昭和21年になると、元旦早々に天皇陛下の神格否定宣言があり、2月10日には新

舞鶴地方復員局管業部の幹部
2列目左から2人目に入江重郎氏、次いで倉持昌信氏、3人おいて一藤敏男氏、1人おいて平岡正助氏、3列目右から4人目に大丹生隆氏ら、旧舞廠造機部部員たちの顔が見える

円と旧円の切り替えが行なわれた。そして舞鶴管業部が飯野産業㈱によって運営されることがほぼ確実になった3月上旬、上田課長は第二復員省への転勤内命を受け、その打合わせのため夜行列車で上京した。

知られるようにそのころの列車は冬でも暖房がなく、窓ガラスも破れたりしていたため、上田課長は車中で風邪を引いたような気分になった。そこで翌朝、東京駅から本省へ出頭する予定だったのを見合わせ、家族の住む千葉県の佐倉市へ向かった。家へ着いたときは大分気分が悪くなっていたので急いで就寝したが、翌朝から高熱を発し、以後約2週間、人事不省に陥って、いわゆる「上田課長行方不明事件」なるものを起こしてしまった。

病気は発疹チブスで、担当した医師の話では、回復見込みのないものだったという。が、心臓が強かったから助かった由で、もし酒呑みだったら到底駄目だろうという重病であった。

人事不省でいること2週間、ようやくにして意識が回復したとき、周りの人たちは、高熱による脳の障害が起こらなかったことを一番喜んだというが、当の上田氏は意識回復後も、しばらくは脳に何らかの障害が残っていたのではないかと、いまだに疑っている由である。というのは、人事不省になってからほぼ1ヵ月、ようやくベッドの上に上体を起こせるようになった4月になってもなお、自分がいま舞鶴から本省への出張途上にあることに気付かなかったからで、それに気付いたのは、そのころ舞鶴管業部造機課の四方書記が訪ねてきたときだったという。

「やはりここでしたか」と、リュックサックを背負って来訪した四方書記は、「課長のご出発以来、本省からは“まだ出頭しない”、舞鶴からは“確かに上京しました”の繰返し電話の毎日で、一体どうなっているのか、上田課長行方不明か、などとみな困っていました」といったが、その言葉で初めて自分がいま、東京への出張途中であることを思い出したという上田氏は、「この一事をもってしても、意識が回復したとはいえ、なおしばらくは脳に何らかの障害が残っていたと考えざるを得ないのである」と述べている。

それはとにかく、意識回復後、上田課長は早速現状を第二復員省に報告、この状態では全快しても舞鶴勤務はできない旨を申し添えた結果、5月6日付で第二復員省出仕の辞令が出、次いで5月25日に充員召集を解除されたという。

鶴桜会名簿

—昭和63年10月1日現在—

▲印は物故者を示し、※印は生死不明者を示す。

機関科士官（機関学校卒業年次順）

氏　　名	生年	機関学校卒業年次	舞廠造機部における配置
▲ 牧野　豊助		8・9期（明34卒）	造機部長（大8ころ）
▲ 村田豊太郎		12期（明37卒）	造機課長（昭2ころ）
▲ 中道　忠雄		16期（明41卒）	造機課長（昭2～3）
▲ 守谷七之進		〃	機械主任（大12）
			造機課長（昭5～6）
▲ 吉成　宗雄		〃	造機課長（昭3～5）
▲ 石井常次郎		18期（明43卒）	製缶主任（昭7）
			舞鶴工廠長（昭15）
▲ 渋谷隆太郎		〃	設計主任、作業主任（昭2～5）
▲ 都築　伊七		〃	機械主任（昭3～5）
▲ 梯（かけはし）秀雄		19期（明43卒）	造機課長（昭9～11）
▲ 三好　康方		22期（大2卒）	造機部長（昭13ころ）
▲ 林　　敏之		23期（大3卒）	製缶主任、作業主任（昭9～10）
▲ 青木　正雄		24期（大4卒）	造機部長（昭16～17）
▲ 足立　助蔵		25期（大5卒）	造修主任（昭3～5）
久保田芳雄	1895	〃	作業主任、進捗主任（昭5～6）
▲ 石川　雄三		〃	作業主任（昭12ころ）
増田　仁平		26期（大6卒）	作業主任（昭15～16）
▲ 内田　忠雄		27期（大7卒）	造機部長（昭19）
▲ 浅香　武治	1898	28期（大8卒）	作業主任（昭16～17）
中筋新太郎	1897	〃	設計主任（大11ころ）
▲ 渡辺敬之助		〃	作業主任（昭18）
			造機部長（昭20～21）
▲ 河村松次郎		30期（大10卒）	設計主任（昭？）
小山　正宣	1900	31期（大11卒）	組立主任、外業主任（昭15～16）
▲ 鈴木重初（しげもと）		〃	組立主任（昭7～9）
曽我　　清	1902	〃	設計主任（昭8～10）

氏　　名	生年	機関学校卒業年次	舞廠造機部における配置
▲　高橋　　武		31期（大11卒）	検査官（昭15～16）
▲　中島　宣一		〃	第一検査官（昭18～19）
▲　中村　泉三		〃	第一検査官（昭17～18）
林　　輝武	1901	〃	作業主任（昭17～18）
▲　深川総兵衛		〃	造機部長（昭20終戦後）
上田　　博	1903	32期（大12卒）	第一検査官（昭19～20）
▲　鹿島竹千代		〃	検査官（昭11～12）
山口　　操	1903	〃	外業兼製缶主任、設計主任（昭16～17）
▲　吉田　二郎		〃	外業兼製缶主任（昭18～19）
▲　井上荘之助		33期（大13卒）	外業兼製缶主任（昭17～18）
▲　浅沼　　保		34期（大14卒）	設計主任（昭15～16）
▲　河島　蔵六		35期（大15卒）	設計主任（昭16～17）
▲　鈴木　文夫		〃	第二検査官（昭17～18）
福田　計雄	1904	〃	製缶主任（昭15～16）
安武　秀次	1909	37期（昭3卒）	外業兼製缶主任（昭19～20）
▲　倉持　昌信		41期（昭7卒）	外業兼製缶主任（昭20）
永瀬　芳雄	1911	〃	自動車修理主任（昭20）
※　遠藤喜久治		選科（？）	作業係係官（昭20？）
※　宮本　文治		選科21期（昭16卒）	実験部係官（昭20）

海軍技師（アイウエオ順）

「舞廠造機部における配置」欄で係・工場名だけのものは当該係・工場の係官であったことを示す。

氏　　名	生年	機関学校卒業年次	舞廠造機部における配置
▲　石川　重吉	1900	東京物理	設計、工務（昭8～20）
▲　一藤　敏男		京大理学（化）	鍛錬主任（昭19～20）
▲　稲垣伊太郎		技養2期（大12卒）	工務主任、鍛錬主任（昭15～18）
▲　今村嘉一郎	1900?	大阪高工	工務主任（昭12年ころ）
▲　入江　重郎	1902	技養6期（昭2卒）	設計、第二検査（昭16～20）
▲　宇根文太郎		技養13期（昭9卒）	作業（昭？　～20）
▲　浦野　秀夫		明治専門機械（大2卒）	検査主任、作業主任（昭6～9）
大丹生　隆	1909	福井高工（？）	外業（昭19～20）

氏　　名	生年	機関学校卒業年次	舞廠造機部における配置
※ 大野　某			鋳造主任（昭８ころ）
▲ 大前　康彦	1909		設計（昭19～20）
▲ 片山　佐一	1900	技養４期（大14卒）	機械（昭９～17）
※ 上村　敬介			製缶主任（昭７ころ）
※ 黒川　成巳			
※ 佐藤　房吉			設計、第二検査
▲ 田崎　虎雄		技養５期（大15卒）	実験部、設計
▲ 多治見一郎	1901	技養４期（大14卒）	外業（昭12～13）
高田　良一	1901	技養６期（昭２卒）	鍛錬（昭９～18）、作業（昭20）
▲ 団野　八郎			作業（昭？　～20）
▲ 中胡　義雄	1899	技養３期（大13卒）	組立主任（昭20）
▲ 中坂　礼吉		技養２期（大12卒）	鋳造主任（昭17～20）
※ 中島　某			鍛錬（昭９ころ）
中山　寛	1913	熊本薬専（昭９卒）	実験部兼鋳造
西村　留治	1907	技養14期（昭10卒）	作業
※ 原　実			鍛錬（昭20）
▲ 広野　英一	1911	金沢高工（機）（昭6卒）	製缶（昭16～） 福井第55工場（昭19～20）
▲ 福間　武美	1898	大阪高工	組立主任（昭17～20）
▲ 藤田　成一		造船工練習所	設計（大８～９）
▲ 船越佐一郎	1899	技養４期（大14卒）	製缶（昭？　～20）
※ 三上　某		造船工練習所	鍛錬、組立（大５～６） 製缶、検査（昭７ころ）
▲ 三原　嘉徳		技養１期（大11卒）	組立主任（昭14～17）
※ 目黒　治夫			
▲ 森　久市	1905		実験部
山上　講	1905	技養９期（昭５卒）	製缶、作業（昭15～20）
▲ 山崎　浅吉	1897	技養２期（大12卒）	機械、組立主任（昭？　～20）
▲ 吉岡佐一郎			鋳造主任（昭６～７）
吉野　守正	1902	技養６期（昭２卒）	組立（昭13～18）

技術科士官（任・転官順）

① 「出身校」欄の（船）は船舶工学科、（舶）は舶用機関学科を示す。

② 「舞廠造機部における配置」欄で係・工場名だけのものは、当該係・工場の係官であったことを示す。

③ 昭和12年以降の任・転官者の舞廠造機部における勤務時間は省略する。

氏名	生年	任転官年月	出身校	舞廠造機部における配置
▲ 福田馬之助		明17	東大工（船）	造機科長（明34～36）
▲ 和田垣保造				造機部長（大5ころ）
※ 熊谷　貞		明33.6	東大工（舶）	造機部員（明35ころ）
▲ 斎藤　眞	1877	〃	〃	造機部長（大6～8）
▲ 柴田　秀生		明34.6	〃	造機部員（明35～40）
※ 竹内　正三		明35.6	東大工（機）	設計掛長（明38～40）
▲ 常盤　秀二		明38.6	東大工（舶）	機械主任（大6ころ）
				造機課長（昭2ころ）
▲ 松田竹太郎		明43.8	〃	造機部員（大2ころ）
▲ 高原　二郎		明45.7	〃	組立（大7～9）
				造機課長（昭6～9）
▲ 朝永研一郎		大4.7	東大工（機）	造機部長（昭11～12）
▲ 岩崎和三郎		大7.7	〃	機械主任（昭4～5）
				造機部長（昭13～14）
※ 坂口　碌三		大8.7	東大工（舶）	組立（大9～11）
				機械主任、組立主任（昭5～9）
近藤　市郎	1895	大9.7	東大工（機）	造機部長（昭14～15）
※ 斎藤　文根		〃	東大工（舶）	設計（大12ころ）
▲ 甘利　義之		大10.4	東大工（機）	組立、外業（大11～12）
				作業主任（昭12～14）
				造機部長（昭17～18）
▲ 村田　俊夫		〃	九大工（機）	検査主任、器具主任（昭5～6）
※ 八戸（やべ）義雄		大11.4	東大工（舶）	機械（昭3～5）
▲ 広沢　真吾	1898	大12.5	東大工（機）	組立（大12～14）
▲ 矢杉　正一	1900	大14.5	〃	組立、外業（昭和初期）
早坂浩一郎	1902	大15.5	東北大工（機）	作業主任（昭19～20）
▲ 関原　勝臣	1905	昭4.5	〃	機械、器具主任（昭9～12）
岩崎　巌	1907	昭8.4	京大工（機）	機械、製缶主任（昭12～13）

氏名	生年	任転官年月	出身校	舞廠造機部における配置
金田　　肇	1908	昭9.4	東工大（機）	外業、機械主任（昭14～15）
手塚　正夫		〃	阪大工（機）	組立
山下多賀雄	1914	昭12.4	京大工（機）	外業
▲ 金森　久良		昭13.4	北大工（機）	外業
出雲路敬博	1916	昭13.7	東大工（機）	機械、外業
田川　　浩	1913	〃	早大理工（機）	組立
須田　尚夫		昭14.4	東大工（機）	外業
▲ 辻田　正道		〃	〃	富山分工場造機課長、外業
▲ 樋田寅之助	1914	〃	仙台高工（機）	製缶、同主任
▲ 古田　友吉	1912	〃	金沢高工（機）	実験部
添田　玉彦		昭14.5	旅工大（機）	外業
滝口　重雄		〃	九大工（機）	〃
中野　　勇		〃	北大工（機）	〃
大原　信義	1918	〃	横浜高工（機）	実習のみ
黒田　敏夫	1918	〃	金沢高工（機）	外業
▲ 内山　貞亮		昭14.10	米沢高工（機）	組立
▲ 瀬尾　正雄	1914	昭14.12	京大理（物）	実験部
▲ 葛野　定雄		〃	広島高工（機）	実験部、外業
▲ 高橋　悦郎		〃	秋田鉱専（機）	鋳造
村田三佐男	1918	〃	広島高工（機）	機械
▲ 高杉　達雄		昭15.4	東大工（機）	外業
▲ 永田　重穂（技師より転官）		昭15.6	大阪高工（冶）	鋳造主任
川畑　早苗	1913	〃	阪大工（機）	組立
※ 柴田　竜男		〃	熊本高工（機）	製缶、外業
▲ 星野　賢二		〃	秋田鉱専（機）	鋳造、鍛錬
▲ 薮田　東三	1916	昭15.9	京大工（機）	組立、外業、工務
新谷　正一	1918	〃	名古屋高工(機)	外業、器具
片山　喬平	1918	昭16.4	東大工（機）	外業
宮原　八東	1921	〃	浜松高工（機）	〃
井関　吾朗	1916	昭16.6	京大理（化）	実験部、製缶
木村　勘一		〃	〃	実験部、作業
堀口　丈夫	1919	〃	金沢高工（機）	外業
安田　幸二		〃	福井高工（機）	実験部、外業
岩下　　登	1918	昭16.9	日大専（機）	組立、設計、外業、人事

氏名	生年	任転官年月	出身校	舞廠造機部における配置
実吉　郁	1916	昭17.1	東大工（機）	外業
荒巻　誠吾	1920	〃	明専（機） 九大工（機）	外業
▲ 釜野　真		〃	京大工（機）	製缶
河根　誠	1916	〃	京大工（工化）	器具
斎藤　俊夫	1917	〃	東北大工（機）	鍛錬、工務、人事
嶋井　澄	1917	〃	阪大工（機）	製缶
田淵　昇	1918	〃	京大工（機）	器具
平岡　正助	1916	〃	阪大工（機）	組立、外業
▲ 松本　義彰		昭17.1	北大工（機）	実験部、外業
村上　正敏	1917	〃	京大工（機）	機械
山岸　喬	1919	〃	東大工（機）	組立
吉村　常雄	1918	〃	京大理（化）	鋳造
▲ 大原　栄一		〃	大阪高工（原機）	組立
小河　信正	1919	〃	神戸高工（機）	組立
岡本孝太郎	1922	〃	金沢高工（機）	外業
早川　績	1920	〃	宇部高工（機）	第二検査
池田　保巳	1917	昭17.9	東北大工（機）	組立
石井　達朗	1918	〃	東大工（機）	工務
▲ 鎌田　重夫		〃	〃	外業
▲ 川添　晃		〃	〃	作業
鞍掛　嘉秀	1920	〃	〃	〃
竹内　栄一	1920	〃	〃	外業
佃　国一	1918	〃	阪大工（冶）	製缶
西　哲	1920	〃	東大工（機）	実習のみ
錦辺　一之	1918	〃	名大工（機）	外業
松野　格一	1917	〃	北大工（機）	外業、作業
▲ 山口　繁雄	1918	〃	阪大工（機）	外業
山本　新弥	1919	〃	名大工（機）	外業
有吉　芳夫	1920	〃	宇部高工（機）	〃
内田　省三	1920	〃	早大専（機）	作業
※ 紙山清四郎	1922	〃	福井高工（機）	〃
川井　彰	1921	〃	〃	機械
桜井　忠作	1922	〃	長岡高工（機）	器具

氏名	生年	任転官年月	出身校	舞廠造機部における配置
			新潟大（医）	
田中　正文	1922	〃	長岡高工（機）	組立
角田　三郎	1923	〃	〃	鍛錬、鋳造
▲ 中沢　淳一		〃	横浜高工（機）	器具
▲ 深谷　義人		〃	〃	製缶
松永　富雄	1922	〃	台南高工（機）	鋳造
			早大理工（金）	
山本　信	1922	〃	熊本高工（機）	外業
野村大一郎	1913	(技師より転官) 昭17.11	金沢高工（機）	器具、同主任
三好　正直	1905	(技師より転官) 昭17.11	浜松高工（機）	器具主任、外業、作業
稲井源太郎	1918	昭18.9	早大理工（機経）	外業、器具
大平　昌正	1920	〃	東工大（金）	外業
音　桂二郎	1919	〃	東大工（機）	外業
河村　敏一	1918	〃	早大理工（応金）	工務、作業
澤　正五	1920	〃	東大工（機）	機械
柴田　信夫	1921	〃	京大工（機）	組立
杉浦　東逸	1919	〃	早大理工(機)	〃
波多野正彦	1919	〃	東大工（機）	外業
▲ 藤井　達夫	1920	〃	阪大工（機）	〃
間野　省吾	1919	〃	東大工（機）	組立
宮本　利一	1920	〃	早大理工（応金）	鋳造
笠間　喜雄	1923	〃	早大専（機）	外業
勝田　甫	1920	〃	大阪高工（機）	組立
酒井　秀雄	1923	〃	金沢高工（機）	外業
▲ 長谷川　渉	1923	〃	神戸高工（機）	機械
▲ 水谷久之助		〃	府立高工（機）	外業
宮村　善之	1923	〃	金沢高工（機）	〃
阿部　純英	1922	昭19.9	東北大工（機）	鋳造
井田　緑朗	1920	〃	東大二工（機）	外業
伊吹　昭男	1922	〃	京大工（冶）	鋳造
今井　清	1920	〃	東大工（機）	外業
▲ 江端　健治		〃	東工大（機）	機械

氏名	生年	任転官年月	出身校	舞廠造機部における配置
栗原　義人	1920	〃	東北大理（化）	実験部
境　　顕	1922	〃	慶大工（機）	外業
仲原　哲	1921	〃	東大工（機）	〃
浜岡　泰夫	1918	〃	京大工（機）	組立
※ 三宅　理		〃	早大理工（機）	機械
石塚　真一	1924	〃	山梨高工（機）	鋳造
※ 稲池　照雄		〃	金沢高工（機）	外業
加藤　博	1925	〃	都立工専（機）	〃
武井富士弘	1923	〃	山梨高工（機）	鍛錬
※ 田中　雅夫		昭19.9	大阪専門（理化）	製缶
原口　紀		〃	大阪高工（機）	外業
古川　徹	1924	〃	長岡高工（機）	器具
三輪　国男	1924	〃	横浜高工（機） 東大工（機）	組立
池田　公二	1920	昭20.2	日大工（機）	機械
田中　安	1919	〃	京大工（冶）	鋳造
野村　逸郎		〃	東大二工（機）	外業
光成　卓志	1921	〃	京大工（機）	組立
斎藤　圭司		〃	山梨高工（機）	作業
平塚　正好		昭20.2	東京物理（数学）	
室橋　等	1924	〃	長岡高工（精密）	
稲場　貞良	1910	(技師より転官) 昭20.6	広島高工（機）	機械、作業

舞鎮・舞廠　歴代年譜

順位	位階・氏名	期間
舞鶴鎮守府司令長官		
初代	海軍中将　東郷平八郎	自明34.10.　至〃36.10.
2代	同　日高壮之亟	自明36.10.　至〃41.8.
3代	同　片岡　七郎	自明41.8.　至〃44.1.
4代	同　三須宗太郎	自明44.1.　至大2.9.
5代	同　八代　六郎	自大2.9.　至〃3.4.
6代	同　坂本　一	自大3.4.　至〃4.12.

順位	位階・氏名	期間
7代	同　　名和又八郎	自大 4.12.　至〃 6.12.
8代	同　　財部　彪	自大 6.12.　至〃 7.12.
9代	同　　野間口兼雄	自大 7.12.　至〃 8.12.
10代	同　　黒井悌次郎	自大 8.12.　至〃 9. 8.
11代	海軍中将　佐藤鉄太郎	自大 9. 8.　至〃 10.12.
12代	同　　小栗孝三郎	自大10.12.　至〃 12. 4.
舞鶴要港司令官		
13代	海軍中将　斉藤　半六	自大12. 4.　至〃 12. 6.
14代	同　　百武　三郎	自大12. 6.　至〃 13.10.
15代	同　　中里　重次	自大13.10.　至〃 14. 6.
16代	同　　古川鈊三郎	自大14. 6.　至〃 15.12.
17代	同　　大谷幸四郎	自大15.12.　至昭 3. 5.
18代	同　　飯田延太郎	自昭 3. 5.　至〃 3.12.
19代	同　　鳥巣　玉樹	自昭 3.12.　至〃 4.11.
20代	同　　清河　純一	自昭 4.11.　至〃 5.12.
21代	同　　末次　信正	自昭 5.12.　至〃 6.12.
22代	同　　大湊直太郎	自昭 6.12.　至〃 7.12.
23代	同　　今村信次郎	自昭 7.12.　至〃 8. 9.
24代	同　　百武　源吾	自昭 8. 9.　至〃 9.11.
25代	同　　松下　元	自昭 9.11.　至〃 10.12.
26代	海軍中将　塩沢　幸一	自昭10.12.　至〃 11.12.
27代	同　　中村亀三郎	自昭11.12.　至〃 12.12.
28代	同　　出光萬兵衛	自昭12.12.　至〃 13.11.
29代	同　　片桐　英吉	自昭13.11.　至〃 14.11.
30代	同　　原　五郎	自昭14.11.　至〃 14.12.
舞鶴鎮守府司令長官		
31代	海軍中将　原　五郎	自昭14.12.　至〃 15. 4.
32代	同　　小林宗之助	自昭15. 4.　至〃 17. 7.
33代	同　　新見　政一	自昭17. 7.　至〃 18.12.
34代	同　　大河内伝七	自昭18.12.　至〃 19. 4.
35代	同　　牧田覚三郎	自昭19. 4.　至〃 20. 3.
36代	同　　田結　穣	自昭20. 3.　至〃 20.12.
舞鶴海軍工廠長		
初代	海軍少将　橋元　正明	自明36.11.　至〃 36.12.

順位	位階・氏名	期間
2代	同　向山　慎吉	自明36.12.　至〃38. 5.
3代	海軍少将（後に中将） 中溝徳太郎	自明38. 5.　至〃41. 5.
4代	海軍少将　北古賀竹一郎	自明41. 5.　至明41. 8.
5代	同　坂本　一	自明41. 8.　至〃43. 4.
6代	同　加藤　定吉	自明43. 4.　至〃44. 3.
7代	同　小泉鑅太郎	自明44. 3.　至〃44.12.
8代	同　茶山　豊也	自明44.12.　至大 2.12.
9代	同　田中　盛秀	自大 2.12.　至〃 4.12.
10代	同　上村　翁輔	自大 4.12.　至〃 5.12.
11代	同　大村　剛	自大 5.12.　至〃 7. 9.
12代	同　南里　団一	自大 7. 9.　至〃 9.12.
13代	海軍機関少将　平塚　保	自大 9.12.　至〃10. 9.
14代	同　岡崎　貞伍	自大10. 9.　至〃11.12.
15代	海軍少将　正木　義太	自大11.12.　至〃12. 4.
舞鶴要港部工作部長		
16代	海軍少将　正木　義太	自大14. 4.　至〃13. 6.
17代	海軍機関大佐（後に少将） 岸本　信夫	自大13. 6.　至〃14.12.
18代	海軍少将　黒田　琢磨	自大14.12.　至昭 2.12.
19代	同　村田豊太郎	自昭 2.12.　至〃 3.12.
20代	同　松下　薫	自昭 3.12.　至〃 4.11.
21代	同　和田　信房	自昭 4.11.　至〃 7.11.
22代	海軍大佐（後に少将） 南里　俊秀	自昭 7.11.　至〃11. 7.
23代	海軍少将　南里　俊秀	自昭11. 7.　至〃11.12.
24代	同　本田喜一郎	自昭11.12.　至〃12.12.
25代	同　松本　益吉	自昭12.12.　至〃14. 9.
26代	海軍少将（後に中将） 二階堂行健	自昭14. 9.　至〃15.11.
27代	海軍中将　石井常次郎	自昭15.11.　至〃16.10.
28代	海軍少将（後に中将） 小沢　仙吉	自昭16.10.　至〃19. 3.
29代	海軍少将（後に中将）	自昭19. 3.　至〃20. 5.

順位	位階・氏名	期間
	森住　松雄	
30代	海軍中将　小林義治	自昭20. 5.　至〃20.11.
31代	海軍少将　小田勝治	自昭20.11.　至〃20.12.

（日立造船・舞鶴工場編『舞鶴の造船史』から）

舞廠建造艦艇一覧

（注）(1) 本表は、河東卓四郎編「開庁満三十年記念日を迎へて」、福井静夫著「日本の軍艦」、日立造船㈱編「舞鶴の造船史」その他によった。
(2) 建造順は、起工日の順によった。ただし、敷設艇は、進水日の順とした。
(3) 艦名欄の（　）内数字は、第三次補充計画以後の建造番号を示す。
(4) 艦種欄の「1駆」、「2駆」および「3駆」は、それぞれ「一等駆逐艦」、「二等駆逐艦」、「三等駆逐艦」を示す。
(5) 排水量欄の＊印は、常備排水量（燃料　1/4）を示し、その他は公試状態排水量（燃料　2/3）を示す。
(6) 各要目は、新造時のものである。

建造順	艦名	艦種	排水量（トン）	速力（ノット）	Lm × Bm × Dm	ボイラの型式×数
1	追風（おいて）	3駆	*381	29.0	69.19 × 6.61 × 1.83	艦本式× 4
2	夕凪	〃	〃	〃	〃	〃
3	浦波	〃	〃	〃	〃	〃
4	磯波	〃	〃	〃	〃	〃
5	綾波	〃	〃	〃	〃	〃
6	海風	1駆	*1,150	33.0	94.49 × 8.56 × 2.74	イ号 艦本式× 4
7	桜	2駆	*600	30.0	79.25 × 7.32 × 2.21	イ号 艦本式× 5
8	橘	〃	〃	〃	〃	〃
9	第一測天丸	敷設艇	*420	12.0	?	イ号 艦本式× 1
10	戸島丸	〃	〃	〃	〃	〃
11	黒島丸	〃	〃	〃	〃	〃
12	楓	2駆	*665	30.0	79.25 × 7.32 × 2.36	ロ号 艦本式× 4
13	葦崎丸	敷設艇	*420	12.0	?	ロ号 艦本式× 1
14	加徳丸	〃	〃	〃	〃	〃
15	樫	2駆	*835	31.5	83.82 × 7.74 × 2.36	ロ号 艦本式× 4
16	桧	〃	〃	〃	〃	〃
17	片島丸	敷設艇	*420	12.0	?	ロ号 艦本式× 1
18	円島丸	〃	〃	〃	〃	〃

主機械の型式×数	出力(馬力)	兵装		工期		
		備砲	発射管	起工	進水	竣工
3段膨張式レシプロ×2	6,000	8cm×6	45cm単×2	明 38. 8. 1	明 39. 1.10	明 39. 8.21
〃	〃	〃	〃	39. 1.20	39. 8.22	39.12.25
〃	〃	〃	〃	40. 5 .1	40.12.18	41.10. 2
〃	〃	〃	〃	41. 1.15	41.11.21	42. 4. 2
〃	〃	〃	〃	41. 5.15	42. 3.20	42. 6.26
パーソンスタービン×3	20,500	12cm×2 8cm×5	45cm 2連×2	明 42.11.23	明 43.10.10	明 44.12.23
直立3段膨張式レシプロ×3	9,500	12cm×1 8cm×4	45cm 2連×2	明 44. 3.31	明 44.12.20	明 45. 5.21
〃	〃	〃	〃	44. 4.29	45. 1.27	45. 6.23
直立3段膨張式レシプロ×2	600	8cm×1	−	?	大 2. 3.15	?
〃	〃	〃	−	〃	3.10. 5	〃
〃	〃	〃	−	〃	3.10.29	〃
直立3段膨張式レシプロ×3	9,500	12cm×1 8cm×4	45cm 2連×2	大 3.10.29	大 4. 2.20	大 4. 3.25
直立3段膨張式レシプロ×2	600	8cm×1	−	?	大 4.10. 6	?
〃	〃	〃	−	〃	4.10.25	〃
インパルスタービン×2	16,700	12cm×3	45cm 3連×2	大 5. 3.15	大 5.12. 1	大 6. 3.31
ブラウン・カーチス・タ×2	〃	〃	〃	5. 5. 5	5.12.25	6. 3.31
直立3段膨張式レシプロ×2	600	8cm×1	−	?	大 6. 2 .1	?
〃	〃	〃	−	〃	6. 3. 1	〃

19	7番 (仏国艦)	2駆	*675	?	83.82 × 7.72 × 2.36	?
20	8番 (仏国艦)	〃	〃	〃	〃	〃
21	谷風	1駆	*1,300	37.5	97.54 × 8.84 × 2.83	ロ号 艦本式× 4
22	榎	2駆	*850	31.5	83.82 × 7.74 × 2.36	ロ号 艦本式× 4
23	江の島丸	敷設艇	*420	12.0	?	池田式× 1
24	峯風	1駆	*1,345	39.0	97.54 × 8.92 × 2.90	ロ号 艦本式× 4
25	時津風	〃	〃	〃	〃	〃
26	沖風	〃	〃	〃	〃	〃
27	島風	〃	〃	〃	〃	〃
28	灘風	〃	〃	〃	〃	〃
29	汐風	〃	〃	〃	〃	〃
30	太刀風	〃	〃	〃	〃	〃
31	帆風	〃	〃	〃	〃	〃
32	野風	〃	〃	〃	〃	〃
33	沼風	〃	〃	〃	〃	〃
34	波風	〃	〃	〃	〃	〃
35	春風	1駆	*1,400	37.25	97.54 × 9.16 × 2.92	ロ号 艦本式× 4
36	松風	〃	〃	〃	〃	〃
37	旗風	〃	〃	〃	〃	〃
38	如月	1駆	*1,445	37.25	97.54 × 9.16 × 2.96	ロ号 艦本式× 4
39	菊月	〃	〃	〃	〃	〃
40	吹雪	1駆 (特型)	1,980	38.0	112.00 × 10.36 × 3.20	ロ号 艦本式× 4
41	初雪	〃	〃	〃	〃	〃
42	敷波	〃	〃	〃	〃	〃
43	夕霧	〃	〃	〃	〃	〃
44	漣	〃	〃	〃	〃	〃
45	響	1駆 (特型)	1,980	38.0	112.00 × 10.36 × 3.20	ロ号 艦本式× 3
46	千鳥	水雷艇	615	30.0	77.50 × 7.40 × 2.00	ロ号 艦本式× 2
47	友鶴	〃	〃	〃	〃	〃

タービン×2	9,500	12cm×3	?	大 6. 3. 1	大 6. 6. 1	大 6. 7.17
〃	〃	〃	〃	6. 4. 1	6. 7.30	6. 9. 3
オール・ギヤード ・タービン×2	34,000	12cm×3	53cm 2連×3	大 6. 9.20	大 7. 7.20	大 8. 1.30
ブラウン・ カーチス・タ×2	17,500	12cm×3	45cm 3連×2	大 6.10. 1	大 7. 3. 5	大 7. 4.29
直立3段膨張式 レシプロ×2	600	8cm×1	−	?	大 7. 9.25	?
オール・ギヤード ・タービン×2	38,500	12cm×4	53cm 2連×3	大 7. 4.20	大 8. 2. 8	大 9. 5.29
〃	〃	〃	〃	7.12. 2	8. 3.31	9. 2.17
〃	〃	〃	〃	8. 2.22	8.10. 3	9. 8.17
〃	〃	〃	〃	8. 9. 5	9. 3.31	9.11.15
〃	〃	〃	〃	9. 1. 9	9. 6.26	9. 9.30
〃	〃	〃	〃	9. 5.15	9.10.22	10. 7.29
〃	〃	〃	〃	9. 8.13	10. 3.31	10.12. 5
〃	〃	〃	〃	9.11.30	10. 7.12	10.12.22
〃	〃	〃	〃	10. 4.16	10.10. 1	11. 3.31
〃	〃	〃	〃	10. 8.10	11. 2.25	11. 7.24
〃	〃	〃	〃	10.11. 7	11. 6.24	11.11.11
オール・ギヤード ・タービン×2	38,500	12cm×4	53cm 2連×3	大 11. 5.16	大 11.12.18	大 12. 5.31
〃	〃	〃	〃	11.12. 2	12.10.30	13. 4. 5
〃	〃	〃	〃	12. 7. 3	13. 3.15	13. 8.30
オール・ギヤード ・タービン×2	38,500	12cm×4	61cm 3連×2	大 13. 6. 3	大 14. 6. 5	大 14.12.21
〃	〃	〃	〃	14. 6.15	15. 5.15	15.11.20
艦本式 タービン×2	50,000	12.7cm 2連×3	61cm 3連×3	大 15. 6.19	昭 2.11.15	昭 3. 8.10
〃	〃	〃	〃	昭 2. 4.12	3 9.29	4 3.30
〃	〃	〃	〃	3. 7. 6	4. 6.22	4.12.24
〃	〃	〃	〃	4. 4. 1	5. 5.12	5.12. 3
〃	〃	〃	〃	5. 2.21	6. 6. 6	7. 5.19
艦本式 タービン×2	50,000	12.7cm 2連×3	61cm 3連×3	昭 5. 2.21	昭 7. 6.16	昭 8. 3.31
艦本式 タービン×2	11,000	12.7cm 単及び2 連　各1	53cm 2連×2	昭 6.10.13	昭 8. 4. 1	昭 8.11.20
〃	〃	〃	〃	7.11.11	8.10. 1	9. 2.24

48	夕暮	1駆	1,680	36.5	103.50 × 10.00 × 3.03	ロ号 艦本式× 3
49	鴻 (おおとり)	水雷艇	960	30.5	83.00 × 8.18 × 2.76	ロ号 艦本式× 2
50	春風	1駆	1,980	34.0	103.50 × 9.90 × 3.50	ロ号 艦本式× 3
51	海風（Ⅱ）	1駆	1,980	34.0	103.50 × 9.90 × 3.50	ロ号 艦本式× 3
52	大潮	1駆	2,370	35.0	111.00 × 10.30 × 3.69	ロ号 艦本式× 3
53	霰	〃	〃	〃	〃	〃
54	陽炎 (17)	1駆 (甲型)	2,500	35.0	111.00 × 10.80 × 3.76	ロ号 艦本式× 3
55	第9号 (51)	掃海艦	750	20.0	67.30 × 7.85 × 2.60	?　× 2
56	親潮	1駆 (甲型)	2,500	35.0	111.00 × 10.80 × 3.76	ロ号 艦本式× 3
57	天津風(2代目)	〃	〃	〃	〃	〃
58	嵐	〃	〃	〃	〃	〃
59	野分	〃	〃	〃	〃	〃
60	夕雲 (116)	1駆 (甲型)	2,520	35.0	111.00 × 10.80 × 3.76	ロ号 艦本式× 3
61	秋月 (104)	1駆 (乙型)	3,470	33.0	126.00 × 11.60 × 4.15	ロ号 艦本式× 3
62	巻波 (120)	1駆 (甲型)	2,520	35.0	111.00 × 10.80 × 3.76	ロ号 艦本式× 3
63	初月 (107)	1駆 (乙型)	3,470	33.0	126.00 × 11.60 × 4.15	ロ号 艦本式× 3
64	島風（Ⅱ） (125)	1駆 (丙型)	3,048	39.0	120.50 × 11.20 × 4.14	ロ号 艦本式× 3
65	早波 (340)	1駆 (甲型)	2,520	35.0	111.00 × 10.80 × 3.76	ロ号 艦本式× 3
66	浜波 (341)	〃	〃	〃	〃	〃
67	沖波 (342)	〃	〃	〃	〃	〃
68	早霜 (345)	〃	〃	〃	〃	〃
69	冬月 (361)	1駆 (乙型)	3,470	33.0	126.00 × 11.60 × 4.15	ロ号 艦本式× 3
70	花月 (366)	〃	〃	〃	〃	〃

艦本式 タービン×２	42,000	12.7cm ２連×２ 単×１	61cm ３連×３	昭 8. 4 .9	昭 9. 5 .6	昭 10. 3 30
艦本式 タービン×２	19,000	12cm 単×３	53cm ３連×１	昭 9.11. 8	昭 10. 4.25	昭 11.10.10
艦本式 タービン×２	42,000	12.7cm ２連×２ 単×１	61cm ４連×２	昭 10. 2. 3	昭 10. 9.21	昭 12. 8.26
艦本式 タービン×２	42,000	12.7cm ２連×２ 単×１	61cm ４連×２	昭 10. 5. 4	昭 11.11.27	昭 12. 5.31
艦本式 タービン×２	50,000	12.7cm ２連×３	61cm ４連×２	昭 11. 8. 5	昭 12. 4.19	昭 12.10.31
〃	〃	〃	〃	12. 3. 5	12.11.16	14. 4.15
艦本式　タービン ×２	52,000	12.7cm ２連×３	61cm ４連×２	昭 12. 9. 3	昭 13. 9.27	昭 14.11. 6
タービン×２	3,850	12cm 単×３	－	昭 13. 2. 7	昭 13. 9.10	昭 14. 2.15
艦本式 タービン×２	52,000	12.7cm ２連×３	61cm ４連×２	昭 13. 3.20	昭 13.11.29	昭 15. 8.20
〃	〃	〃	〃	14. 2.14	14.10.19	15.10.26
〃	〃	〃	〃	14. 5. 4	15. 4.22	16. 1.27
〃	〃	〃	〃	14.11. 8	15. 9.17	16. 4.28
艦本式 タービン×２	52,000	12.7cm ２連×３	61cm ４連×２	昭 15. 6.12	昭 16. 3.16	昭 16.12. 5
艦本式 タービン×２	52,000	10cm高 ２連×４	61cm ４連×１	昭 15. 7.30	昭 16. 7. 2	昭 17. 6.13
艦本式 タービン×２	52,000	12.7cm ２連×３	61cm ４連×２	昭 16. 4.11	昭 16.12.27	昭 17. 8.18
艦本式 タービン×２	52,000	10cm高 ２連×４	61cm ４連×１	昭 16. 7.25	昭 17. 4. 3	昭 17.12.29
艦本式 タービン×２	75,000	12.7cm ２連×３	61cm ５連×３	昭 16. 8. 8	昭 17. 7.18	昭 18. 5.10
艦本式 タービン×２	52,000	12.7cm ２連×３	61cm ４連×２	昭 17. 1.15	昭 17.12.19	昭 18. 7.31
〃	〃	〃	〃	17. 4.28	18. 4.18	18.10.15
〃	〃	〃	〃	17. 8. 5	18. 7.18	18.12.10
〃	〃	〃	〃	18. 1.20	18.10.20	19. 2 20
艦本式 タービン×２	52,000	10cm高 ２連×４	61cm ４連×１	昭 18. 5. 8	昭 19. 1.20	昭 19. 5.25
〃	〃	〃	〃	19. 2.10	19.10.10	19.12.26

71	松 (5481)	1駆 (丁型)	1,530	27.8	92.15 × 9.35 × 3.30	ロ号 艦本式 × 2
72	桃 (5484)	〃	〃	〃	〃	〃
73	槇 (5488)	〃	〃	〃	〃	〃
74	樫 (5492)	〃	〃	〃	〃	〃
75	椿 (5498)	〃	〃	〃	〃	〃
76	第61号 (2431)	海防艦 (丙型)	810	16.5	63.00 × 8.40 × 2.90	–
77	第67号 (2434)	〃	〃	〃	〃	–
78	第81号 (2441)	〃	〃	〃	〃	–
79	楡 (4809)	1駆 (丁型)	1,580	27.8	92.15 × 9.35 × 3.37	ロ号 艦本式 × 2
80	椎 (4811)	〃	〃	〃	〃	〃
81	榎 (4812)	〃	〃	〃	〃	〃
82	雄竹 (4814)	〃	〃	〃	〃	〃
83	初梅 (4815)	〃	〃	〃	〃	〃
84	栃 (4816)	〃	〃	〃	〃	〃
85	菱 (4817)	〃	〃	〃	〃	〃

艦本式 タービン×2	19,000	12.7cm高 2連×1 単×1	61cm 4連×1	昭 18. 8. 8	昭 19. 2. 3	昭 19. 4.28
〃	〃	〃	〃	18.11. 5	19. 3.25	19. 6.10
〃	〃	〃	〃	19. 2.19	19. 6.10	19. 8.10
〃	〃	〃	〃	19. 4.10	19. 7.30	19. 9.30
〃	〃	〃	〃	19. 6.20	19. 9.30	19.11.30
23号乙8型 ディーゼル×2	1,900	12cm高 単×2	爆雷×120	昭 19. 4. 1	昭 19. 7.25	昭 19. 9.15
〃	〃	〃	〃	19. 6.15	19. 9.15	19.11.12
〃	〃	〃	〃	19. 8. 7	19.10.15	19.12.15
艦本式 タービン×2	19,000	12.7cm高 2連×1 単×1	61cm 4連×1	昭 19. 8.14	昭 19.11.25	昭 20. 1.31
〃	〃	〃	〃	19. 9.18	20. 1.13	20. 3.13
〃	〃	〃	〃	19.10.14	20. 1.27	20. 3.31
〃	〃	〃	〃	19.11. 5	20. 3.10	20. 5.15
〃	〃	〃	〃	19.12. 8	20. 4.25	20. 6.18
〃	〃	〃	〃	20. 1.23	20. 5.28	(未成艦)
〃	〃	〃	〃	20. 2.10	-	(未成艦)

年表

明治19年（舞鶴、海軍史に初登場）から昭和21年3月（舞廠の民営移管）まで

――ただし、明治・大正期の事項は簡略化してある――

年	月・日	舞鶴関係重要事項	月・日	国内外の重要事項
明治19 (1886)			4・26	海軍条例（軍令は参謀本部長参画して天皇親裁、軍政は海軍大臣管掌、全国を5海軍区に分け、それぞれに鎮守府を置く）など公布
	5・5	舞鶴、海軍条例（4月26日公布）により第四海軍区の鎮守府候補地に選ばれる	5・5	海軍条例により呉と佐世保が第二、第三海軍区の鎮守府候補地に選ばれる
	–	軍令部長仁礼景範中将、軍艦金剛（初代）で来鶴し、海面の測量を行なう	12・–	フランスへ発注の軍艦畝傍、日本へ回航途中台湾海峡で行方不明となり、沈没と断定される
			–	「抜刀隊」の歌流行
明治20 (1887)			4・25	鹿鳴館で仮装舞踏会
	7・25	仁礼中将再度来鶴し、軍港予定地の買上げ措置を採る	7・14	海軍機関学校廃止（同校は明治14年7月、兵学校から分離独立していた）
	9・6	参謀本部長一品親王、舞鶴軍港設置につき西郷従道海相と協議（9月21日にも）		
明治21 (1888)			7・11	海軍大学校（東京）設置
	8・5	有栖川宮威仁親王、舞鶴湾を視察（10月10日にも）	8・1	海軍兵学校を東京・築地から広島県・江田島に移転
	10・1	西郷海相、仁礼中将らの視察の結果、舞鶴に第四鎮守府の設置が決定	–	海軍技師下瀬雅充、強力な「下瀬火薬」を発明
明治22 (1889)			1・22	徴兵令改正（常備・国民の両兵役に分け、常備を現役・予備・後備とする国民皆兵制）
			2・11	大日本帝国憲法発布
	5・28	舞鶴軍港主要指定地の買収始まる（6万1,000余円）	7・1	呉・佐世保の両鎮守府開庁
			–	東海道線（新橋－神戸間）開通
明治23 (1890)			2・11	金鵄勲章制定
			4・18	神戸沖で観艦式（参加艦19隻、32,328トン）

年	月・日	舞鶴関係重要事項	月・日	国内外の重要事項
			7・1	第1回総選挙
	−	舞鶴軍港の中枢部となる余部下村の農家50数戸、急きょ移転	10・30 11・29	教育勅語発布 第1回帝国議会開院式
明治24 (1891)			9・1 10・28	上野−青森間の鉄道全通 濃美地震
明治26 (1893)			5・20 8・12 11・29	海軍参謀本部を海軍軍令部と改称 「君が代」を国歌と制定 海軍機関学校再設置
明治27 (1894)			8・1	日清戦争起こる
	−	舞鶴軍港設置の段取り、日清戦争により一頓挫をきたす	9・17 −	黄海海戦（清国艦隊を撃破） 「雪の進軍」の歌流行
明治28 (1895)	−	帝国議会、舞鶴軍港第1期・第2期工事費の一部633万余円の支出を承認（この年と翌年にかけて）	2・12 4・17 4・23	威海衛攻略（清国北洋艦隊降伏） 日清講和条約調印 三国干渉始まる
明治29 (1896)	12・20	舞鶴軍港開設のため中央に臨時海軍建築部、舞鶴（余部の雲門寺）に同支部設置	6・15 −	三陸地方に大津波（死者3万余人） 日本全国に赤痢流行（患者9万人、死者2万余人）
明治30 (1897)	3・2	臨時海軍建築支部、舞鶴軍港建設工事に着手	3・−	足尾銅山鉱毒事件起こる
	8・16	軍艦吉野、舞鶴へ入港（初の舞鶴訪問艦）	9・3	海軍造船廠条例（各軍港に造船廠設置）公布
	9・−	東京の吉田寅松、舞鶴造船廠建設工事を請負う	−	宮原二郎造船大監、宮原式水管ボイラを創製
明治31 (1898)	11・14	臨時海軍建築支部、舞鶴軍港の本格的建設工事に入る	1・20 3・27	元帥府を設置 ロシア、清国から遼東半島を租借
明治32 (1899)	5・−	舞船廠第2船渠築造中に落盤事故発生、死傷者数十人を出す	1・21 1・24	勝海舟没す 軍艦三笠、英国ビッカース社で起工
明治33 (1900)			5・19	陸海軍省官制を改正（軍部大臣の現役大・中将制確立）
	10・29	常備艦隊の厳島ほか4隻、舞鶴へ入港 (13日間停泊)	〃	海軍艦政本部設置
明治34 (1901)	9・2	常備艦隊の朝日ほか4隻、舞鶴へ入港	5・−	山陽線全通
	10・1	舞鶴鎮守府とその附属機関、一斉に開庁	11・1	馬公要港部設置
	〃	舞船廠の全従業員、約130名		

年	月・日	舞鶴関係重要事項	月・日	国内外の重要事項
	10・16	舞鎮初代司令長官東郷平八郎中将着任	12・－	イタリアのマルコニー、大西洋横断無線通信に成功
	11・13	舞鎮、開庁式を挙行		
	12・12	呉船廠から舞船廠への配転職工第1陣、海路到着	－	スウェーデン、ノーベル賞を制定し、レントゲン博士ら初受賞
明治35 (1902)	2・10	呉・横須賀の両船廠から舞船廠への配転職工第2陣到着	1・30	日英同盟成立
			1・－	シベリア鉄道、11年の歳月を経て全通
	春	軍艦比叡（初代）、舞船廠に入渠（同船廠初の入渠艦）	3・1	軍艦三笠、英国ビッカース社で竣工
	7・－	舞船廠でポンツーン型岩砕船進水（同船廠初の進水船）		
	夏	舞船廠で第1、第2水雷艇船渠の扉船完成（同船廠の初仕事）		
明治36 (1903)	3・上旬	舞船廠、水雷艇4隻修理	3・－	東北地方に大飢饉
	春～夏	舞船廠で16トン長官艇竣工	5・30	6－6艦隊案成立
	7・以降	舞船廠、日露戦の切迫で艦船修理増大	6・－	日比谷公園（東京）開園
	10・19	舞鎮長官交替（東郷舞鎮長官が連合艦隊長官に、日高壮之亟連合艦隊長官が舞鎮長官に）	11・5	海軍工廠条例（各軍港の造船廠、兵器廠を廃し、代わって工廠を置く）公布
	11・10	舞鶴海軍工廠発足（11月5日公布の海軍工廠条例による）	12・28	常備艦隊を解き、第1、第2、第3艦隊をもって連合艦隊を編成（司令長官は東郷平八郎中将）
	－	舞廠の全従業員、約800名となる		
明治37 (1904)	初頭	舞鶴地方に大雪	2・9	日本、ロシアに宣戦布告
	3・以降	舞廠、日露開戦により艦船修理飛躍的に増大	2～5	旅順港閉塞作戦
			3・－	海軍職工規則制定
	5・－	舞廠の第2船渠完成	6・15	陸軍輸送船常陸丸、撃沈される
			8・10	黄海海戦（旅順のロシア艦隊を撃破）
	11・3	新舞鶴線（綾部－西舞鶴間）、軍事緊急工事をもって開通	8・14	ウルサン沖海戦（ウラジオ艦隊を撃破）
			10・15	ロシアのバルチック艦隊、東航の途に就く
	－	舞廠の全従業員、約1,000名となる	11・30	陸軍、旅順の203高地を占領

年	月・日	舞鶴関係重要事項	月・日	国内外の重要事項
明治38 (1905)			1・1	旅順開城
			3・10	奉天会戦
	5・27 ～28	舞廠、日本海海戦に備えて判任官以上が廠内に待機	5・27 ～28	日本海海戦
	5・30	捕獲露艦第1号アリョール、舞鶴へ入港	6・2	米国のルーズベルト大統領、ロシアに日本との講和を勧告
	8・1	舞廠、新造第1艦追風（おいて－三等駆逐艦）を起工	7・31	日本軍、樺太を占領
	9・－	捕獲露艦ボルタワとバヤーン、舞鶴へ入港	8・29	日露講和成立（日本は関東州の租借、南満州鉄道の保有、樺太南半の保有等の権益を確保）
	9・－	舞廠、新造艦・修理艦で超繁忙となる		
	－	舞廠の全従員、約4,800名となる		
	－	舞鎮の所属艦艇、戦艦三笠以下30隻となる	10・23	横浜沖で天覧凱旋観艦式
			12・12	大湊を要港と決定
明治39 (1906)	1・－	舞廠に大成会学校（見習工教習所の前身）設置される	2・10	英国で戦艦ドレッドノート（世界初の弩級艦）進水（竣工はこの年の10月）
	8・21	舞廠で駆逐艦追風（おいて）竣工	3・17	5月27日を海軍記念日に制定
	－	舞鎮の所属艦艇、空前の35隻となる		
明治40 (1907)	4・－	舞廠で修理中の戦利艦見島に大火災発生	4・20	海軍経理学校、砲術学校、工機学校、水雷学校の各学校設置条例公布
	5・12	皇太子殿下（のちの大正天皇）舞鶴に行啓		
	夏	舞鶴地方に暴風雨（新舞鶴に水害、舞廠船渠にも軽被害）		
	9・－	舞廠の第2船台（巡洋艦船台）完成		
	11・5	舞機の製缶・鋼工工場で同盟罷業発生 （舞廠唯一のストライキ）		
明治41 (1908)	春	舞廠、島根県浜田で坐礁の第47号水雷艇（83トン）を救難		
	10・2	舞廠で新造第3艦の浦波竣工（初めて石炭・重油混焼缶の採用艦でその成績優秀、	10・13	戊申詔書発布

年	月・日	舞鶴関係重要事項	月・日	国内外の重要事項
		以来、舞廠はボイラ担当工廠となる)		
	−	舞廠、工事減少と緊縮予算で職工約15%を整理	−	第1回ブラジル移民181名が渡航
明治42(1909)	秋	舞鶴地方の家庭に電灯ともる	3・5	軍艦薩摩(世界最大の戦艦−19,372トン)横廠で竣工
	11・23	舞廠、画期的大型駆逐艦海風(初代)を起工(同型艦は他に「山風」のみ)	10・26	伊藤博文首相、ハルピンで暗殺される
明治43(1910)	2・11	舞廠の大成会学校(見習工養成機関)、第1回卒業生9名を送り出す	4・15	第6潜水艇、岩国沖で沈没し、艇長佐久間勉大尉ら殉職
	10・10	舞廠で駆逐艦海風進水(皇太子殿下−のちの大正天皇、斎藤実海相ほか海軍高官多数臨席)	8・22	日韓合併成り、韓国を朝鮮と改称
			−	日本の自動車登録台数、121台
			−	ハレーすい星現われる
明治44(1911)	3〜4	舞廠、二等駆逐艦の元祖、桜・橘を相次ぎ起工(同型艦はこの2隻のみ)		
	12・23	舞廠で駆逐艦海風竣工	11・−	白瀬南極探検隊、南緯80.5度の地点に到達し「大和雪原」と命名
	−	工業補修学校(舞廠の大成会学校の後身)新舞鶴・余部両町の共立で創設		
明治45 大正1(1912)			3・31	軍艦河内(わが国初の弩級戦艦−20,823トン、30センチ砲12門)、横廠で竣工
			4・15	英国の豪華客船タイタニック、氷山に衝突して沈没、死者1,498名を出す
	5〜6	舞廠で駆逐艦桜・橘相次いで竣工		
	9・−	舞廠、福井県の海岸で坐礁の第47号水雷艇(83トン)の救難に失敗、同艇は廃棄される	7・30	明治天皇崩御、大正と改元
			9・13	乃木希典大将夫妻、明治天皇に殉死
			−	日本の自動車登録台数、521台となる
大正2(1913)	3・−	舞廠の第3船台(駆逐艦船台)完成		
	8・27	舞鶴で村田銃殺人事件(海軍兵曹が工廠職工を村田銃で射殺し金品を強奪)起こる	9・1	南京事件起こる
			10・6	日本、中華民国(旧清国)を承認
	11・−	舞廠、石川県七尾湾で坐礁		

年	月・日	舞鶴関係重要事項	月・日	国内外の重要事項
		の駆逐艦朝露の救難に失敗、同艦は放棄される		
	–	舞廠、この年から大正7年までの5年間に敷設艇8隻を建造		
大正3 (1914)	3・–	舞廠の第3船渠（主力艦の入渠も可）、6年の歳月を経て完成	1・23	シーメンス事件起こり、3月まで尾を引く
			7・28	第一次大戦起こる
	10・29	舞廠、戦時急造樺型二等駆逐艦の全国第3艦楓を起工	8・15	パナマ運河開通
			8・22	日本、ドイツに宣戦布告
大正4 (1915)	3・25	舞廠で駆逐艦楓竣工（起工後僅か5ヵ月）	4〜8	日本の第2遣外艦隊、地中海で海上通商の保護に当たる
	4・–	舞廠で労働組合の友愛会京都支部結成される（舞鶴地方における労働組合運動の嚆矢）	8・18	第1回全国中等学校野球大会開かれる
			9・21	海軍艦政本部を海軍技術本部と改称
			–	日本の経済界、大戦景気に沸く
大正5 (1916)	3〜5	舞廠、桃型二等駆逐艦の全国第2、第3艦樫・桧を相次ぎ起工	1・9	ドイツ、無制限潜水艦作戦を開始
			4・1	横須賀海軍航空隊設置
	5・–	舞廠、ウラジオ港で坐礁の露艦ベレスウェートを救難（同艦はこの年7月に引きおろし、8月舞廠で修理）	5・31 〜6・1	ジェットランド沖海戦
大正6 (1917)	3・31	舞廠で駆逐艦樫・桧竣工	4・–	米国、ドイツに宣戦布告
	3〜4	舞廠、フランス海軍向け樺型二等駆逐艦2隻を起工（半年で竣工、この間超繁忙）	11・7	ロシアに世界初の社会主義政権ソビエト政府成立（10月革命の結果）
	9・20	舞廠、谷風型一等駆逐艦谷風（初代）を起工（同型艦は他に「江風－かわかぜ」のみ）	11・20	8－4艦隊案発表
	–	舞廠、労働組合・友愛会対策として御用組合の工友会を発足させる		
大正7 (1918)	4・20	舞廠、峯風型一等駆逐艦の全国第1艦峯風を起工	3・12	8－6艦隊案成立
			8・2	シベリア出兵
	8・–	舞廠、舞鶴に波及した米騒動対策として「工場懇談会」を設ける（のちに自然消滅）	8・8	富山県下に米騒動起こり全国に波及

年	月・日	舞鶴関係重要事項	月・日	国内外の重要事項
	10・3	舞機で陸上試験転中の谷風用主タービンに事故発生(わが海軍初の高速主タービン事故)	−	スペイン風邪、全国的に大流行(翌年にかけて15万人が死亡)
大正8(1919)	1・30	舞廠で駆逐艦谷風竣工	3・−	ムッソリーニ、イタリア・ファシスト党を結成
			6・28	連合国、ベルサイユ条約（対独平和条約）に調印
	11・1	舞鶴の余部、中舞鶴町となる	−	官制の変更により海軍技術武官の総監、中技士等の呼称が将官、佐官、尉官になり服装も将校の服装並みとなる
	−	舞廠、この年から大正11年までの4年間、年3隻の駆逐艦を進水させ、舞廠の最盛期を迎える		
大正9(1920)			1・10	国際連盟成立
			3・11	尼港事件（シベリアのニコライエフスクで日本人居留民への虐殺事件）起こる
	5・29	舞廠で駆逐艦峯風竣工		
	10・1	舞廠で建造中の駆逐艦島風（初代、峯風型の舞廠第3艦）、公試運転で40.7ノットの最高速力を出す	5・1	日本初のメーデー（東京・上野公園で）
			8・1	8－8艦隊案成立
	12・−	舞廠長南里団一少将の退官記念に全職工、金盃1個を贈呈	9・30	海軍艦政局と技術本部を統合して海軍艦政本部を再設置
			10・1	第1回国勢調査（内地人口約5,600万人）
	−	舞廠の全職工、約7,400名（日露戦争直後につぐ記録）となる	11・25	軍艦長門（世界初の40センチ砲搭載艦）、呉廠で竣工
大正10(1921)	4・16	舞廠、峯風型改駆逐艦の全国第1艦野風を起工	4・12	日本、メートル法を採用
	9・19	舞鎮、ウラジオ港外で坐礁の軍艦三笠に救難隊を派遣せるも同艦は自力で離礁し舞鶴へ入港（11.3）、応急修理後に横須賀へ回航、同年12月に舞鎮籍離脱	11・4	原敬首相、東京駅で暗殺される
			11・11	ワシントン軍縮会議開かれ、わが8－8艦隊案中心となる
			11・25	皇太子殿下（のちの昭和天皇）摂政となる
	−	舞廠、修養団を受入れる（太平洋戦争終結まで継続）	12・13	日英同盟廃棄
	−	舞廠の全職工、約6,800名に減じる		
			−	日本各地にダンスホールできる

年	月・日	舞鶴関係重要事項	月・日	国内外の重要事項
大正11 (1922)	1・1	舞鎮所属の戦艦安芸、薩摩、香取、鹿島以下30余隻の艦艇、満艦飾で母港最後の正月を祝う（ワシントン条約の余波）	1・16	ワシントン軍縮条約でわが主力艦は既成のもの10隻に制限し、建造中の6隻、計画中の8隻はすべて廃棄と決定
	3・31	舞廠で駆逐艦野風竣工	7・15	日本共産党、非合法に結成
	7・3	海軍省、舞鎮の要港部への格下げを発表	8・17	ワシントン軍縮条約発効
	8・－	ワシントン条約発効の結果、舞廠への駆逐艦建造指令急減	10・25	シベリア撤兵完了
			11・10	海軍省、軍縮による海軍工作庁の解雇者概数発表（第一次軍縮整理で東京950名、横廠150名、呉廠4,036名など）
	11・30	舞廠、128名の職工を解雇（第一次軍縮整理）し、全職工約6,000名となる		
	12・1	舞鎮閉庁の議本格化し、所属艦艇激減	12・27	軍艦鳳翔（2代目、世界初の正式空母）、横廠で竣工
	－	舞機、噴燃器コーンの研究に着手		
大正12 (1923)	4・1	舞鎮は要港部に、舞廠は工作部（以下「舞工」という）になる	2・－	丸ビル（東京）完成
			3・26	5海軍区を3海軍区に縮小し、舞鶴と鎮海を要港部とする
	11・20	舞工、896名の職工を解雇（第二次軍縮整理）し、全職工約4,600名に減じる	9・1	関東大震災（死者・不明者13万人以上、焼失家屋40万戸）
	－	舞工で軍艦香取・鹿島（いずれも初代）の廃棄作業	11・10	各海軍工廠、計4,496名の職工の解雇を発表（第二次軍縮整理）
			12・27	虎の門事件（東京）起こる
大正13 (1924)	3・－	舞工で友愛会に代わる労働組合・舞鶴共立会（海軍労働組合連盟の下部機構）結成される	2・16	ワシントン条約による第1期廃棄艦作業終わる（軍艦安芸、香取、鹿島等12隻）
			3・15	各海軍工廠の職工、海軍労働組合連盟を結成
	5・20	舞工、1,036名の職工を解雇（第三次軍縮整理）し、全職工約3,700名に減じる	5・10	各海軍工廠、計4,937名の職工解雇を発表 （第三次軍縮整理）
	12・－	舞工、福井県沖で坐礁の特務艦関東の救難に失敗、同艦は廃棄される		
大正14 (1925)	3・－	舞鶴要港部、海軍病院と海兵団の跡地に機関学校受入れの準備を始める（機関学校の舞鶴時代開幕）	3・22	東京放送局（現、NHK）、ラジオ放送を開始

年	月・日	舞鶴関係重要事項	月・日	国内外の重要事項
	4・20	舞工、107名の職工を解雇（第四次軍縮整理）し、全職工約3,500名に減じる	4・22	治安維持法公布（施行は5月12日から）
	5・23	城崎方面に大地震（北但馬烈震、死者428人、全壊家屋1,219棟）。舞鶴も激震だったが被害なし	10・–	第2回国勢調査（内地人口約6,000万人）
			11・–	東京の山手線電車、環状運転を開始
			–	東京六大学野球連盟成立
大正15 昭和1 （1926）	6・19	舞工、特型駆逐艦の全国第1艦吹雪を起工	6・1	海軍省、補助艦37隻建造5ヵ年計画案を議会に提出
			12・25	大正天皇崩御、昭和と改元
昭和2 （1927）			2・19	米空母サラトガ、レキシントン竣工
	3・7	北丹後地方に大地震（北丹後地震、死者3,017人、全壊家屋1万2,584棟）	3・22	日本に金融恐慌起こり、全国の銀行休業状態となる
			4・5	海軍航空本部設置
			5・21	米国のリンドバーグ大佐、大西洋無着陸横断飛行に成功
			7・24	芥川竜之介自殺する
	8・24	舞工、この日以降美保が関事件の損傷艦（軽巡那珂、神通、二等駆逐艦葦）の応急修理に忙殺される	8・24	美保が関事件起こる（連合艦隊が美保が関沖で夜間演習中、軽巡等4隻が衝突し、二等駆逐艦蕨が沈没）
	11・15	舞工で駆逐艦吹雪進水	12・30	上野－浅草間（東京）に初めて地下鉄開通
昭和3 （1928）	3・15	共産主義者の全国一斉検挙（三・一五事件）で、舞工でも共産主義者の職工4人検挙される	2・20	わが国初の普通選挙
	4・–	舞工、南京事件で揚子江方面へ出動の駆逐艦を整備		
	5・–	舞工で建造中の駆逐艦吹雪に復水器事故	5・3	済南事変起こり、日本、中国の山東へ出兵
	6・–	機関学校、旧舞鎮海兵団の跡地で新校舎建築に着手	6・4	関東軍、張作霖を爆殺
	8・10	舞工で駆逐艦吹雪竣工	8・–	第9回オリンピック（アムステルダム）で日本選手初めて優勝（織田・鶴田）
	11・–	吹雪型駆逐艦の比較研究会（呉廠）において舞工建造の吹雪、断然好評	11・10	昭和天皇、京都御所にて即位の大礼（御大典）

年	月・日	舞鶴関係重要事項	月・日	国内外の重要事項
	−	舞工、御大典記念事業の一環としてガントリークレーン上などに電気大時計設置	11・26	軍艦那智（わが海軍初の1万トン重巡）、呉廠で竣工
	−	舞機、この年ころからボイラ実験に注力	12・4	横浜沖で御大典特別大観艦式（186艦、130機参加の最大規模）
	−	舞機課長交替（中道忠雄機関大佐から吉成宗雄機関大佐へ）		
昭和4（1929）	4・1	舞工、わが海軍初の電気溶接採用艦夕霧（特型駆逐艦の舞工第4艦）を起工	8・−	ドイツの飛行船ツェッペリン伯号、世界一週飛行に成功（日本へも寄航）
	10・30	舞工で妙高型10,000トン重巡の比較研究会（この日から5日間）	10・1	東京−神戸間に特急“つばめ”運転開始
			10・24	米国の株式大暴落から世界恐慌始まる
	−	舞機、吹雪型駆逐艦の巡航減速車室を鋼板溶接製とする研究を行なう	11・26	伊豆に大地震
			−	「東京行進曲」の歌大流行
昭和5（1930）	2・21	舞工、特型駆逐艦の舞工最終第6艦響を起工	4・22	ロンドン軍縮条約（補助艦の制限）調印
	4・−	機関学校の新校舎落成	4・−	軍令部（末次信正中将が次長）にロンドン条約反対論起こり統帥権干犯問題も派生
	5・12	舞工で駆逐艦夕霧進水		
	6・20	舞工、永年勤続者16名を希望退職の形で整理し、人心に動揺を与える		
	秋	舞鶴共立会（大正13年3月結成）、関係市町村の代表者とともに職工整理の最少化等を中央へ陳情	11・4	浜口雄幸首相、東京駅で狙撃される
	12・1	舞機課長交替（吉成宗雄機関大佐から守谷七之進機関大佐へ）		
	12・3	舞工で駆逐艦夕霧竣工		
昭和6（1931）	3・6	舞鶴共立会、軍縮整理反対の総会開催	3・3	海軍省、ロンドン条約による各工廠の解雇概数を約8,900名（うち、舞鶴は670余名）と発表
	4・21	舞工、ロンドン条約整理（解雇率は全国一律約20％）で約3,330名の職工中644名を解雇（うち、造機課210名）		

年	月・日	舞鶴関係重要事項	月・日	国内外の重要事項
	5・1	舞工で響型駆逐艦の艦橋会議（翌日も）	9・18	満州事変起こる
	10・1	舞鎮、開庁満30年の記念式典を挙行		
	10・13	舞工、千鳥型水雷艇の全国第1艇千鳥を起工	10・−	東北、北海道に大飢饉
	秋以降	舞機、満州事変の余波で砲弾作りに追われる	−	わが海軍、巡洋戦艦を廃し、水雷艇、練習戦艦、練習巡洋艦を制定
	12・1	舞機課長交替（守谷七之進機関大佐から岩藤二郎造機大佐へ）		
昭和7（1932）			1・28	上海事変起こり、3月まで続く
			2・9	井上準之助前蔵相暗殺される
			3・1	満州国、建国を宣言
			3・5	団琢磨（三井本社理事長）暗殺される
			3・23	海軍航空廠令公布
	春	舞機に「工作機械加工速度委員会」設置される（作業研究意欲向上の結果）	春	海軍省、各工作庁の繁忙化に備え、製図・分析・実験等に従事する特殊職工の就業時間を一般職工なみに延長
	6・16	舞工で駆逐艦響進水	5・15	五・一五事件起こる（犬養毅首相、海軍将校らに殺害され、政党政治終わる）
	6・19	連合艦隊、舞鶴へ入港（6日間停泊）	5・26	斎藤実内閣成立
	夏	米国から帰朝の角田治郎技手（佐廠）、舞機で作業研究と実地指導を長期間実施	9・15	日本、満州国を承認
			10・−	リットン卿、満州事変調査報告書を発表
	10・−	舞工、業務繁忙のため臨時職工（職夫）514名を採用	11・−	ドイツの総選挙でヒトラーの率いるナチスが第一党となる
	11・11	舞工、千鳥型水雷艇の舞工第2艇友鶴を起工	−	「天国に結ぶ恋」の坂田山心中がこの年、30件の心中を誘う
昭和8（1933）			1・30	ドイツにヒトラーの独裁内閣成立
	3・31	舞工で駆逐艦響竣工	3・4	ルーズベルト、米国大統領に就任
	4・1	舞工で水雷艇千鳥進水	3・27	日本、国際連盟に脱退を通告
	4・9	舞工、初春改型駆逐艦夕暮（同型艦有明とともに二枚舵装備の駆逐艦）を起工	5・−	大阪の地下鉄開通
			9・27	軍令部令（海軍軍令部条例を廃止し、軍令部長を軍令部総長と改称）公布
	10・1	舞工で水雷艇友鶴進水		

年	月・日	舞鶴関係重要事項	月・日	国内外の重要事項
	〃	機関学校の大講堂落成	10・14	ドイツ、軍縮条約と国際連盟からの脱退を通告
	10・30	昭和天皇、舞鶴に行幸（福井県下の陸軍大演習から還御の途次）	12・5	二等駆逐艦早蕨、台湾海峡で大波のため沈没、のちに復原性低下が原因と判明
	11・20	舞工で水雷艇千鳥竣工	−	わが海軍、射程40,000メートルの酸素魚雷を完成
	−	舞機、この年から翌年にかけ舞廠建造予定の駆逐艦春雨用主減速車室の溶接化に注力	−	三原山自殺ブームで約1,000人があの世へ
			−	「東京音頭」大流行
昭和9 (1934)	2・24	舞工で水雷艇友鶴竣工	3・12	水雷艇友鶴、佐世保港外で転覆し、艦艇の復原性が問題となる
	3・12	水雷艇友鶴の転覆事故で同艇建造所たる舞工、大きなショックを受ける	4・−	帝人事件起こる
	春	舞機、標的艦摂津のボイラ自動燃焼装置の実験を開始	5・30	東郷平八郎元帥死去
			7・8	斎藤実内閣に代わって岡田啓介内閣成立 (帝人事件の余波)
	5・6	舞工で駆逐艦夕暮進水	8・2	ドイツでヒトラーが総統となる（ヒンデンブルグ大統領の死去により）
	9・5	連合艦隊、舞鶴へ入港（7日間停泊）		
	11・8	舞工、鴻型水雷艇の全国第1艇鴻を起工	11・−	京大の湯川秀樹博士、中間子理論を発表
	12・1	舞機課長交替（岩藤二郎造機大佐から梯秀雄機関大佐へ）	12・29	日本、ワシントン軍縮条約の廃棄を通告
			12・−	東海道線の丹那トンネル開通
			−	東海林太郎の「赤城の子守唄」大流行
	−	舞機、ボイラ噴燃器の改良にさらに注力、同時にボイラドラムの溶接化にも着手	−	フランスのキュリー夫妻、人工放射能を発見
昭和10 (1935)	2・3	舞工、白露型駆逐艦の全国第5艦春風（初の溶接製主減速装置搭載艦）を起工	2・−	美濃部達吉博士の天皇機関説、問題となる
			3・16	ドイツ、ベルサイユ条約を廃棄し、再軍備を宣言
	3・30	舞工で駆逐艦夕暮竣工		
	4・25	舞工で水雷艇鴻進水		
	5・4	舞工、白露改型駆逐艦の全国第1艦海風(II)を起工	9・26	第四艦隊事件起こる（荒天の三陸沖で特型駆逐艦の艦首切断、これにより船体強度が問題となる）
	9・−	第四艦隊事件で舞工建造の		

年	月・日	舞鶴関係重要事項	月・日	国内外の重要事項
		溶接構造駆逐艦初雪・夕霧が被害最大とあって舞工、ショックを受ける	10・1	第4回国勢調査（内地人口約6,925万人）
	−	舞機の鍛錬工場に2,000トンプレスが設置され、組立工場に米国GE社製X線検査装置が納入される	10・−	イタリア、エチオピアと戦争開始
昭和11 (1936)	1・−	舞鶴地方に大雪（4月の花どきまで雪消えず）	1・16	日本、ロンドン軍縮条約脱退を通告
			2・26	二・二六事件（陸軍の青年将校による重臣多数の暗殺事件）起こる
	4・−	舞工で第四艦隊事件の被害艦初雪・夕霧・響の復旧工事（この年の8月まで）	3・9	広田弘毅内閣成立（二・二六事件で岡田啓介首相が襲撃されたため）
	7・1	舞工、雌伏14年ののち海軍工廠に復帰	5・9	イタリア、エチオピアを併合
			5・18	軍部大臣の現役制復活
	7・12	舞廠、工廠復帰の祝賀会を盛大に挙行	5・18	阿部定事件（阿部定による猟奇的男性殺人事件）起こる
	7・以降	舞機、米国から購入したわが海軍初の溶接製主減速装置（駆逐艦春雨用）の陸上試運転に引き続き、その研究に注力	5・−	英客船“クインメリー”竣工
			7・18	スペイン内乱始まる
			8・−	ベルリン・オリンピックで日本選手大活躍
	8・以降	舞廠、陸軍船神州丸（7,200トン）のバルジ取付け工事を行なう	11・25	日独防共協定調印（ベルリンで）
	10・10	舞廠で水雷艇鴻竣工	11・−	国会議事堂完成
	11・27	舞廠で駆逐艦海風(II)進水		
			12・12	中国に西安事件起こる（華北に兵変、張学良を拘禁）
	12・1	舞機部長交替（梯秀雄機関大佐から朝永研一郎造機大佐へ）	12・−	英国のエドワード八世、米人シンプソン夫人にひかれて退位（「世紀の恋」事件）
			12・31	ワシントン軍縮条約失効し、以後、海軍軍備無条約時代に入る
			−	美ち奴の「ああそれなのに」の歌大流行
昭和12 (1937)	初頭	舞鶴地方、前年にひきかえ降雪ほとんどなし	2・2	林銑十郎内閣成立
			2・−	文化勲章制定

年	月・日	舞鶴関係重要事項	月・日	国内外の重要事項
	3～8	舞廠で建造中の駆逐艦春雨の主減速装置（米国GE社製）に欠陥発生、国産品と換装される	4・－	朝日新聞社機“神風”、訪欧飛行に成功 （東京－ロンドン間94時間余の大記録）
			5・－	英国でジョージ六世の戴冠式
	5・31	舞廠で駆逐艦海風(II)竣工	6・4	第一次近衛文麿内閣成立
			6・21	海軍工作庁の工務規則と工員規則大改正 （造機部組立工場の一部門たる「外業」が独立の「外業工場」となり、「職工」が「工員」と改称されるなど）
			7・7	蘆溝橋事件起こり、日中事変始まる
			8・13	華北の戦火、上海に拡大
			8・14	鹿屋・木更津の両海軍航空隊、上海方面に初の渡洋爆撃を敢行（翌15日も）
	8・26	舞廠で駆逐艦春風竣工	8・25	わが第3艦隊、中国沿岸の封鎖を宣言
	9・3	舞廠、陽炎型駆逐艦の全国第1艦陽炎を起工	11・4	軍艦大和（公試排水量69,100トン、世界初の46センチ砲9門装備）、呉廠で極秘裡に起工される
			11・6	イタリア、日独防共協定に参加
	－	舞機、第53号駆潜艇用高圧高温主タービンの陸上負荷運転に成功	11・20	大本営を宮中に設置
			12・12	パネー号事件起こる（わが海軍機、揚子江上で米砲艦パネー号を誤爆）
	－	舞機で全国工廠・造船所の国産溶接棒比較試験行なわれ、舞鶴、横須賀、広の3工廠3銘柄が選ばれる	12・13	南京陥落
			12・29	佐廠で駆逐艦朝潮の主タービン折損動翼発見され、大問題となる
			12・－	イタリア、国際連盟を脱退
	－	「舞鶴海軍工廠歌」（朝永造機部長作詞）できる	－	零式艦上戦闘機の試作始まる（三菱重工で）
			－	「露営の歌」大流行
昭和13 (1938)			1・3	女優岡田嘉子、愛人の杉本良吉と樺太からシベリアへ逃避行
			1・11	厚生省設置
			1・16	「蒋介石政権を相手とせず」の近衛声明出る

年	月・日	舞鶴関係重要事項	月・日	国内外の重要事項
			1・19	朝潮型主タービン事故究明のため海軍省に『臨時機関調査委員会』（略称「臨機調」委員長は山本五十六次官）設置される
			3・3	国家総動員法案審議中の衆院委員会で陸軍省軍務課の佐藤賢了中佐が「だまれ」と放言
			3・13	ドイツ、オーストリアを併合
	4・1	舞廠に機関実験部設置される	4・1	国家総動員法公布
			5・13	航研機、周回航続距離11,651キロメートルの世界新記録を樹立
	8・1	舞鶴町が舞鶴市（人口約3万1,000人）に、新舞鶴・中舞鶴の両町が合併して東舞鶴市（人口約3万7,000人）になる	5・19	徐州陥落
			6・－	中国国民政府、重慶に移る
			7・－	張鼓峰事件起こる
	9・27	舞廠で駆逐艦陽炎進水	7・－	東京で開催予定の第12回国際オリンピック大会、中止に等しい延期と定める
	秋	舞廠、10,000トン重巡高雄・愛宕の改装工事に着手（完成は「高雄」が翌14年3月末「愛宕」が同じく4月末）	9・－	零式艦上戦闘機の試作完成（三菱重工で）
	－	舞機へ米国GE社製自動溶接機納入される（ただし実用には不適）	11・2	「臨機調」、艦本式主タービンの動翼折損は、翼車の共振が原因との結論を出して解散
	－	舞機部長交替（朝永研一郎造機大佐から岩崎和三郎造機大佐へ）	12・6	興亜院設置
			12・－	中国の汪兆銘、重慶を脱出
	秋	舞廠、工員の下駄履き通勤を認める	－	「愛国行進曲」「別れのブルース」「支那の夜」等の歌流行
	〃	三舞鶴バス、木炭バスの運行を始める		
昭和14（1939）			1・5	平沼騏一郎内閣成立
			1・15	横綱双葉山、安芸海に敗れて70連勝成らず
	2・14	舞廠、40kg/㎠・400℃のボイラを試験的に搭載した駆逐艦天津風（2代目、陽炎型駆逐艦の全国第9艦）を起工	2・10	日本軍、海南島に上陸
			3・－	ドイツ、チェコスロバキアを併合
			4・－	艦本式主タービン搭載艦のタービン改造に換え、代表艦による長時間走行試験を実施（これにより「臨機調」の結論、疑問視される）

年	月・日	舞鶴関係重要事項	月・日	国内外の重要事項
			5・22	ノモンハン事件起こる（この年の9月15日まで満蒙国境で日ソ激闘）
	7・－	練習艦隊の「八雲」「磐手」、遠洋航海に出る機関学校生徒収容のため舞鶴へ入港	7・8	国民徴用令公布
			7・26	米国、日米通商条約破棄を通告
			8・21	有田外相とクレーギー駐日英大使との日英会談決裂
	夏	舞鎮籍の重巡利根・筑摩、母港へ初入港		
	〃	機関学校の係留練習艦吾妻（日露戦争時代の装甲巡洋艦）、13年ぶりに舞廠でドック入り	8・23	独ソ不可侵条約締結
			8・28	平沼内閣、独ソ不可侵条約の成立により「複雑怪奇」の声明を残して退陣
	10・19	舞廠で駆逐艦天津風進水	8・30	阿部信行内閣成立
	11・6	舞廠で駆逐艦陽炎竣工	9・1	第1回興亜奉公日
	11・18	舞機部長交替（岩崎和三郎造機大佐から近藤市郎造機大佐へ）	〃	ドイツ軍、ポーランドへ侵入
			9・13	英・仏、ドイツに宣戦布告して第二次大戦始まる
	12・1	舞鶴要港部、雌伏17年ののち鎮守府に復活（この日から3日間、舞鶴でその盛大な祝賀会）	10・26	毎日新聞社機“ニッポン”、世界一周飛行に成功
	暮	舞機の内火工場できる	－	日独伊同盟に反対の海軍首脳部に右翼の圧力強まる
			－	女性のパーマネント禁止される
	－	舞機で優秀溶接棒（舞鶴のMME、横須賀のYMC、広のHMDの比較再試験	－	映画「愛染かつら」とその主題歌「旅の夜風」大ヒット
			－	「トントントンカラリと隣組」の歌好評
昭和15（1940）			1・16	米内光政内閣成立
	2・11	舞廠、皇紀二千六百年の紀元節に全従業員廠長室で両陛下のお写真奉拝	2・2	衆議院で斎藤隆夫代議士、対中国政策批判の演舌（3月7日に議員除名）
			2・21	英軍艦、千葉県野島崎沖で浅間丸を臨検し、ドイツ人船客を拉致
			2・－	世界最大の英客船“クイン・エリザベス”（83,673総トン）竣工
			3・30	中国の汪兆銘、和平建国を唱えて南京に親日的国民政府を樹立
	4・1	舞廠で秋月型駆逐艦の艦橋会議（この日から数日間）	3・－	内務省、外来語を「敵性語」として排除

年	月・日	舞鶴関係重要事項	月・日	国内外の重要事項
			4・9 〜 5・10	ドイツ軍、デンマーク、ノルウェー、ベルギー、オランダ、フランスへ侵入
	春〜初夏	広廠機関実験部の森茂技師、舞廠機関実験部の装置を用いて朝潮型タービン動翼折損の原因を探究	4・−	給料からの税金天引き始まる
			5・−	英軍、ダンケルクから総退却
			5・−	英国のチェンバレン首相辞任し、チャーチル内閣成立
	5・31	舞廠の工員養成所、工廠裏手の旧海軍監獄跡地に落成	6・1	日本の6大都市で砂糖・マッチ等が切符制となる
			6・10	イタリア、英・仏に宣戦布告して第二次大戦に参戦
	6・12	舞廠、夕雲型駆逐艦の全国第1艦夕雲を起工		
			6・14	ドイツ軍、パリーを占領（フランスがドイツに降伏し、ビシー政府成立）
	7・30	舞廠、秋月型空母直衛駆逐艦の全国第1艦秋月を起工		
			7・21	わが零戦部隊、重慶攻撃に参加して真価を発揮
	夏以降	舞機、潜水艦用ディーゼル機関の架構溶接を開始		
			7・22	第二次近衛内閣成立し「新体制運動」を唱う
	10・26	舞廠で駆逐艦天津風竣工	7・27	大本営・政府連絡会議で武力行使を含む南進政策決まる
	10・−	舞機部長交替（近藤市郎造機大佐から青木正雄機関大佐へ）		
			8・−	米の配給、1人1日2合5勺となり、東京の食堂・料理店等で米食禁止される
	秋	舞廠、従業員から公募の工廠PR映画ストーリー入選作を発表		
			8・−	"ABCD包囲網"唱えられ始める
	秋以降	舞廠、軽巡木曽の大修理に着手（完成は翌16年春）	9・23	日本軍、北部仏印へ進駐
			9・27	日独伊三国軍事同盟調印（ベルリンで）
	11・初	舞廠で建造中の駆逐艦嵐、舵取装置に不具合を生じ、竣工が約1ヵ月おくれる	10・1	第5回国勢調査（日本の総人口1億522万人余、内地人口約7,311万人）
			10・12	大政翼賛会設立
	12以降	舞廠、出師準備計画（この年の11月15日に発動）による商船・漁船の徴用業務で多忙となる	10・31	ダンスホール閉鎖
			11・2	国民服令公布
			11・−	紀元二千六百年記念観艦式（横浜沖）
	−	舞廠、伊号潜の特定修理を行なう（舞鶴を呂号潜の急速建造工廠にせんとの中央の方針により）	11・−	ルーズベルト、米国大統領に3選される
			−	「誰か故郷を思はざる」「蘇州夜曲」流行
			−	「ぜいたくは敵だ」の標語できる

年	月・日	舞鶴関係重要事項	月・日	国内外の重要事項
昭和16 (1941)	3・16	舞廠で駆逐艦夕雲進水	3・11	厚生年金保険法公布（施行は17年1月1日）
			4・1	米穀配給通帳制実施（東京・大阪で）
	4・−	舞廠の全従業員数、約1万1,500名	〃	小学校を「国民学校」と改称
			4・6	ドイツ軍、ユーゴ、ギリシャへ侵入
			4・13	日ソ中立条約調印
			5・6	スターリン、ソ連首相に就任
			6・22	独ソ戦始まる
	7・2	舞廠で駆逐艦秋月進水	7・2	御前会議で即時の対ソ戦を避け、南部仏印への進駐を決定
			7・18	第三次近衛内閣成立
			7・25	米国、対日資産凍結（英国も26日に凍結措置）
			7・28	日本軍、南部仏印へ進駐
	8・8	舞廠、40ノットの高速駆逐艦島風（2代目夕雲型で40kg/㎠・400℃の高圧高温機関搭載艦）を起工	8・1	米国、石油製品の対日輸出を禁止
			9・1	わが海軍、戦時編成を発令
			9・6	御前会議で10月上旬に至るも日米交渉妥結の見込みなき場合、対米英蘭戦争止むなしとしてその準備要綱を決定
	秋	舞機製缶溶接棒工場にわが国初の溶接棒自動塗装機（神戸製鋼所製）1台導入される	9・25	海軍航空廠令公布
			9・30	ドイツ軍、モスクワ総攻撃開始
			10・1	新聞の夕刊、週3回となる
			10・15	尾崎秀実らの検挙始まる（ゾルゲ事件）
			10・16	大学・専門学校在学年限短縮（昭和16年度3ヵ月、17年度6ヵ月）の勅令公布
			10・18	東条英機内閣成立
			10・30	重要産業の第一次指定（鉄鋼業等12種）
	11・5	舞鎮、対米英蘭作戦の準備を命ずる「大海令」を受領	11・5	大本営海軍部、連合艦隊と各鎮守府・要港部に対米英蘭作戦の準備を発令
			11・26	わがハワイ作戦の機動部隊、千島エトロフ島のヒトカップ湾を出撃
	12・1	舞鎮、作戦の実行を命ずる「大海令」を受領	12・1	御前会議で対米英蘭作戦を決定し、大本営、作戦の実行を発令

年	月・日	舞鶴関係重要事項	月・日	国内外の重要事項
	12・2	舞鎮、開戦日を12月8日とする旨の「大海令」を受領	12・8	日本、米英蘭に宣戦布告し、大東亜戦争（太平洋戦争）始まる
	12・5	舞廠で駆逐艦夕雲竣工	〃	わが機動部隊、ハワイ空襲に成功
	12・7	舞鎮長官・幕僚等10数名、加佐郡の由良神社へ騎乗参拝（戦勝祈願のためか）	〃	日本軍、マレー半島に上陸
			〃	ドイツ軍のモスクワ総攻撃失敗に終わる
			12・10	マレー沖海戦（わが海軍機、英戦艦プリンス・オブ・ウェールスと巡洋艦レパルスを撃沈）
			12・11	ドイツとイタリア、対米宣戦布告
			12・16	戦艦大和、呉廠で竣工
			12・22	日本軍、比島リンガエン湾に上陸
			12・25	日本軍、香港占領
			12・－	アメリカ映画の上映禁止
			－	「月月火水木金金」の歌流行
昭和17 (1942)			1・2	日本軍、マニラ占領
			〃	興亜奉公日（毎月1日）を廃し、毎月8日を大詔奉戴日と決定
			1・11	わが海軍の落下傘部隊、メナド（セレベス島）に降下
			1・14	日本軍、ビルマへ進撃
			1・23	日本軍、ラバウル占領
			1・－	ドイツとイタリア、北アフリカで反撃
	2・－	舞機製缶溶接棒工場、自動塗装機をさらに1台増設し、さきの溶接棒比較試験で優秀と認められた自製MME棒の量産体制を整える	2・1	衣料点数切符制実施
			2・4	ジャワ沖海戦
			2・15	日本軍、シンガポール占領
			2・20	バリー島沖海戦
			2・21	食糧管理法公布
			2・23	わが潜水艦、米ロサンゼルス海岸を砲撃
			2・27	スラバヤ沖海戦
			3・1	バタビヤ沖海戦
			3・6	ハワイ攻撃の特殊潜航艇の乗員9名（いわゆる「九軍神」）の氏名とその二階級特進公表される
			3・8	日本軍、ラングーン占領
			3・9	蘭印、日本に無条件降伏
	3・20	海軍初の大量採用二年現役技術科士官（第10期）50名、	3・17	米軍のマッカーサー大将、比島脱出

年	月・日	舞鶴関係重要事項	月・日	国内外の重要事項
		大挙舞廠へ着任（うち、造機部へは13名）して人々を驚かす	4・1	日本軍、ニューギニアに上陸
			4・5	わが機動部隊、コロンボを空襲
			4・9	わが機動部隊、トリンコマリー（セイロン島）軍港を空襲し英空母ハーミスを撃沈
			4・11	日本軍、バターン半島（比島）攻略を開始
	4・18	米軍機の日本本土初空襲で舞鶴にも警戒警報・空襲警報出る（翌19日も）	4・18	米陸軍のB25爆撃機16機、太平洋上の空母から日本本土を初空襲
			4・22	海軍技術科少尉候補生を「造船（造機、造兵）見習尉官とする」の勅令出る
			5・1	日本軍、マンダレー（ビルマ）占領
			5・7	日本軍、コレヒドール島（比島の要塞）を占領し、比島を制圧
	5・18	キスカ島攻略の舞鎮第3特別陸戦隊と兵装隊（舞廠従業員から選抜）、設営隊（舞鶴施設部従業員から選抜）、徴用船に分乗して舞鶴を出港	〃	珊瑚海海戦（翌8日にかけて）
			5・10	朝鮮に兵役法施行
			5・31	わが特殊潜航艇、マダガスカルおよびシドニーを攻撃
			6・4	わが海軍機、ダッチハーバー（アリューシャン列島）を空襲
	初夏	舞機内火工場、1号乙8型内火機械（4,500馬力）の舞機第1号機を完成	6・5～6	ミッドウェー海戦（わが方、空母赤城、加賀、蒼竜、飛竜などを喪失）
			6・7	日本軍、キスカ島占領
	6・13	舞廠で駆逐艦秋月竣工	6・8	日本軍、アッツ島占領
			6・20	わが潜水艦、米国のバンクーバーとオレゴン州西岸を砲撃
	7・18	舞廠で駆逐艦島風（2代目）進水（一般市民の進水式参観最終艦）	7・11	大本営、南太平洋進攻作戦の中止を決定
	7・中	舞機、ミッドウェー作戦から帰投した重巡利根の主タービン折損動翼の応急修理を施工	8・7	米軍、ガダルカナル島に上陸
			8・8	第一次ソロモン海戦
			8・18	わが一木支隊、ガダルカナル島に上陸するも全滅
	7・下～8・下	アリューシャン作戦で損傷した駆逐艦、相次いで舞鶴へ入港	8・24	第二次ソロモン海戦
			8・29	わが川口支隊等、ガダルカナル島へ増援開始
	8・30	舞機部長交替（青木正雄機		

年	月・日	舞鶴関係重要事項	月・日	国内外の重要事項
		関大佐から甘利義之造機大佐へ)	8・31	ドイツ軍、スターリングラードへ突入
			9・9	わが潜水艦搭載機、米オレゴン州を空襲
			9・12	ガ島の川口支隊、攻撃開始(9月14日不成功に終わる)
	9・−	舞機製のMME溶接棒、全国の造機溶接棒中最優秀品と認められ、「M17」の銘柄で全工廠造機部に供給を開始	9・25	海軍省、わが潜水艦のドイツ基地寄港を発表
	10・−	神戸製鋼所、舞機の溶接棒試作に協力した功により舞機の「M17」棒と同一の溶接棒を「B17」の銘柄で全国民間造船所に供給を開始	10・1	海軍の兵科、機関科の一系化成り、同時に「特務士官」の称号廃止される
			10・3	わが第2師団(仙台)主力、ガ島へ進出
			10・11	サボ島沖海戦
			10・24	ガ島の日本軍、総攻撃開始(翌日失敗に終わる)
			10・26	南太平洋海戦
	秋	舞機内火工場、23号乙8型内火機械(950馬力)の量産に入る	11・1	海軍技術科士官の呼称が造船・造機・造兵の別なく一律に「技術大佐」等となる
			〃	大東亜省設置
			11・12	第三次ソロモン海戦(11月14日まで)
			11・15	関門海底鉄道トンネル(3,614メートル)開通
			11・30	ルンガ沖夜戦
			12・31	大本営、ガ島撤退を決定
			12・−	米国、原子核分裂に成功
	−	舞機内火工場、中速400内火機械(400馬力)を本格的に生産	−	ドイツ軍、ポーランドのアウシュビッツ等でユダヤ人を大量虐殺
			−	米英のドイツ空襲激化
			−	「勘太郎月夜唄」流行
昭和18(1943)			1・2	ブナ(ニューギニア)のわが守備隊玉砕
			1・16	電力消費規制強化(軍需70%、平和産業30%)
			1・17	タバコ、平均6割値上げ

年	月・日	舞鶴関係重要事項	月・日	国内外の重要事項
			1・29	レンネル島沖海戦
			2・1	イサベル島沖海戦
			〃	ガ島の日本軍、撤退開始（2月7日までに約1万1,000名が撤退。戦死者約2万5,000名）
			2・2	スターリングラードのドイツ軍降伏
			3・5	鳥取県に大地震（死者1,083人、全壊家屋2,485戸）
			3・27	アッツ島沖海戦
			3～4	艦本で「臨機調関連タービン問題研究会開かれ、「臨機調」結論の誤りを正す
	4・3	浮島（東舞鶴）に舞鶴海軍記念館完成		
	4・7	舞廠で建造中の駆逐艦島風、全力公試で40.37ノットの最高速力を発揮	4・18	山本五十六連合艦隊司令長官、ブイン方面で戦死
	4～5	舞機、軽巡竜田の舵取装置修理で苦心		
	5・1	舞廠に第二造兵部（西舞鶴の倉谷）設置	5・1	ガソリン等石油製品の切符制実施
	5・10	舞廠で駆逐艦島風（2代目）竣工	5・9	米軍、アッツ島に上陸開始
	5・中	舞機、軽巡多摩とともに修理中の同阿武隈をキスカ出撃に間に合わすべく連続の徹夜作業	5・12	北アフリカ戦線のドイツ軍降伏
			5・21	大本営、山本連合艦隊司令長官の戦死を公表
	5・27	舞鶴市と東舞鶴市が合併し、人口約15万5,000人、戸数2万7,000戸余の舞鶴市が誕生	5・29	アッツ島のわが守備隊玉砕
			6・5	山本連合艦隊司令長官の国葬
			6・8	軍艦陸奥、瀬戸内海柱島付近で爆沈
	初夏	舞廠、T14型魚雷艇の建造に着手	6・25	学徒戦時動員（中学生以上、19年2月から1ヵ年間非常動員）決定
	7・－	舞廠で修理完了の駆逐艦霞、舞廠部員等を乗せ、オホーツク海で重油タンク加熱装置の実艦実験		
			7・1	東京、都制を実施
			7・13	コロンバンガラ島沖夜戦
	夏以降	舞機鋳造工場、南方の航空戦激化に伴い25ミリ機銃の鋳鋼部品を量産	7・25	連合軍、イタリアのシチリア島に上陸（これによりムッソリーニ・イタリア首相辞任し、バドリオ内閣成立）

年	月・日	舞鶴関係重要事項	月・日	国内外の重要事項
			7・29	キスカ島のわが守備隊、撤退に成功
	8・8	舞廠、松型一等駆逐艦の全国第1艦松を起工	7・30	女子学徒の動員決定
			9・4	連合軍、ラエ東方（東部ニューギニア）に上陸
	8・−	舞廠、T33型魚雷艇の建造に着手		
	8・−	キスカ島撤退の海軍部隊の大半、舞鶴へ帰着	9・8	イタリア、無条件降伏
	9・15	富山市の日本海船渠工業㈱、海軍管理工場となる	9・15	ラエ、サラモア（東部ニューギニア）のわが守備隊撤退
			9・18	米機動部隊、ギルバート諸島へ来襲
	9・15	高松宮殿下、機関学校の卒業式に台臨、終わって舞廠等をご視察	9・21	7職種に男子の就業を制限し、14～25歳の未婚女子の勤労動員を決定
	9・−	舞廠、工員の出退時に巻脚半の着用を指示（下駄履きに巻脚半という珍景出現）	9・30	御前会議で絶対国防圏の範囲をマリアナ−カロリン−西ニューギニアと決定
	秋	舞機組立工場、呉廠で建造中の空母神鷹（ドイツ客船“グナイゼナウ”の改装）の予備品製造で苦労	9・−	ドイツ軍、イタリアのムッソリーニを救出してローマを占領
			9・−	企画院と商工省を廃し、軍需省と農商省を設置
	秋	舞機内火工場、22号10型内火機械（2,000馬力）の量産に入る	10・5	関釜連絡船崑崙丸、米潜に撃沈され、死者544名を出す
	秋	舞廠、機関学校の繋留練習船由良川（約900総トン）を実用に供すべく整備	10・6	ベラ ラベラ島沖夜戦
			10・12	米軍機、ラバウル空襲を開始
			10・21	出陣学徒壮行大会（東京の神宮外苑で）
			10・−	鉄道省と逓信省を廃し、運輸通信省を設置
			11・2	ブーゲンビル島沖海戦
	11・5	舞廠のT33型魚雷艇の第1艇、公試運転に成功	11・5	大東亜会議、東京で開催
			〃	ブーゲンビル島沖航空戦（12月3日まで第一次～第六次）
			11・21	米軍、マキン、タラワ両島に上陸
	11・−	舞鶴海兵団の繋留練習艦吾妻の解体始まる （解体完了は翌19年2月）	11・22	ギルバート諸島沖航空戦（11月29日まで第一次～第四次）
				連合国首脳（ルーズベルト、チャーチル、蒋介石）がカイロで

年	月・日	舞鶴関係重要事項	月・日	国内外の重要事項
				会合し、対日終戦条項を“カイロ宣言”として発表
			11・25	マキン、タラワ両島のわが守備隊玉砕
	12・1	舞廠管下の日本海船渠工業、丙型海防艦の同社第1艦「第21号海防艦」を起工	12・1	第1回出陣学徒入隊
			12・15	銅像等の非常回収始まる
			12・21	都市疎開実施要綱発表
	12・31	舞機鋳造工場の第二工場（増築工場）落成	12・24	徴兵年齢が1年引き下げられ、満19歳となる
	–	海軍、西舞鶴の大和（だいわ）紡績㈱を接収して「舞廠喜多分工場」とする	–	本格的魚雷艇主機「71号6型機械」とそれを搭載したT50型魚雷艇できる
			–	「若鷲の歌」（予科練の歌）流行
	–	この年、舞廠では夕雲型駆逐艦の“波クラス”（早波、浜波、沖波など）を3ヵ月に1隻ずつ竣工させる	–	「欲しがりません勝つまでは」の標語、流行語となる
			–	空地利用の菜園盛行
昭和19 (1944)			1・15	ソ連軍、レニングラードでドイツ軍に反撃開始
	1・–	舞機部長交替（甘利義之技術大佐から内田忠雄大佐へ）	1・16	軍需会社の第一次指定で150社が指定される（第三次指定－この年の12月23日－までに683社が指定を受ける）
	1・–	舞鶴市平に「舞鶴第二海兵団」（俗称「平海兵団」）設置され従来からの松ヶ崎の海兵団は「舞鶴第一海兵団」となる	1・19	女子挺身隊結成される
			1・26	防空法発動され、大都市家屋に疎開命令
			1・–	米機B 29、北九州を初空襲
			1・–	ドイツ軍、東部戦線から撤退
			2・1	米軍、クェゼリン、ルオット両島（マーシャル群島）に上陸
	2・3	舞廠で駆逐艦松進水	2・4	クェゼリン、ルオット両島のわが守備隊玉砕
			2・17～18	トラック島、米機動部隊の大空襲を受け、在泊のわが艦艇9隻、高速商船31隻等が撃沈される
			2・21	東条首相、陸相と参謀総長を兼摂し、嶋田海相が軍令部総長を兼摂
	2・末	舞廠工員養成所の補習科生の授業、職場の2時間残業終了後の夜学となる	2・23	米機動部隊、マリアナ諸島へ来襲

年	月・日	舞鶴関係重要事項	月・日	国内外の重要事項
			3・6	新聞の夕刊休止
			3・7	空母大鳳（舞鎮所属）、川崎・神戸で竣工
			3・8	インパール（ビルマ）作戦開始
			3・29	連合艦隊司令部、パラオへ移る
			3・29	中学生の勤労動員を決定
			3・30	米機動部隊、パラオ、ヤップ島へ来襲
	3・31	日本海船渠工業で第21号海防艦進水	3・31	古賀峯一連合艦隊司令長官、ダバオ方面（比島）で殉職
			3・－	劇場、料理店など閉鎖
	4・1	舞廠、丙型海防艦の同廠第1艦「第61号海防艦」を起工	4・1	鉄道の特急・寝台・食堂車廃止され、旅行証明書発給される(旅行制限の強化)
			4・22	米軍、アイタペ、ホーランジア（西部ニューギニア）に上陸
	4・28	舞廠で駆逐艦松竣工（以後終戦まで舞廠、同艦型を1ヵ月半に1隻ずつ竣工さす）	4・－	退勢挽回策として「回天」など9特攻兵器の試作始まる
			4・－	歌舞伎座、帝劇、日劇等閉鎖される
			4・－	雑炊食堂開かれる
	5・－	勤労学徒、初めて舞廠へ入る	5・－	中学以上の学徒勤労動員、本格化する
			6・6	連合軍、ノルマンディーに上陸して反撃開始
			6・13	ドイツ軍、V1号を英本土に撃ち込み開始
			6・15	米軍、サイパン島に上陸開始
			6・16	米機B29、中国成都から北九州に来襲 (40～80機編隊で20年1月6日まで前後10回来襲)
			6・9～20	マリアナ沖海戦（「あ」号決戦）－わが方「大鳳」などの空母3隻沈没、飛行機395喪失
			7・7	サイパン島のわが守備隊玉砕
	7・18	日本海船渠工業で第21号海防艦竣工	7・18	東条内閣総辞職
			7・21	米軍、グァム島に上陸（同島は8月11日失陥）
			7・22	小磯・米内連立内閣成立

年	月・日	舞鶴関係重要事項	月・日	国内外の重要事項
	7・25	舞廠で第61号海防艦進水	7・23	米軍、テニアン島に上陸（同島は8月3日失陥）
	7・−	舞廠工員養成所の補習科生、学業を取り止め、職場に専念することとなる	7・−	日本軍、インパール（ビルマ）から撤退
			8・1	家庭用砂糖の配給停止
			8・6	大本営・政府連絡会議を最高戦争指導会議と改称
	8・14	舞廠、松型改の一等駆逐艦橡を起工		
			8・25	連合軍、パリー入城
			8・−	学童の集団疎開始まる
			9・9	パリーにドゴール主班のフランス臨時政府できる
	9・15	舞廠で第61号海防艦竣工		
			9・23	米太洋艦隊、基地をウルシー（内南洋）に進める
	10・1	機関学校が兵学校舞鶴分校となる	10・10	米機動部隊、沖縄方面に来襲
			10・12	米機動部隊、台湾方面に来襲
			10・12	台湾沖航空戦（この日から14日にかけて）
	10・18	雁又に建設中の舞機鋳造工場落成	10・18	満17歳以上を兵籍に編入
	10・20	舞機部長交替（内田忠雄大佐から渡辺敬之助大佐へ）	10・20	米軍、レイテ島（比島）に上陸
			10・23〜26	比島沖海戦（捷一号作戦）－わが方「武蔵」など戦艦3隻始め多数の艦艇を喪失し、連合艦隊は事実上消滅
	秋	舞機組立工場、水中特攻「回天」用主機（6号機械）を約10基製造	10・25	関大尉の神風特攻隊敷島隊、米艦に体当たり攻撃を敢行（特攻攻撃の嚆矢）
	秋	舞廠、各部工員寄宿舎の管理強化のため若手士官の当直臨番制を打ち出す	〃	5銭、10銭の新紙幣登場
			11・2	新聞、週14ページに削減される
			11・−	ゾルゲと尾崎秀実の死刑執行
			11・10	女子挺身隊員の出動期間を1年から2年に延長
	11・25	舞廠で駆逐艦橡進水	11・20	わが回天特攻隊、ウルシー（内南洋）の米海軍基地を襲撃
	12・−	舞廠、非常事態に備え、町の下宿等に分散中の独身士官を合宿宿舎に集める（造機部では12月30日に森の第一工員宿舎西舎に収容）	11・24	マリアナ基地の米機B29が100機、東京を初空襲
			12・7	東海地方に強震と大津波（死者998人）
			−	防空壕強制建造命令出る

年	月・日	舞鶴関係重要事項	月・日	国内外の重要事項
			－	竹槍訓練開始
	12・－	舞機、福井の地下疎開工場建設に着手	－	「同期の桜」の歌流行
			－	ドイツ軍、新兵器V2号を使用
	－	舞鶴でも歩道脇などにタコ壷式防空壕できる	－	米国で電子計算機完成
			－	中国の汪兆名、名古屋で死亡
昭和20 (1945)	初頭	舞廠雁又の船台建物、大雪のため圧壊するもただちに復旧	1・3	米機動部隊、台湾・沖縄に来襲
			1・－	米機B29、東海地方に5回来襲
	1・31	舞廠で駆逐艦楡竣工	2・4 ～11	ヤルタ会談(チャーチル、ルーズベルト、スターリンが対独戦後処理とソ連の対日参戦を協議)
	1～3	舞廠、呂号潜の修理に追われる		
	1・－	舞鶴でも大規模な横穴式防空壕が造られる		
			2・16	関東各地に米機動部隊艦上機延べ1,000機来襲（翌17日も600機来襲）
			2・19	米軍、硫黄島に上陸
			3・5	マニラ方面の戦闘終わる
			3・10	B29が130機、東京に来襲（死者10万人を超え、江東地区全滅）
	3・－	ドイツから譲渡の呂500潜、舞鶴へ入港、以後終戦まで舞鶴軍港は艦船の出入りで賑わう	3・11	B29が130機、名古屋に来襲
			3・13	B29が90機、大阪に来襲
			〃	地方紙の1県1紙制決定
			3・17	硫黄島のわが守備隊玉砕
	3・－	舞廠、特攻兵器㊃艇（震洋）の建造に着手（喜多分工場にて）	3・18 ～19	米機動部隊、九州南部と四国に来襲（九州沖航空戦）
			3・26	米軍、沖縄の慶良間諸島に上陸、連合艦隊司令長官「天号作戦」を発動
	3・－	舞鶴市内学童の近隣農村への疎開始まる		
			4・1	米軍、沖縄本島に上陸
	春	舞機組立工場、B29迎撃機「橘花」用ターボジェット機関“ネ・20”を製造	4・5	小磯・米内連立内閣総辞職
			〃	ソ連、日ソ中立条約の不延長を通告（同条約は21年4月まで有効）
	4・－	舞廠、特攻兵器「蛟龍」の建造に着手（雁又地区にて）	4・7	鈴木貫太郎内閣成立
			〃	沖縄水上特攻（菊水1号作戦）の戦艦大和、南九州沖で被爆沈没
	4・－	舞機、軍刀緊急量産のため関（岐阜県）と武生（福井県）の鍛冶業者に協力を依頼	4・23	ソ連軍、ベルリンに突入
			4・28	ムッソリーニ、処刑される
			4・30	ヒトラー自殺
	4・－	日本海船渠工業でも特攻兵	4・－	「本土決戦」「一億玉砕」が日本

年	月・日	舞鶴関係重要事項	月・日	国内外の重要事項
		器㊃艇を建造		国民の合言葉となる
	4・－	舞鶴で民家の強制疎開始まる	4・－	米大統領ルーズベルト死去し、トルーマンが大統領に昇格
	5・1	舞廠の福井地下工場、ご名代の侍従武官のご視察を仰ぐ	5・1	連合艦隊等の全海軍部隊を指揮する海軍総隊設置
			5・7	ドイツ、無条件降伏
	5・15	福井の地下工場、竣工式を挙げ「福井第五十五工場」と命名して本格的操業に入る	5・9	日本政府、「ドイツの降伏にかかわらず戦争を遂行」と声明
	5・－	七尾市（石川県）に舞廠七尾出張所できる	5・25	B29、東京へ来襲（皇居炎上のほか都区内の大半が焼失）
	5・－	軽巡酒匂、駆逐艦雪風等、舞鶴へ入港		
	初夏	舞廠に潜水艦部設置	6・6	最高戦争指導会議、本土決戦断行を決定
	6・4	寿丸（旧イタリア客船“コンテベルデ”）、舞鶴へ入港し平海兵団前に着底擬装	6・13	沖縄のわが陸海軍部隊玉砕
			6・－	国際連合成立
	6・下	水中高速潜艦伊201と202潜、舞鶴へ入港	6・－	ドイツ、東西に分裂
	7・1	富山の日本海船渠工業、舞廠富山分工場となる	7・11	主食の1割減配実施（1人1日2合1勺）
		（これにより舞廠七尾出張所が富山分工場の管理下に入る）	7・16	米国、原爆実験に成功
			7・17	ポツダム会談始まる
	7・初	特型潜水艦（潜水空母）伊400と401潜、舞鶴へ入港	7・24	米機動部隊、呉を大空襲し、わが残存艦隊ほとんど潰滅
	7・19	福井の空襲で福井地下工場の建設指揮官広野英一技師（舞機製缶部員）が戦死	7・28	鈴木（貫）首相、記者会見でポツダム宣言黙殺を表明
	7・29	舞廠の空襲（米艦上機1機1発の爆弾で動員学徒ら約90名が爆死）	8・6	広島に原爆投下
			8・7	わが海軍初のジェット機橘花、試験飛行
	7・30	舞鶴軍港の空襲（米艦上機延べ230機の空襲で舞鶴軍港とその周辺の艦船大損害）	8・8	ソ連、対日宣戦布告
			8・9	長崎に原爆投下
	8・初	舞廠建造の「蛟龍」1号艇、雁又から本工場へ回航途中沈没	8・10	最高戦争指導会議、ポツダム宣言受諾を決定
			8・15	終戦の大詔渙発、鈴木内閣総辞職
			〃	阿南惟幾陸相自決し、森近衛師団長、決戦派将校に射殺される

年	月・日	舞鶴関係重要事項	月・日	国内外の重要事項
	8・16	潜水艦数隻、舞鶴軍港を出撃するもほどなく帰投	8・16	大西滝次郎海軍中将自決（このあと、戦争指導者層の自決相次ぐ）
	8・17	舞鶴運輸部の輸送船由良川（舞廠が整備した旧機関学校繋留練習船）、敦賀港外で触雷沈没	8・17 8・20	東久邇宮稔彦内閣成立し、全軍に戦闘停止を命令 燈火管制解除、信書の検閲停止
	8・24	特設輸送艦浮島丸（元大阪商船㈱の貨客船－4,730総トン）、大湊からの帰国朝鮮人を釜山へ移送途中舞鶴へ入港、触雷沈没して犠牲者多数を出す	8・23 8・25 8・28 8・30	陸海軍の復員開始 軍需省・大東亜省廃止 占領軍の第1陣、日本に上陸 マッカーサー連合軍総司令官、厚木飛行場に到着
	8・下	病院船天応丸（元オランダ客船"オプテンノール"－6,076総トン）、若狭湾冠島附近で自沈処分に付される	9・2 〃	日本政府、東京湾の米戦艦ミズーリ号上で降伏調印 連合軍総司令部（以下、"GHQ"）、日本軍の武装解除と軍需工業の終止を命令
	8・下	軍刀緊急量産に協力した福井県武生の鍛冶業者一行、経費請求のため舞機の野村器具工場主任を訪ねて来廠	9・11	GHQ、東条英機元首相ら戦犯容疑者の逮捕を指令
	8・下	舞廠、戦後の整備第1艦として第21号駆潜艇の修理を完了	9・15 9・27	GHQ、損傷船舶の緊急修理を許可 昭和天皇、マッカーサー元帥をご訪問
	8・下	舞廠、病院船氷川丸（元日本郵船㈱の貨客船－11,622総トン）の整備を完了	10・4	GHQ、治安維持法廃止、政治犯釈放、内相および特高の罷免を指令
	8・下	舞機独身士官、「鶴桜会」（現、鶴桜会の前身）を結成	10・5 10・9	東久邇宮内閣総辞職 幣原喜重郎内閣成立
	9・2	大阪海軍監督部長・森住松雄中将（元舞廠長）自決	10・10 10・10	海軍総隊、連合艦隊および第5艦隊解散 徳田球一ら政治犯3,000人出獄
	9・10	舞廠の部員からも復員者出る	10・11	GHQ、独占企業の排除を指令
	9・20	舞鎮、舞廠に損傷船舶の第一次緊急整備を指示（GHQの損傷船舶緊急修理許可の措置－9月15日－によるもので、以後、舞鎮は9月24日に第二次、9月25日に第三次の指示を出す）	10・15 10・20 11・2 11・2	軍令部廃止 GHQ、軍国主義教員の即時追放を指令 GHQ、財閥の解体を指令 日本社会党結党（以後、日本自由党－11月9日、日本進歩党－11月16日、と政党の結党相次ぐ）
	9・－	舞鎮内に舞廠処理委員会設		

年	月・日	舞鶴関係重要事項	月・日	国内外の重要事項
		置される		
	10・－	舞鎮、行動不能艦艇の処理方針を発表	11・18	GHQ、民間航空の全面禁止を指令
	10・－	舞機、復員船整備のほかに残存兵器の廃棄作業で多忙		
	11・5	舞機部長交替（渡辺敬之助大佐から上田博大佐へ）	11・30	陸軍省・海軍省廃止
	11・－	舞鎮、舞廠に徴用商船の整備を指示	12・16	近衛文麿自殺（55歳）
	12・1	舞廠、「舞鶴地方復員局管業部」となり、残留士官は予備役編入、即日充員召集を受ける	12・17	衆議院議員選挙法改正（大選挙区連記制、婦人参政権等）
			12・31	情報局廃止
	12・5	舞鶴管業部、大湊管業部とともにGHQから商船と掃海従事船の修理を認められる	－	日本各地にヤミ市出現
			－	都会人の主食買出し続く
昭和21（1946）	1・8	内務省、飯野産業㈱の舞鶴管業部引き受けを許可	1・1	昭和天皇、神格否定宣言
			2・2	第一次農地改革
			2・10	旧円封鎖、新円に切り替え
			2・13	GHQ、新憲法の草案を交付
			2・28	公職追放令公布
			2・－	ソ連、千島・樺太の領有を宣言
			3・1	労働組合法施行
	3・26	GHQ、飯野産業㈱の舞鶴管業部引き受けを容認	3・3	物価統制令施行され、新円の500円生活始まる
	4・1	飯野産業㈱、舞鶴管業部を引き継ぎ飯野産業・舞鶴造船所として発足（従業員約2,000名）	4・10	新選挙法による第22回総選挙（自由党141、進歩党94、社会党93、協同党14、婦人議員39）
			4・21	プロ野球復活
			春	「リンゴの唄」大流行
			〃	NHKラジオのど自慢素人音楽会

著者プロフィール

岡本 孝太郎（おかもと こうたろう）

1922年（大正11年）、新潟県能生町（現在糸魚川市に編入）出生。
金沢高等工業（現在金沢大学工学部）卒。
舞鶴海軍工廠に所属、大尉で退官。
戦後は（財）日本海事協会に勤務。
広島県因島市、兵庫県相生市、神戸市、名古屋市等に転勤、参与で退職。
2000年（平成12年）、東京都国立市にて死去。

舞廠造機部の昭和史

2014年 5 月15日　初版第 1 刷発行
2014年 8 月25日　初版第 3 刷発行

著　者　岡本 孝太郎
発行者　瓜谷 綱延
発行所　株式会社文芸社
〒160-0022　東京都新宿区新宿1－10－1
電話　03-5369-3060（編集）
03-5369-2299（販売）

印刷所　株式会社平河工業社

ISBN978-4-286-14246-3